CAD/CAM/CAE
工程应用与实践丛书

U0290085

# SolidWorks
# 应用与实训教程

魏峥 严纪兰 烟承梅 编著

清华大学出版社

北京

## 内 容 简 介

本书总结了作者多年的 SolidWorks 和机械设计的教学经验以及 SolidWorks 的使用经验；以 SolidWorks 软件为载体，机械设计知识为主线；采用案例教学方式，将机械设计知识与 SolidWorks 软件学习有机结合，以达到快速入门和灵活应用的目的。

本书突出实际应用，由浅入深、循序渐进地介绍了在 SolidWorks 机械零件设计、装配设计、生成工程图知识，配备了 8 套实训题。遵循机械设计有关规定，力求内容既满足教学要求，又符合工程实际应用；摒弃了普通工具书中知识点与实例脱节的现象，将重要的知识点融入具体实例中，使读者能够循序渐进、即学即用、轻松掌握该软件的基本操作方法。

本书的特色是在课堂教学的同时，配备了同时可以在课堂练习相似题目，可以当堂演练，学做合一。同时也配备了课后上机练习，让学生巩固各种理论知识和操作技能。

本书内容丰富、叙述严谨，通俗易懂、结构清晰，并配备大量实例，适合 SolidWorks 的初级和中级读者，可作为高等院校、职业院校和教育培训机构机械类专业的教材，也可作为广大工程技术人员的自学用书或参考书。

**图书在版编目（CIP）数据**

SolidWorks 应用与实训教程/魏峥等编著. —北京：清华大学出版社，2015（2023.8重印）

（CAD/CAM/CAE 工程应用与实践丛书）

ISBN 978-7-302-39776-2

Ⅰ．①S…　Ⅱ．①魏…　Ⅲ．①计算机辅助设计—应用软件　Ⅳ．①TP391.72

中国版本图书馆 CIP 数据核字（2015）第 077161 号

责任编辑：刘　星　薛　阳
封面设计：刘　键
责任校对：徐俊伟
责任印制：宋　林

出版发行：清华大学出版社
　　　　网　　　址：http://www.tup.com.cn，http://www.wqbook.com
　　　　地　　　址：北京清华大学学研大厦 A 座　　　　　　　邮　　编：100084
　　　　社　总　机：010-83470000　　　　　　　　　　　　　邮　　购：010-62786544
　　　　投稿与读者服务：010-62776969，c-service@tup.tsinghua.edu.cn
　　　　质量反馈：010-62772015，zhiliang@tup.tsinghua.edu.cn
　　　　课件下载：http://www.tup.com.cn，010-83470236
印　装　者：三河市君旺印务有限公司
经　　销：全国新华书店
开　　本：185mm×260mm　　印　张：25　　　　　　　字　　数：640 千字
版　　次：2015 年 8 月第 1 版　　　　　　　　　　　印　　次：2023 年 8 月第 12 次印刷
印　　数：13801~14800
定　　价：59.80 元

产品编号：062704-02

# 前　言

SolidWorks 是美国 SolidWorks 公司开发的计算机辅助绘图软件。功能强大、易学易用和技术创新是 SolidWorks 的三大特点，使得 SolidWorks 成为领先的、主流的三维 CAD 解决方案，机械设计是其重要的应用领域。

本书以创建机械零件为基础，讲述与机械零件设计密切相关的实例操作，详细介绍了使用 SolidWorks 建立机械零件的各种命令的操作和使用方法。

案例教学模式是目前普通教育的整体发展趋势，其教学内容和模式更有利于培养学生的各种能力，本书采用简述基本知识后，用"案例分析→步骤点评→随堂练习"的教学模式，更符合应用类软件的学习规律，且巩固了相关知识。

本书特点如下：

（1）循序渐进、深入浅出。

基本概念与使用常识样样俱全，适合初级、中级读者了解掌握软件的各种命令和技巧。

（2）案例分析。

根据教学进度和教学要求精选能够剖析与机械设计和软件操作相关的案例，分析案例操作中可能出现的问题，在步骤点评中加以强化分析和拓展。同时根据案例学习，使学生掌握学习、研究的方法，培养自主学习的能力。

（3）步骤点评。

教材中所提供的案例虽然典型，但是有一定的局限性，无法涵盖各种不同的地区，通过点评可以使案例教学更加丰满，内容更加丰富，而且更加深入，更加有说服力。

（4）随堂练习。

本书各章后面的习题不仅起到巩固所学知识和实战演练的作用，并且对深入学习 SolidWorks 有引导和启发作用。

为方便学习巩固，本书给出了大量实例的素材，可以让不同层次的人员学习和使用。可以根据需要安排不同的练习内容，在第 10 章提供了 14 个实训题，讲述建模过程，可以让读者自己体会各种零件的设计和各种机械知识的掌握；在第 11 章提供了比较完整的 8 套题库，以供安排综合实训。

# Foreword

本书由魏峥、严纪兰、烟承梅、李腾训、姚树磊、刘晓敏、陈明、常凯编写。

由于作者水平有限，图书虽经再三审阅，但仍有可能存在不足和错误，恳请各位专家和朋友批评指正，有兴趣的读者可以发送邮件到 workemail6@163.com 与作者进一步交流。

编　者

2015 年 1 月

# 目 录

# Contents

# 第 1 章

# SolidWorks 设计基础

CAD(Computer Aided Design)就是设计者利用以计算机为主的一整套系统在产品的全生命周期内帮助设计者进行产品的概念设计、方案设计、结构设计、工程分析、模拟仿真、工程绘图、文档整理等方面的工作。CAD 既是一门包含多学科的交叉学科,它涉及计算机学科、数学学科、信息学科、工程技术等;又是一项高新技术,它对企业产品质量的提高、产品设计及制造周期的缩短、提高企业对动态多变市场的响应能力及企业竞争能力都具有重要的作用。因而,CAD 技术在各行各业都得到了广泛的推广应用。

SolidWorks 是优秀 CAD 软件的典型代表之一。SolidWorks 作为 Windows 平台下的机械设计软件,完全具备 Windows 软件使用方便和操作简单的特点,其强大的设计功能可以满足一般机械产品的设计需要。

## 1.1　设计入门

本节知识点:
(1) 用户界面;
(2) 零件设计的基本操作;
(3) 文件操作。

### 1.1.1　在 Windows 平台启动 SolidWorks

双击 SolidWorks 快捷方式图标,即可进入 SolidWorks 系统。SolidWorks 是 Windows 系统下开发的应用程序,其用户界面、许多操作和命令都与 Windows 应用程序非常相似,无论用户是否对 Windows 有经验,都会发现 SolidWorks 的界面、操作命令和工具是非常容易学习和掌握的,如图 1-1 所示。

其工作界面主要包括下拉菜单、快速访问工具栏、标题栏、工具栏、过滤器、设计树、图形区、状态栏、视图控制工具栏、资源管理区等内容。

### 1.1.2　文件操作

文件操作主要包括新建文件、打开文件、保存文件和关闭文件,这些操作可以通过【文件】

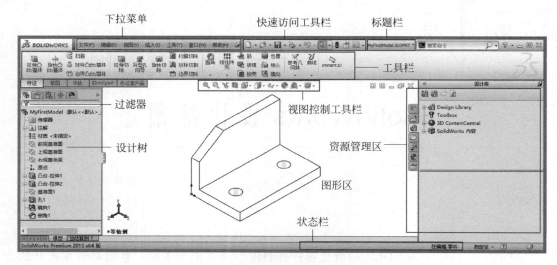

图 1-1　SolidWorks 用户界面

下拉菜单或者快速访问工具栏来完成。

**1. 新建文件**

（1）选择【文件】|【新建】命令或单击快速访问工具栏上的【新建】按钮□，出现【新建 SolidWorks 文件】对话框，如图 1-2 所示。

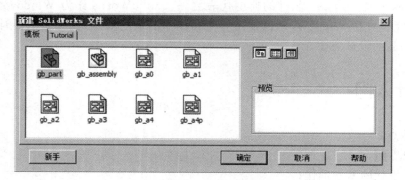

图 1-2　【新建 SolidWorks 文件】对话框

（2）在该对话框中，选择所需模板，单击【确定】按钮，将进入 SolidWorks 零件设计环境中。

**2. 打开文件**

（1）选择【文件】|【打开】命令或单击快速访问工具栏上的【打开】按钮，出现【打开】对话框，如图 1-3 所示。

（2）【打开】对话框显示所选部件文件的预览图像。使用该对话框来查看部件文件，而不用先在 SolidWorks 会话中打开它们，以免打开错误的部件文件。双击要打开的文件，或从文件列表框中选择文件并单击【打开】按钮。

（3）如果知道文件名，在【文件名】文本框输入部件名称，然后单击【打开】按钮。如果 SolidWorks 不能找到该部件名称，则会显示一条出错消息。

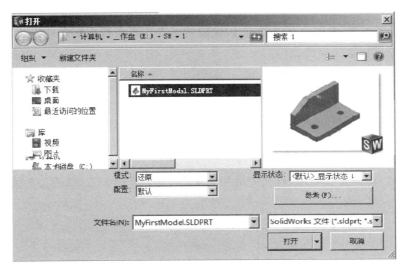

图 1-3　【打开】对话框

### 3．保存文件

保存文件时，即可以保存当前文件，也可以另存文件。

（1）选择【文件】|【保存】命令或单击快速访问工具栏上的【保存】按钮 📷，直接对文件进行保存。

（2）初次保存文件，程序会出现【另存为】对话框，如图 1-4 所示，可以更改文件名，也可以沿用原有名称。

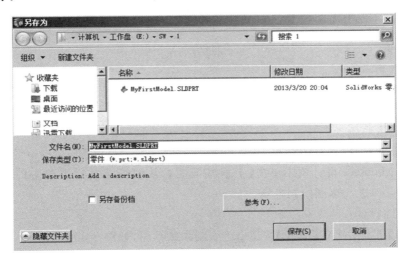

图 1-4　【另存为】对话框

**提示：**

SolidWorks 文件分为以下三类。

（1）零件文件：是机械设计中单独零件的文件，文件后缀为 .sldprt。

（2）装配体文件：是机械设计中用于虚拟装配的文件，文件后缀为 .sldasm。

（3）工程图文件：用标准图纸形式描述零件和装配的文件，文件后缀为 .slddrw。

**4. 关闭文件**

完成建模工作以后,需要将文件关闭,以保证所做工作不会被系统意外修改。选择【文件】|【关闭】下的命令可以关闭文件。

### 1.1.3　SolidWorks 建模体验

**1. 建立垫块**

建立如图 1-5 所示的垫块。

**2. 关于本零件设计理念的考虑**

建立模型时,首先建立毛坯,打孔完成粗加工,倒角完成精加工,如图 1-6 所示。

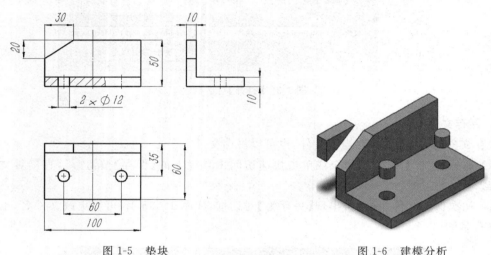

图 1-5　垫块　　　　　　　　　　　　　　　　图 1-6　建模分析

**3. 操作步骤**

步骤一:新建零件。

选择【文件】|【新建】命令,出现【新建 SolidWorks 文件】对话框,单击 gb_part 图标,如图 1-2 所示,单击【确定】按钮。

步骤二:创建毛坯。

(1)选择基准面,进入草图绘制。

在 FeatureManager 设计树中单击【上视基准面】,从快捷工具栏中单击【草图绘制】按钮，如图 1-7 所示,进入草图绘制环境。

(2)大致绘制草图。

单击【草图】工具栏上的【直线】按钮，绘制大致草图,如图 1-8 所示。

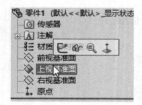　　　　　　　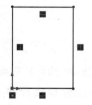

图 1-7　选择【上视基准面】　　　　　　图 1-8　大致绘制草图

（3）标注尺寸。

单击【草图】工具栏上的【智能尺寸】按钮 ◈，进行尺寸标注，完成草图绘制，如图 1-9 所示。

（4）建立基体。

单击【特征】工具栏上的【拉伸凸台/基体】按钮 🔲，出现【凸台-拉伸】属性管理器，在【方向 1】组，从【终止条件】列表中选择【给定深度】选项，在【深度】文本框输入 10.00mm，如图 1-10 所示，单击【确定】按钮 ✔。

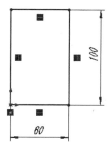

图 1-9　标注尺寸　　　　　　　　　　　　图 1-10　建立凸台

（5）绘制草图。

选择下表面绘制草图，并标注尺寸，如图 1-11 所示。

（6）建立凸台。

单击【特征】工具栏上的【拉伸凸台/基体】按钮，出现【凸台-拉伸】属性管理器，在【方向 1】组，从【终止条件】列表中选择【给定深度】选项，在【深度】文本框输入 50.00mm，单击【反向】按钮 📐，如图 1-12 所示，单击【确定】按钮 ✔。

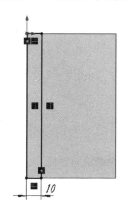

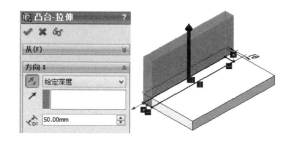

图 1-11　绘制草图　　　　　　　　　　　　图 1-12　建立凸台

步骤三：创建粗加工特征。

（1）单击【特征】工具栏上的【基准面】按钮 📐，出现【基准面】属性管理器。

① 在【第一参考】组，激活【第一参考】，在图形区选择一个面。

② 在【第二参考】组，激活【第二参考】，在图形区选择一个面。

如图 1-13 所示，单击【确定】按钮 ✔，创建两个面的二等分基准面。

（2）选择【插入】|【特征】|【孔】|【简单孔】命令，出现【孔】对话框。

① 选择长方体上表面为孔的放置平面。

② 在【方向 1】组，从【终止条件】列表中选择【完全贯穿】选项，在【直径】文本框输入 12.00mm。如图 1-14 所示，单击【确定】按钮 ✔。

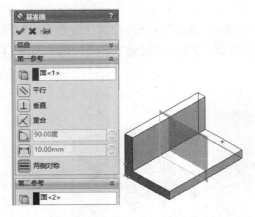

图 1-13　创建两个面的二等分基准面

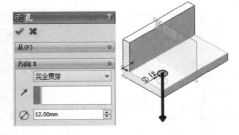

图 1-14　选择长方体上表面为孔的放置平面

③ 在 FeatureManager 设计树中单击【草图 3】，从快捷工具栏中单击【编辑草图】按钮 ⊘，进入【草图】环境，标注尺寸，如图 1-15 所示，单击【结束草图】按钮 ↪，退出【草图】环境。

（3）单击【特征】工具栏上的【镜向】按钮 ▦，出现【镜向】属性管理器。

① 在【镜向面/基准面】组，激活【镜向面/基准面】，在图形区选择一个【基准面 1】。

② 在【要镜向的特征】组，激活【要镜向的特征】，在图形区选择【孔 1】。

如图 1-16 所示，单击【确定】按钮 ✔。

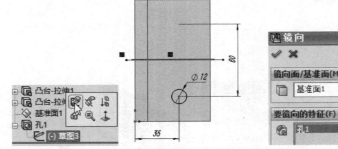

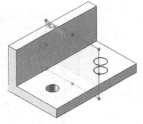

图 1-15　标注点尺寸

图 1-16　完成镜向特征

步骤四：创建精加工特征。

单击【特征】工具栏上的【倒角】按钮 ◈，出现【倒角】属性管理器。

① 在【倒角参数】组，激活【边线面或顶点】，在图形区选择一个倒角边。

② 单击选中【距离-距离】单选按钮，在【距离 1】文本框输入 30.00mm，在【距离 2】文本框输入 20.00mm。

如图 1-17 所示，单击【确定】按钮 ✔，完成倒斜角。

步骤五：完成模型。

选择【文件】|【保存】命令，出现【另存为】对话框，选择文件保存地址，输入文件名为 MyFirstModel，如图 1-4 所示，单击【保存】按钮，保存文件。

步骤六：修改模型。

任何零件模型的建立都是建立特征和修改特征相结合的过程。SolidWorks 不仅有强大的特征建立工具,而且为修改特征提供了最大限度的方便。

（1）修改草图尺寸值。

① 在 FeatureManager 设计树或图形区域中双击任何特征,该草图所有的尺寸值都显示在图形区域中,如图 1-18 所示。

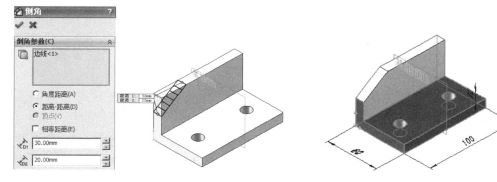

图 1-17　倒斜角　　　　　　　　　图 1-18　双击特征后的草图尺寸显示

② 在图形区域单击需要修改的草图尺寸值即可实现更改,在出现的修改框中输入要修改的数值完成更改,如图 1-19 所示。

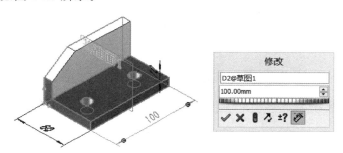

图 1-19　修改后的草图尺寸值

③ 快速访问工具栏上的【重建模型】按钮 🔨 重新建立模型。

（2）编辑特征。

① 在 FeatureManager 设计树中单击特征,在快捷工具栏中单击【编辑特征】按钮 📝 ,在出现的属性管理器中编辑当前特征,这时可以重新定义所选特征的有关参数,如设置【终止条件】、参数值等内容,修改操作和定义特征相似,如图 1-20 所示。

图 1-20　编辑特征参数

② 单击快速访问工具栏上的【重建模型】按钮 ⑧ 重新建立模型。

（3）编辑草图平面。

在 FeatureManager 设计树中单击草图,在快捷工具栏中单击【编辑草图平面】按钮,在图形区域中选择相应的平面,在【草图绘制平面】属性管理器中将显示重新选择的草图平面,如图 1-21 所示。

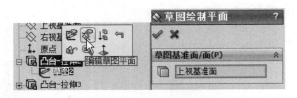

图 1-21　编辑草图平面

（4）删除特征。

在 FeatureManager 设计树中右击相应特征,在快捷菜单中选择【删除】命令,即可将该特征删除。如果删除的特征具有与之关联的其他特征,则其他特征也会同时被删除。

**注意**：用户应该经常保存所做的工作,以免产生异常时丢失数据。

### 1.1.4　随堂练习

（1）观察主菜单栏。

未打开文件之前,观察主菜单状况。建立或打开文件后,再次观察主菜单栏状况(增加了【编辑】、【插入】、【工具】、【窗口】等),如图 1-22 所示。

图 1-22　打开文件后的主菜单栏

（2）观察下拉式菜单。

单击每一项下拉菜单条,如图 1-23 所示,单击所需选项进入工作界面。

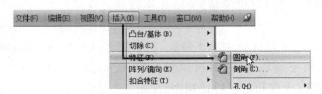

图 1-23　下拉式菜单

工作界面包括菜单栏、工具条、命令管理器、设计树、过滤器、图形区、状态栏、前导工具栏、任务窗口及出现式帮助菜单等内容。

（3）使用浮动工具条。

工具栏对于大部分 SolidWorks 工具及插件产品均可使用。命名的工具栏可帮助用户进行特定的设计(任务曲面、曲线等)。由于命令管理器中的命令显示在工具栏中,并占用了工具栏大部分,其余工具条一般情况下是默认关闭的。要显示其余的 SolidWorks 工具条,则可通过执行右键菜单命令,将工具条调出来,如图 1-24 所示。

说明:在工具条的横线或空白处单击,按住鼠标左键并移动鼠标,可拉动工具条到所需的位置(SolidWorks 的工具条都是浮动的,可由使用者任意调整到所需位置)。

(4) 使用命令管理器。

命令管理器是一个上下文相关工具条,它可以根据用户要使用的工具条进行动态更新,如图 1-25 所示。

图 1-24　浮动工具条安放位置　　　　　　　图 1-25　命令管理器

(5) 使用设计树。

SolidWorks 界面左边的设计树提供激活零件、装配图或工程图的大纲视图。用户通过设计树将能观察模型设计或装配图是如何建造的,以及检查工程图中的各个图纸和视图变得更加容易。设计树控制面板包括 FeatureManager(特征管理器)、PropertyManager(属性管理器)、ConfigurationManager(配置管理器)和 DimXperManager(尺寸管理器),如图 1-26 所示。

(6) 观察任务窗口。

任务窗口向用户提供当前设计状态下的多重任务工具,它包括 SolidWorks 资源、设计库、文件探索器、视图调色板、外观/布景和贴图、自定义属性等工具面板,如图 1-27 所示。

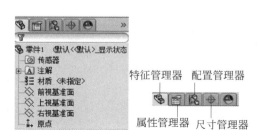

图 1-26　设计树　　　　　　　　　　　　图 1-27　任务窗口

(7) 观察状态栏。

状态栏主要用来显示系统及图元的状态,给用户可视化的反馈信息。

(8) 认识工作区。

工作区处于屏幕中间,显示工作成果。

**1. FeatureManager 概述**

FeatureManager(特征管理器)是 SolidWorks 中的一个独特部分,它能够可视地显示零件或装配体中的所有特征。当一个特征创建好后,就加入 FeatureManager(特征管理器)中,因此 FeatureManager(特征管理器)代表建模操作的时间序列,通过 FeatureManager(特征管理器),可以编辑零件中包含的特征,如图 1-28 所示。

图 1-28　FeatureManager
(特征管理器)

**2. PropertyManager 概述**

PropertyManager(属性管理器)和 FeatureManager(特征管理器)在相同的位置上,当用户使用建模命令时,系统会自动切换到对应的属性管理器。

# 1.2 视图的运用

本节知识点:

(1) 掌握运用工具条的各项命令进行视图操作;

(2) 掌握运用鼠标和快捷键进行视图操作。

## 1.2.1 视图

在设计中常常需要通过观察模型来粗略检查模型设计是否合理,SolidWorks 软件提供的视图功能能让设计者方便、快捷地观察模型。【视图控制】工具栏如图 1-29 所示。

## 1.2.2 视图操作应用

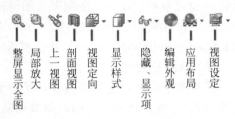

整屏显示全图　局部放大　上一视图　剖面视图　视图定向　显示样式　隐藏、显示项　编辑外观　应用布局　视图设定

图 1-29 【视图(前导)】工具栏

**1. 按要求完成以下操作**

(1) 平移视图;

(2) 旋转视图;

(3) 缩放视图;

(4) 视图定向;

(5) 显示截面;

(6) 模型显示样式。

**2. 操作步骤**

步骤一:打开零件。

打开文件 MyFirstModel.sldprt。

步骤二:平移视图。

(1) 使用鼠标。

按住 Ctrl 键,在图形窗口中按住鼠标中键出现 ✛,以鼠标中键按钮拖动,即可平移模型,如图 1-30 所示。

(2) 使用平移模式。

从图形区域右键快捷菜单中选择【平移】命令,进入平移模式,光标变成 ✛,按住鼠标左键并拖动。

**注意**:退出平移模式,按 Esc 键。

步骤三:旋转视图。

(1) 使用鼠标,如图 1-31 所示。

① 在图形窗口按住鼠标中键出现 ↻,以鼠标中键按钮拖动,即可旋转模型,此时的旋转中心为视图中心。

② 在图形窗口以鼠标中键单击顶点、边线或面,然后以鼠标中键拖动指针,即可围绕所选顶点、边线或面旋转模型。

图 1-30 使用鼠标平移模型

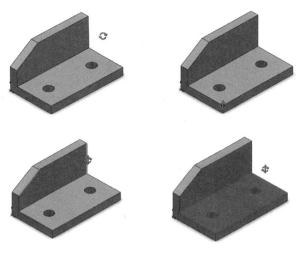

旋转中心为视图中心　　围绕所选顶点、边线或面旋转模型

图 1-31　使用鼠标中键旋转模型

（2）使用旋转模式。

从图形区域右键快捷菜单中选择【旋转】命令，进入旋转模式，光标变成 ↻，按住鼠标左键并拖动。

（3）翻滚模型视图。

按住 Alt 键然后以鼠标中键拖动，如图 1-32 所示。

**注意**：退出旋转模式，按 Esc 键。

步骤四：缩放视图。

（1）使用鼠标。

① 在图形窗口滚动鼠标中键滚轮，可以缩放视图。

② 按住 Shift 键，在图形窗口按住鼠标中键上下拖动，可以缩放视图。

（2）使用缩放模式。

从图形区域右键快捷菜单中选择【缩放】命令，进入缩放模式，光标变成 🔍，按住鼠标左键并拖动。

图 1-32　翻滚模型视图

**注意**：退出缩放模式，按 Esc 键。

步骤五：整屏显示全图。

① 单击【视图（前导）】工具栏上的【整屏显示全图】按钮 🔍，可以整屏显示全图。

② 从图形区域右键快捷菜单中选择【整屏显示全图】命令 🔍，可以整屏显示全图。

③ 按 F 键，系统就会调整视图直至适合当前窗口的大小。

步骤六：视图定向。

在【视图（前导）】工具条中，单击【视图定向】按钮右边的下三角按钮，出现【视图显示】下拉菜单，如图 1-33 所示。

利用其中【俯视图】、【前视图】、【仰视图】、【左视图】、【右视图】和【后视图】的命令可分别得到 6 个基本视图方向的视觉效果，如图 1-34 所示。

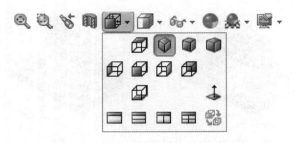

图 1-33　【视图】工具栏

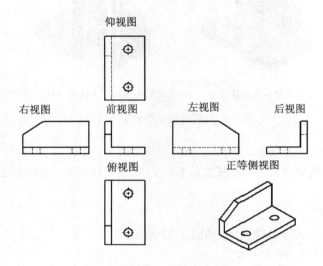

图 1-34　6 个基本视图方向与正等侧视图的视觉效果

**提示：**

按 Ctrl+1 键,视图变化为前视图;

按 Ctrl+2 键,视图变化为后视图;

按 Ctrl+3 键,视图变化为左视图;

按 Ctrl+4 键,视图变化为右视图

按 Ctrl+5 键,视图变化为上视图;

按 Ctrl+6 键,视图变化为下视图;

按 Ctrl+7 键,视图变化为等轴侧视图。

步骤七：显示截面。

显示截面是指显示剖切视图从而可以观察到部件的内部结构。

单击【视图(前导)】工具条上的【剖面视图】按钮 ,出现【剖面视图】界面,选择剖面,单击【确定】按钮,如图 1-35 所示。

步骤八：模型的显示方式。

在【视图(前导)】工具条中,单击【显示样式】按钮右边的下三角按钮,出现【显示样式】下拉菜单,各种常用着色的效果图,如图 1-36 所示。

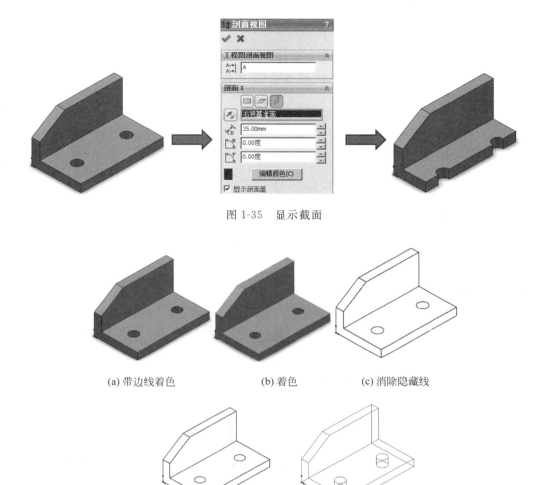

图 1-35　显示截面

(a) 带边线着色　　　　(b) 着色　　　　(c) 消除隐藏线

(d) 隐藏线可见　　　　(e) 线框图

图 1-36　各种显示状态的效果图

### 1.2.3　随堂练习

打开 MyFirstModel. prt，分别运用鼠标、快捷键和工具栏命令观察此模型。

## 1.3　模型测量

本节知识点：
掌握运用 SW 分析工具对三维模型进行几何计算或物理特性分析。

### 1.3.1　对象与模型分析

#### 1. 使用测量工具

使用测量工具可以测量草图、3D 模型、装配体或工程图中直线、点、曲面、基准面的距离、角度、半径和大小，以及它们之间的距离、角度、半径或尺寸。

**2. 使用质量属性工具**

使用质量属性工具可以列出以下质量属性：

密度、质量、体积、表面积、质量中心、惯性主轴、惯性矩和产品准则。

**3. 使用截面属性工具**

使用截面属性工具可以计算平行平面中多个面和草图的截面属性。

## 1.3.2 对象与模型分析实例

**1. 按要求完成以下操作**

（1）使用测量工具；

（2）使用质量属性工具。

**2. 操作步骤**

步骤一：打开零件。

打开文件 MyFirstModel.sldprt。

步骤二：使用测量工具。

（1）单击【评估】工具栏上的【测量】按钮 ，出现【测量】工具栏，如图 1-37 所示。

图 1-37　【测量】工具栏

（2）设置测量单位和精度。

单击【单位/精度】按钮 ，出现【测量单位/精度】对话框。

① 单击选中【使用自定义设定】单选按钮。

② 在【长度单位】列表中选择【毫米】选项，在【小数位数】文本框输入 2。

③ 在【角度单位】列表中选择【度数】选项，在【小数位数】文本框输入 2。

如图 1-38 所示，单击【确定】按钮。

（3）显示【XYZ 测量】。

① 单击【显示 XYZ 测量】按钮 后，【显示 XYZ 测量】命令处于被选中状态，再次单击【显示 XYZ 测量】按钮 ，该命令恢复撤销状态，如图 1-39 所示。

② 选中【显示 XYZ 测量】按钮，在图形区依次选择倒角两端点，测量结果除了显示【距离】为 36.06mm，还显示被选目标的 dY、dZ，如图 1-40 所示。

（4）使用【点对点】测量工具。

① 单击【点对点】按钮 ，在图形区选择模型上的两点，如图 1-41 所示，图像区域显示标注，且测量对话框显示新测量。

图 1-38　设置测量单位和精度

图 1-39　【显示 XYZ 测量】选中和撤销状态

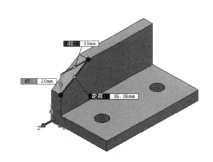

图 1-40　显示 XYZ 测量

图 1-41　选择模型上的两点，测量距离

② 在图形区选择直线，如图 1-42 所示，测量长度。

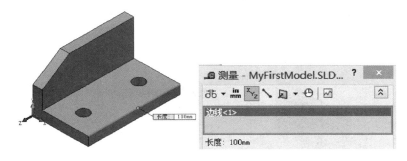

图 1-42　选择模型上的直线，测量长度

③ 在图形区选择圆弧，如图 1-43 所示，测量圆弧长度、直径和圆心。

④ 在图形区选择表面，如图 1-44 所示，测量面积和周长。

（5）使用【圆弧/圆测量】测量工具。

① 单击【圆弧/圆测量】按钮 ，出现下拉菜单，4 个选项分别是【中心到中心】、【最小距离】、【最大距离】和【自定义距离】，如图 1-45 所示。

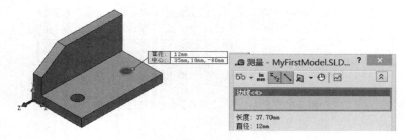

图 1-43　选择模型上的圆弧，测量圆弧长度、直径和圆心

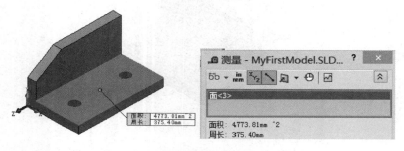

图 1-44　选择模型表面，测量面积和周长

图 1-45　【圆弧/圆测量】测量工具

②　单击【中心到中心】按钮 ，在图形区选择两孔圆弧，测量其圆心之间的中心距离，如图 1-46 所示。

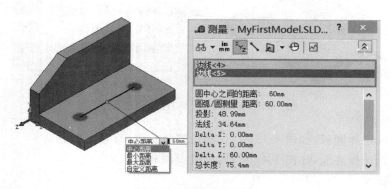

图 1-46　测量中心距离

步骤三：使用质量属性工具。

单击【评估】工具栏上的【质量属性】按钮 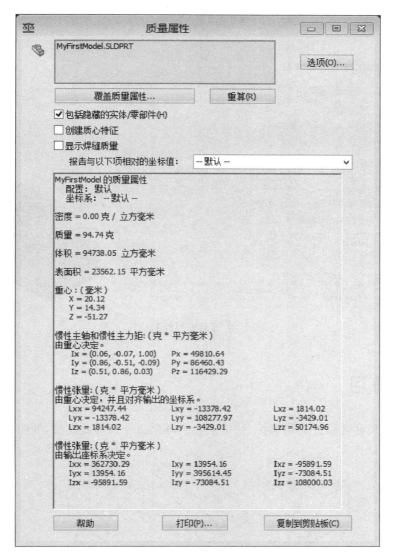，出现【质量属性】窗口，选择模型，如图 1-47 所示。

图 1-47　【质量属性】窗口

步骤四：使用截面属性工具。

单击【评估】工具栏上的【截面属性】按钮，出现【截面属性】窗口，选择截面，如图 1-48 所示。

## 1.3.3　随堂练习

打开 MyFirstModel.prt，分析模型其他参数。

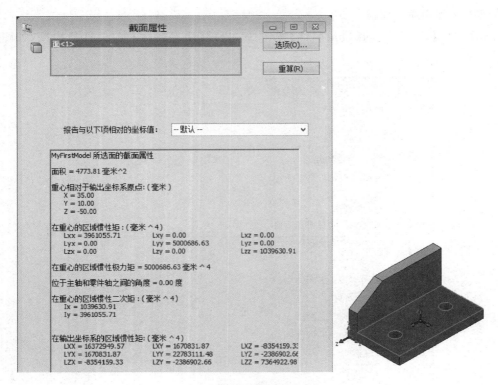

图 1-48 【截面属性】窗口

## 1.4 上机练习

自定义合理尺寸建模并运用鼠标、快捷键和工具栏命令观察此模型,如图 1-49 所示。

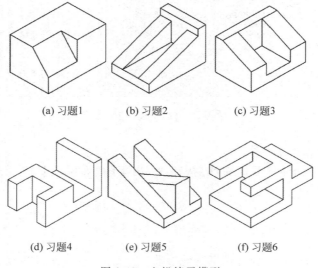

(a) 习题1     (b) 习题2     (c) 习题3

(d) 习题4     (e) 习题5     (f) 习题6

图 1-49 上机练习模型

# 第 2 章

# 参 数 化 草 图 建 模

草图(Sketch)是与实体模型相关联的二维图形,一般作为三维实体模型的基础。该功能可以在三维空间中的任何一个平面内建立草图平面,并在该平面内绘制草图。

草图中提出了"约束"的概念,可以通过几何约束与尺寸约束控制草图中的图形,可以实现与特征建模模块同样的尺寸驱动,并可以方便地实现参数化建模。应用草图工具,用户可以绘制近似的曲线轮廓,在添加精确的约束定义后,就可以完整表达设计的意图。

建立的草图还可用实体造型工具进行拉伸、旋转、扫描和放样等操作,生成与草图相关联的实体模型。

草图在特征树上显示为一个特征,且特征具有参数化和便于编辑修改的特点。

## 2.1 创建基本草图

本节知识点:
(1) 草图的基本概念;
(2) 草图绘制工件;
(3) 辅助线的使用方法。

### 2.1.1 草图的构成

在每一幅草图中,一般都包含下列几类信息。

(1) 草图实体:由线条构成的基本形状,草图中的线段、圆等元素均可以称为草图实体。

(2) 几何关系:表明草图实体或草图实体之间的关系,例如图 2-1 中,两条直线"垂直"、"水平",这些都是草图中的几何关系。

(3) 尺寸:标注草图实体大小的尺寸,尺寸可以用来驱动草图实体和形状变化,如图 2-1 所示,当尺寸数值(例如48)改变时可以改变外形的大小,因此草图中的尺寸是驱动尺寸。

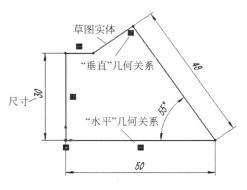

图 2-1 草图的构成

### 2.1.2　绘制简单草图实例

绘制草图,如图 2-2 所示。

**1. 操作步骤**

步骤一:新建零件,选择草图基准面,进入草图绘制。

(1) 新建文件 sketch. sldprt。

(2) 在 FeatureManager 设计树中单击【前视基准面】,在快捷工具栏中单击【草图绘制】按钮 ,进入草图绘制环境。

步骤二:绘制草图。

(1) 绘制水平线。

单击【草图】工具栏上的【直线】按钮 ,从原点绘制一条水平直线,如图 2-3 所示。在光标中出现一个 形状的符号,这表明系统将自动给绘制的直线添加一个"水平"的几何关系,而光标中的数字则显示了直线的长度。单击确定水平线的终止点。

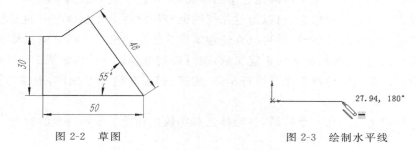

图 2-2　草图　　　　　　　　　　图 2-3　绘制水平线

**提示**:SolidWorks 是一个尺寸驱动的软件,几何体的大小是通过为其标注的尺寸来控制的。因此,在绘制草图的过程中只需绘制近似的大小和形状即可。

(2) 绘制具有一定角度的直线。

从终止点开始,绘制一条与水平直线具有一定角度的直线,单击确定斜线的终止点,如图 2-4 所示。

(3) 利用推理线绘制垂直线。

移动光标到与前一条线段垂直的方向,系统将显示推理线,如图 2-5 所示。单击确定垂直线的终止点,当前所绘制的直线与前一条直线将会自动添加"垂直"几何关系。

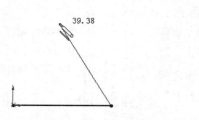
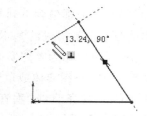

图 2-4　绘制具有一定角度的直线　　　图 2-5　利用推理线绘制垂直线

(4) 利用作为参考的推理线绘制直线。

如图 2-6 所示的推理线在绘图过程中只起到了参考作用,并没有自动添加几何关系,这种推理线使用蓝色的虚线显示。单击确定水平线的终止点。

（5）封闭草图。移动鼠标到原点,单击确定终止点,如图 2-7 所示。

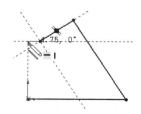

图 2-6　利用作为参考的推理线绘制直线

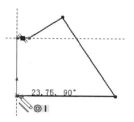

图 2-7　封闭草图

步骤三:查看几何约束。

选择【视图】|【草图几何关系】命令,在图形区显示约束,如图 2-8 所示。

步骤四:添加尺寸约束。

单击【草图】工具栏上的【智能尺寸】按钮 ✏,首先标注角度,继续标注水平线、斜线和竖直线,如图 2-9 所示。

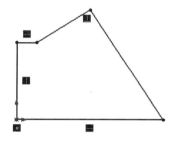

图 2-8　查看几何约束

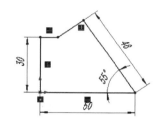

图 2-9　标注尺寸

步骤五:结束草图绘制。

单击【结束草图】按钮 ↩,退出【草图】环境。

步骤六:存盘。

选择【文件】|【保存】命令,保存文件。

**2. 步骤点评**

（1）对于步骤一:关于进入草图环境。

方式一:

选择绘制草图的平面,单击【草图】工具栏上的【草图绘制】按钮 ⛶,使它处于被按下的高亮状态,此时,在图形区的右上角产生一个进入草图的符号,开始一幅新的草图,如图 2-10 所示。

方式二:

单击【草图】工具栏上的【草图绘制】按钮 ⛶,系统提示选择基准面。在图形区选择基准面,此时在图形区的右上角产生一个进入草图的符号,开始一幅新的草图,如图 2-10 所示。

（2）对于步骤一:关于草图基准面。

SolidWorks 2D 草图可以使用以下几种绘制平面作为草图基准面。

① 三个默认的基准面(前视基准面、右视基准面或上视基准面),如图 2-11(a)所示。

② 用户建立的参考基准面,如图 2-11(b)所示。

③ 模型中的平面表面,如图 2-11(c)所示。

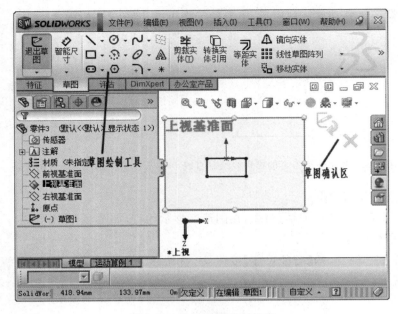

图 2-10  进入草图绘制状态

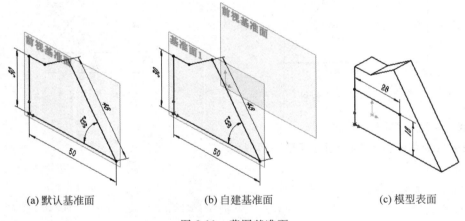

(a) 默认基准面          (b) 自建基准面          (c) 模型表面

图 2-11  草图基准面

（3）对于步骤二：关于原点。

当用户处于草图绘制状态时，系统使用红色显示模型原点，这就是草图的原点 ⊥。新建的草图原点默认与模型原点形成正投影关系，如图 2-12 所示。

用户在绘制第一个特征的草图时，应该与草图原点建立某种定位关系，从而确定模型的空间位置。

（4）对于步骤二：关于绘制草图直线。

利用直线工具可以在草图中绘制直线，绘制过程中可以通过查看绘图过程中光标的不同形状来绘制水平线或竖直线。

绘制直线的操作步骤如下。

① 单击【草图】工具栏上的【直线】按钮 ，移动鼠

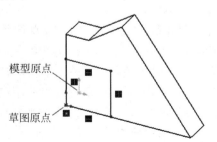

图 2-12  草图原点和模型原点

标到图形区,鼠标指针的形状变成✎,表明当前绘制的是直线。

② 使用"单击-单击"模式绘制直线。在图形区中单击,松开并移动鼠标。注意此时系统给出相应的反馈。

- 水平移动时,鼠标指针带有 ▬ 形状,说明绘制的是水平线,系统会自动添加【水平】几何关系。右上角的数值不断变化,提示绘制直线的长度,如图 2-13(a)所示。
- 向上移动鼠标, ▬ 形状消失,如图 2-13(b)所示。
- 继续移动鼠标,到大约垂直的位置后鼠标指针带有 ▌形状,说明绘制的是竖直线,如图 2-13(c)所示。

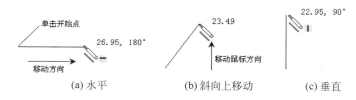

图 2-13　绘制直线时系统的不同反馈

- 单击确定直线终点。如果要继续画线,继续在线段的端点单击并松开鼠标。

③ 使用"单击-拖动"模式绘制直线。与"单击-单击"模式的不同之处在于,在第一点单击以后,需要拖动鼠标到第二点。

④ 继续绘制直线,图中出现虚线,这是系统的推理线,它可以推理绘制的直线和前一条直线的约束关系,如图 2-14 所示。

⑤ 按 Esc 键、双击或右击,在出现的快捷菜单中选择【结束链】命令,退出绘制直线命令。

(5) 对于步骤二:关于推理线。

推理线和反馈光标是 SolidWorks 提供的辅助绘图工具,同时也是在草图绘制过程中建立自动几何关系的直观显示,因此在绘制草图过程中用户应该注意观察反馈光标和推理线,从而判断在草图中自动添加的几何关系。

在绘制直线的过程中,系统显示反馈光标提醒用户绘制的直线为水平( ▬ )或竖直( ▌),直线绘制后,将自动添加"水平"或"竖直"几何关系,如图 2-15 所示。

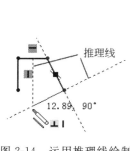

图 2-14　运用推理线绘制

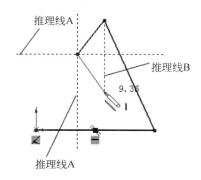

图 2-15　推理线

① 推理线在绘制草图时出现,显示指针和现有草图实体(或模型几何体)之间的几何关系。

② 推理线可以包括现有的线矢量、平行、垂直、相切和同心等约束关系。

有些推理线会捕捉到确切的几何关系，而其他的推理线则只是简单地作为草图绘制过程中的指引线或参考线来使用，SolidWorks 采用不同的颜色来区分推理线的这两种状态，如图 2-15 所示。

推理线 A 采用黄色，如果此时所绘线段捕捉到这两条推理线，则系统会自动添加"垂直"几何关系；

推理线 B 采用蓝色，它仅仅提供了一个与另一个端点的参考，如果所绘线段终止于这个端点，就不会添加"垂直"的几何关系。

（6）对于步骤二：关于自动添加几何关系。

应尽量利用自动添加几何关系绘制草图，这样可以在绘制草图的同时创建必要的几何约束，如水平、垂直、平行、正交、相切、重合、点在曲线上等。

① 选择【工具】|【草图设定】|【自动添加几何关系】命令，切换自动添加几何关系。

② 选择【工具】|【选项】命令，出现【系统选项】对话框，打开【系统选项】选项卡，单击【几何关系/捕捉】，如图 2-16 所示。

图 2-16　【系统选项-几何关系/捕捉】对话框

在构造草图时，可以通过设置【系统选项-几何关系/捕捉】对话框中的一个或多个选项，控制 SW 自动添加几何关系的设置。

（7）对于步骤三：关于查看几何约束。

选择【视图】|【草图几何关系】命令来切换草图几何关系的显示。

（8）对于步骤四：关于草图的定义状态。

一般说来，草图可以处于欠定义、完全定义、过定义三种状态。

① 欠定义：草图中某些元素的尺寸或几何关系没有定义。

• 欠定义的元素使用蓝色表示；

- 拖动这些欠定义的元素,可以改变它们的大小或位置。

如图 2-17(a)所示,如果没有标注角度的尺寸,则斜线圆显示为蓝色。当用户使用鼠标拖动斜线移动鼠标时,由于斜线角度的大小没有明确给定,因此可以改变斜线的方向。

(a) 欠定义草图　　　　　(b) 完全定义草图　　　　　(c) 过定义

图 2- 17　草图的定义状态

② 完全定义:草图中所有元素都已经通过尺寸或几何关系进行了约束。

- 完全定义的草图中所有元素都使用黑颜色表示,如图 2-17(b)所示。
- 用户不能拖动完全定义草图实体来改变大小。

③ 过定义:草图中某些元素的尺寸或几何关系过多,导致对一个元素有多种冲突的约束。

- 过定义的草图元素使用红颜色表示,如图 2-17(c)所示。
- 由于当前草图已经完全定义,如果试图标注两个垂直线的角度(图中所示为 90°),SolidWorks 将提示用户注意尺寸多余问题。
- 默认情况下,用户可以将多余的尺寸设置为"从动尺寸"(即该尺寸数值受几何体控制而不能驱动几何体),草图可以保持为完全定义状态。
- 如果用户选择了"保留此尺寸为驱动",则草图将会出现错误,即"过定义"草图。

草图的欠定义、完全定义和过定义三种不同的状态,在 FeatureManager 设计树中显示的符号是不同的,其标识是在草图名称前面通过(一)和(十)来表示,如图 2-18 所示。

- 欠定义:草图名称前面为(一)。
- 完全定义:草图名称前面无符号标识。
- 过定义:草图名称前面为(十)。
- 无法解出:草图名称前面为(?)。

图 2-18　草图的三种定义状态

(9) 对于步骤五:关于退出绘制草图。

- 单击【草图】工具栏中的【退出草图】按钮 ⓔ。
- 单击图形区右上角的"草图确认区",可以退出草图绘制。

- 没有任何绘图工具选择时,在图形区中右击,在出现的快捷菜单中单击【退出草图】按钮 。
- 确定建立特征后,自动退出草图绘制。
- 单击【重建模型】按钮 ,可以退出草图绘制。

**说明**:选择【工具】|【选项】命令,出现【系统选项】对话框,选中【激活确认角落】复选框,显示确认角落。

### 2.1.3 随堂练习

绘制如图 2-19 所示的草图。

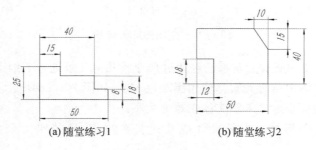

(a) 随堂练习1          (b) 随堂练习2

图 2-19    随堂练习图

## 2.2    绘制对称零件草图

本节知识点:
(1) 添加几何约束;
(2) 对称零件绘制方法;
(3) 添加对称约束。

### 2.2.1    添加几何约束

草图几何关系为草图实体之间或草图实体与基准面、基准轴、边线或顶点之间的几何约束。单击【草图】工具栏上的【添加几何关系】按钮 ,出现【添加几何关系】属性管理器。

(1) 选择单一草图实体添加约束。
① 在图形区选择创建几何关系的曲线。
② 单击【水平】按钮 或【竖直】按钮 ,如图 2-20 所示,添加几何关系。
(2) 选择多个草图实体添加约束。
① 在图形区选择创建几何关系的曲线。
② 单击【相切】按钮 ,如图 2-21 所示,添加几何关系。

**注意**:对象之间施加几何关系之后,导致草图对象的移动。移动规则是:如果所约束的对象都没有施加任何约束,则以最先创建的草图对象为基准。如果所约束的对象中已存在其他约束,则以约束的对象为基准。

草图几何关系说明如表 2-1 所示。

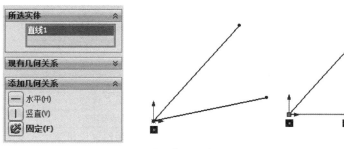

(a) 单一草图实体添加约束(水平约束)

 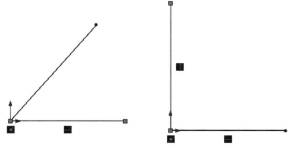

(b) 单一草图实体添加约束(竖直约束)

图 2-20  选择单一草图实体添加约束

 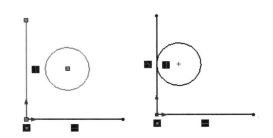

图 2-21  选择多个草图实体添加约束

表 2-1  草图几何关系说明

| 几何关系 | 要选择的实体 | 所产生的几何关系 |
| --- | --- | --- |
| 水平或竖直 | 一条或多条直线,或两个或多个点 | 直线会变成水平或竖直(由当前草图的空间定义),而点会水平或竖直对齐 |
| 共线 | 两条或多条直线 | 直线位于同一条无限长的直线上 |
| 全等 | 两个或多个圆弧 | 圆弧会共用相同的圆心和半径 |
| 垂直 | 两条直线 | 两条直线相互垂直 |
| 平行 | 两条或多条直线<br>3D 草图中一条直线和一基准面(或平面) | 直线相互平行<br>直线平行于所选基准面 |
| 相切 | 一圆弧、椭圆或样条曲线,以及一直线或圆弧 | 两个项目保持相切 |

续表

| 几何关系 | 要选择的实体 | 所产生的几何关系 |
|---|---|---|
| 同心 | 两个或多个圆弧,或一个点和一个圆弧 | 圆弧共用同一圆心 |
| 中点 | 两条直线或一个点和一直线 | 点保持位于线段的中点 |
| 交点 | 两条直线和一个点 | 点保持于直线的交叉点处 |
| 重合 | 一个点和一直线、圆弧或椭圆 | 点位于直线、圆弧或椭圆上 |
| 等距 | 两条或多条直线,或两个或多个圆弧 | 直线长度或圆弧半径保持相等 |
| 对称 | 一条中心线和两个点、直线、圆弧或椭圆 | 项目保持与中心线相等的距离,并位于一条与中心线垂直的直线上 |
| 固定 | 任何实体 | 实体的大小和位置被固定。然而,固定直线的端点可以自由地沿其下无限长的直线移动。并且,圆弧或椭圆段的端点可以随意沿基本全圆或椭圆移动 |
| 穿透 | 一个草图点和一个基准轴、边线、直线或样条曲线 | 草图点与基准轴、边线或曲线在草图基准面上穿透的位置重合。穿透几何关系用于使用引导线扫描 |
| 合并点 | 两个草图点或端点 | 两个点合并成一个点 |
| 在边线上 | 实体的边线 | 使用转换实体引用工具 ⬚ 将实体的边线投影到草图基准面 |
| 在平面上 | 在平面上绘制实体 | 草图实体位于平面上 |

### 2.2.2　建立对称零件绘制方法

**1. 关于构造线**

构造线主要用来作为尺寸参考、镜像基准线等,仅用来协助生成最终会被包含在零件中的草图实体和几何体。当草图被用来生成特征时,构造几何线被忽略。

1）中心线。

中心线又称构造线,绘制方法与直线相同,如图 2-22 所示。

图 2-22　绘制中心线

2）草图实体转换为构造几何线。

用户可将草图或工程图中的草图实体转换为构造几何线。

运用构造几何线的操作步骤如下。

（1）在图形区选取草图实体。

（2）单击【草图】工具栏上的【构造几何线】按钮 ⇄,该实线变为构造几何线,选取该构造几何线变成实线,如图 2-23 所示。

**2. 添加对称几何关系**

在草图中选择【主对象】、【次对象】和【对称中心线】,出现【属性】管理器,在【添加几何关系】选项卡中单击【对称】按钮 ▣，建立对称关系，如图 2-24 所示。

图 2-23　构造几何线应用过程

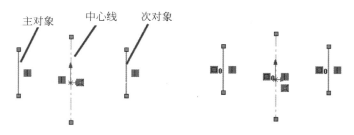

图 2-24　添加对称几何关系

### 3．镜向已有草图图形

【镜向实体】工具用来镜向预先存在的草图实体。SolidWorks 会在每一对相应的草图点（镜向直线的端点、圆弧的圆心等）之间应用一对称关系。如果更改被镜向的实体，则其镜向图像也会随之更改。

镜向已有草图图形的具体操作步骤如下：

在打开的草图中，单击【草图】工具栏上的【镜向实体】按钮 🔺，出现【镜向】属性管理器。

（1）激活【要镜向的实体】列表框。在图形区选择要镜向的某些或所有实体。

（2）选中【复制】复选框，包括原始实体和镜向实体。如果不选中【复制】复选框则仅包括镜向实体。

（3）激活【镜向点】列表框，在图形区选择镜向所绕的任意中心线、直线、模型线性边线或工程图线性边线，如图 2-25 所示。

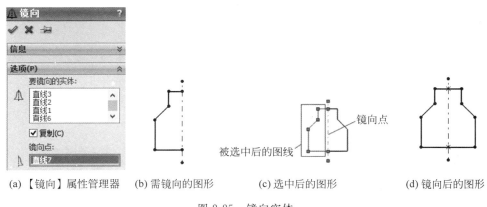

(a)【镜向】属性管理器　　(b) 需镜向的图形　　(c) 选中后的图形　　(d) 镜向后的图形

图 2-25　镜向实体

（4）单击【确定】按钮 ✅，完成设定。

### 4．动态镜向草图实体

先选择镜向所绕的实体，然后绘制要镜向的草图实体。

动态镜向草图实体的操作步骤如下。

（1）在打开的草图中，单击【草图】工具栏上的【动态镜向实体】按钮 ，选择镜向所绕的实体，此时在实体上下方会出现＝号，如图 2-26(a)所示。

（2）在对称线的一侧绘制图形，如图 2-26(b)所示。

（3）系统自动生成对称图形，如图 2-26(c)所示。

（4）依次完成对称图形，如图 2-26(d)所示。

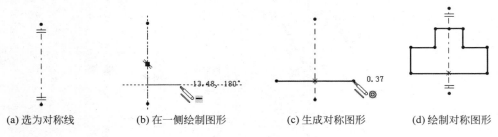

(a) 选为对称线          (b) 在一侧绘制图形          (c) 生成对称图形          (d) 绘制对称图形

图 2-26    动态镜向实体

（5）再次单击【草图】工具栏上的【动态镜向实体】按钮 ，结束动态镜向草图实体。

**5. 标注对称尺寸**

在具有中心线以及直线或点的草图中，单击【草图】工具栏上的【智能尺寸】按钮 ，选择中心线以及直线或点。

（1）要生成半径，请将指针移到中心线近端，如图 2-27(a)所示。

（2）要生成直径，请将指针移到中心线远端，如图 2-27(b)所示。

单击以放置尺寸。

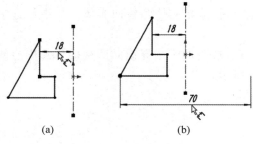

(a)                    (b)

图 2-27    标注对称尺寸

## 2.2.3    对称零件绘制实例

绘制底座草图，如图 2-28 所示。

**1. 草图分析**

1）尺寸分析

（1）尺寸基准如图 2-29(a)所示。

（2）定位尺寸如图 2-29(b)所示。

（3）定形尺寸如图 2-29(c)所示。

2）线段分析

（1）已知线段如图 2-30(a)所示。

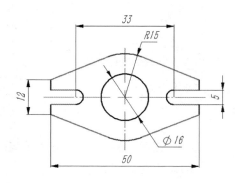

图 2-28    底座草图

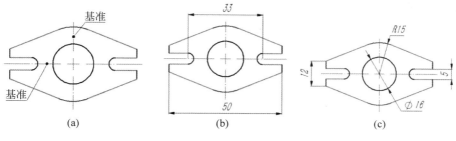

图 2-29  尺寸分析

（2）中间线段如图 2-30(b)所示。

（3）连接线段如图 2-30(c)所示。

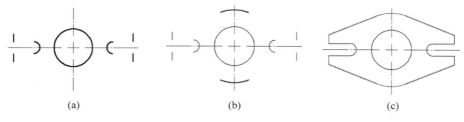

图 2-30  线段分析

**2. 操作步骤**

步骤一：建立零件，选择草图基准面，进入草图绘制。

（1）新建文件 base. sldprt。

（2）在 FeatureManager 设计树中单击【前视基准面】基准面，从快捷工具栏中单击【草图绘制】按钮 ，进入草图绘制环境。

步骤二：绘制草图。

（1）画基准线。

利用【草图】工具栏中的【中心线】 功能创建构造线，接着利用【草图】工具栏中的【添加几何关系】 功能添加几何约束，利用【草图】工具栏中的【智能尺寸】功能添加尺寸约束，如图 2-31 所示。

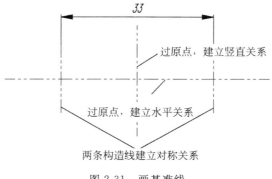

图 2-31  画基准线

（2）画已知线段。

利用【草图】工具栏中的【直线】 ↘ 功能创建直线，利用【草图】工具栏中的【圆】功能创建圆，接着利用【草图】工具栏中的【添加几何关系】 ⊥ 功能添加几何约束，利用【草图】工具栏中的【智能尺寸】按钮 ◇ ，添加尺寸约束，如图 2-32 所示。

（3）明确中间线段的连接关系，画出中间线段。

利用【草图】工具栏中的【圆】功能，创建基本圆弧轮廓，接着利用【草图】工具栏中的【添加几何关系】，添加几何约束，利用【草图】工具栏中的【智能尺寸】，添加尺寸约束，如图 2-33 所示。

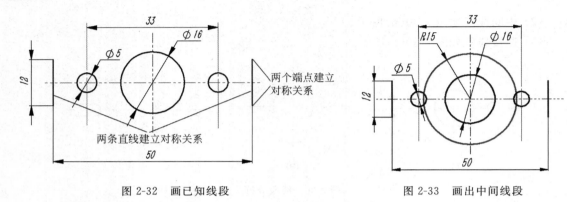

图 2-32　画已知线段　　　　　　　　图 2-33　画出中间线段

（4）明确连接线段的连接关系，画出连接线段。

利用【草图】工具栏中的【直线】功能，创建直线，接着利用【草图】工具栏中的【添加几何关系】，添加几何约束，如图 2-34 所示。

（5）检查整理图形。

利用【草图】工具栏中的【剪裁实体】，裁剪相关曲线，如图 2-35 所示。

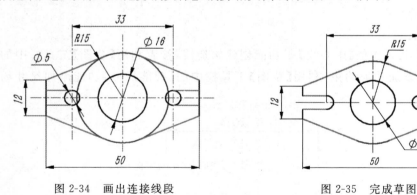

图 2-34　画出连接线段　　　　　　　　图 2-35　完成草图

步骤三：结束草图绘制。

单击【结束草图】按钮 ↻ ，退出【草图】环境。

步骤四：存盘。

选择【文件】|【保存】命令，保存文件。

**3. 步骤点评**

对于步骤二：关于剪裁。

在 SolidWorks 中,剪裁实体包括强劲剪裁、边角、在内剪除、在外剪除和剪裁到最近端 5 种方式。

在打开的草图中,单击【草图】工具栏上的【剪裁实体】按钮 ❊,出现【剪裁】属性管理器。

**1. 强劲剪裁**

在【剪裁】属性管理器中单击【强劲剪裁】按钮 ⊞,在图形区单击鼠标并移动光标,使其通过欲删除的线段,只要是该轨迹通过的线段,均可以被删除,如图 2-36 所示。

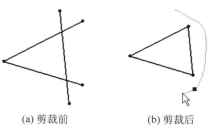

(a) 剪裁前　　　　(b) 剪裁后

图 2-36　强劲剪裁

**2. 边角**

在【剪裁】属性管理器中单击【边角】按钮 ⊞,用于保留选择的几何实体,剪裁结合体虚拟交点以外的其他部分,如图 2-37 所示。

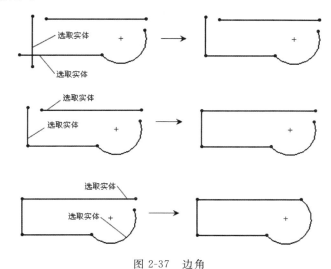

图 2-37　边角

**说明**:如果所选的两个实体之间不可能有几何上的自然交叉,则边角剪裁操作无效。

**3. 在内剪除**

在【剪裁】属性管理器中单击【在内剪除】按钮 ⊞,用于剪裁交叉在两个所选边界之间的开环实体。先在图形区选择两条边界实体(B),然后选择要剪裁的部分(T),操作如图 2-38 所示。

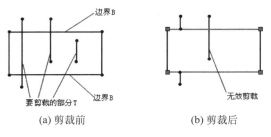

(a) 剪裁前　　　　　　(b) 剪裁后

图 2-38　在内剪除

**4．在外剪除**

在【剪裁】属性管理器中单击【在外剪除】按钮 ⊞，用于剪裁交叉在两个所选边界之外的部分。先在图形区选择两条边界实体(B)，然后选择要保留的部分(T)，操作如图 2-39 所示。

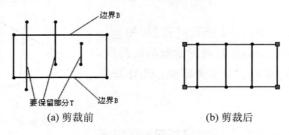

(a) 剪裁前　　　　　　　　　　(b) 剪裁后

图 2-39　在外剪除

**5．剪裁到最近端**

在【剪裁】属性管理器中单击【剪裁到最近端】按钮 ✚，用于将图形区所选的实体剪裁到最近的交点，如图 2-40 所示。

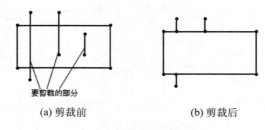

(a) 剪裁前　　　　　　　　　　(b) 剪裁后

图 2-40　剪裁到最近端

## 2.2.4　随堂练习

绘制如图 2-41 所示的草图。

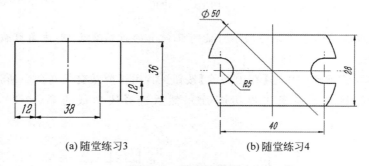

(a)随堂练习3　　　　　　　　　　(b)随堂练习4

图 2-41　随堂练习图

# 2.3　绘制复杂零件草图

本节知识点：

(1) 绘制基本几何图形方法；

(2) 草图绘制技巧。

### 2.3.1　常用绘制基本几何图形

**1. 绘制圆**

（1）单击【草图】工具栏上的【圆】按钮◎，移动鼠标到图形区，鼠标指针的形状变成◈，表明当前绘制的是圆。

（2）单击图形区来放置圆心。

（3）移动指针并单击来设定圆的半径，如图 2-42 所示。

**2. 绘制圆心/起点/终点圆弧**

绘制圆心/起点/终点圆弧的操作步骤如下。

（1）单击【草图】工具栏上的【圆心/起点/终点圆弧】按钮⚙，移动鼠标到图形区，鼠标指针的形状变成↘，表明当前绘制的是圆弧。

（2）单击图形区确定圆弧中心。

（3）移动指针并单击设定圆弧的半径及圆弧起点，然后松开鼠标。

（4）在圆弧上单击，确定其终点位置，如图 2-43 所示。

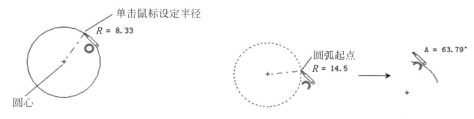

图 2-42　绘制圆过程　　　　　　图 2-43　绘制圆心/起点/终点圆弧过程

**3. 文字**

用户可以在零件的表面添加文字，以及拉伸和切除文字。文字可以添加在任何连续曲线或边线组中，包括由直线、圆弧或样条曲线组成的圆或轮廓。

添加文字的操作步骤如下。

（1）选择【工具】|【草图绘制实体】|【文字】命令，出现【草图文字】属性管理器，如图 2-44(a)所示。

（2）修改属性管理器中的参数。

- 【曲线】选项组是用来确定要添加草图文字的曲线的，可选取一条边线或一个草图轮廓，所选项目的名称会显示在曲线的选项列表中。
- 在【文字】组中输入要显示的文字，输入时，文字将出现在图形区中。
- **B** 为【加粗】按钮，*I* 为【倾斜】按钮，⚙ 为【旋转】按钮，当需要对草图文字进行这些项目的编辑时，先选取需编辑的文字，然后单击相应的按钮即可。

（3）单击【确定】按钮，完成操作，如图 2-44(b)所示。

**4. 绘制圆角**

【绘制圆角】工具是在两个草图实体的交叉处剪裁掉角部，从而生成一个切线弧，此工具在二维和三维草图中均可使用。

绘制圆角的操作步骤如下。

（1）在打开的草图中，单击【草图】工具栏上的【绘制圆角】按钮⌒，出现【绘制圆角】属性管

(a)【草图文字】属性管理器        (b) 绘制文字过程

图 2-44   绘制文字

理器,在【半径】文本框中输入半径值,选中【保持拐角处约束条件】复选框,如图 2-45(a)所示。

(2) 在图形区选择要圆角化的草图实体。

(3) 单击【确定】按钮 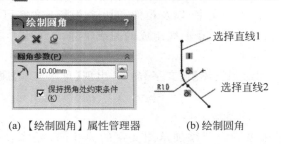,绘制圆角,或单击【撤销】按钮来移除圆角,如图 2-45(b)所示。

(a)【绘制圆角】属性管理器       (b) 绘制圆角

图 2-45   绘制圆角过程

### 5. 绘制倒角

【绘制倒角】工具是在二维和三维草图中将倒角应用到相邻的草图实体中,此工具在二维和三维草图中均可使用。

绘制倒角的操作步骤如下。

(1) 在打开的草图中,单击【草图】工具栏上的【绘制倒角】按钮 ,出现【绘制倒角】属性管理器。

(2) 设定倒角参数。

• 角度距离。

单击选中【角度距离】单选按钮,并分别输入距离和角度,如图 2-46(a)所示,然后在图形区选中需要做倒角的两条直线,生成倒角,如图 2-46(b)所示。

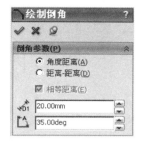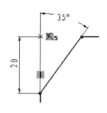

(a)【绘制倒角】属性管理器　　　　　　(b)绘制倒角

图 2-46　绘制【角度距离】形式的倒角

- 不等距离。

单击选中【距离-距离】单选按钮,取消选中【相等距离】复选框,并分别输入两个距离,如图 2-47(a)所示,然后在图形区选中需要做倒角的两条直线,生成倒角,如图 2-47(b)所示。

- 相等距离。

单击选中【距离-距离】单选按钮,选中【相等距离】复选框,并输入距离,如图 2-48(a)所示,然后在图形区选中需要做倒角的两条直线,生成倒角,如图 2-48(b)所示。

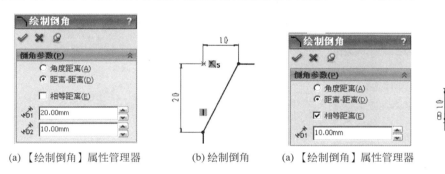

(a)【绘制倒角】属性管理器　　(b)绘制倒角　　　(a)【绘制倒角】属性管理器　　(b)绘制倒角

图 2-47　绘制【距离-距离】不等距形式的倒角　　　图 2-48　绘制【距离-距离】等距形式的倒角

(3) 单击【确定】按钮 ![icon]，绘制倒角,或单击【撤销】按钮来移除倒角。

**6. 转换实体引用**

转换实体引用是通过将边线、环、面、曲线、外部草图轮廓线、一组边线或一组草图曲线投影到草图基准面上,在该绘图平面上生成草图实体实现的。

(1) 在打开的草图中,单击模型边线、环、面、曲线、外部草图轮廓线、一组边线或一组曲线。

(2) 单击【草图】工具栏上的【转换实体引用】按钮 ![icon]，将建立以下几何关系(如图 2-49所示)。

①【在边线上】选项,在新的草图曲线和实体之间生成,这样如果实体更改,曲线也会随之更新。

②【固定】选项,在草图实体的端点内部生成,使草图保持"完全定义"状态。当使用【显示/删除几何关系】时,不会显示此内部几何关系。拖动这些端点可移除【固定】几何关系。

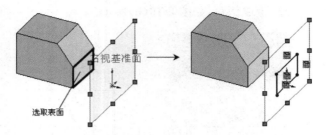

图 2-49　转换实体引用

**7. 线性草图阵列**

（1）选择【工具】|【草图工具】|【线性阵列】命令，出现【线性阵列】属性管理器。

（2）在【方向 1】组，在【间距】文本框输入 40.00mm，在【数量】文本框输入 3，选中【标注 X 间距】复选框。

（3）在【方向 2】组，在【间距】文本框输入 40.00mm，在【数量】文本框输入 2，选中【标注 Y 间距】复选框。

（4）选中【在轴之间标注角度】复选框。

（5）激活【要阵列的实体】，在图形区中选择要阵列的实体。

（6）激活【可跳过的实例】，在草图中选择要删除的实例。

如图 2-50 所示，单击【确定】按钮，完成设置。

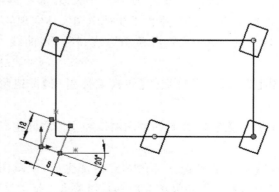

图 2-50　完成线性阵列

（7）由于第一个实体在坐标原点且已标注尺寸，所以该实体为黑色，另外 4 个实体为蓝色并未完全定义，下面添加几何关系和标注尺寸，使其完全定义。

单击【尺寸/几何关系】工具栏上的【添加几何关系】按钮![按钮]，出现【添加几何关系】属性管理器，在图形区选择水平构造线，单击【水平】按钮![按钮]，添加水平几何关系，单击【确定】按钮![按钮]，完成操作，如图 2-51 所示。

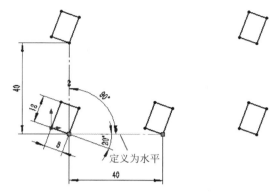

图 2-51　完全定义线性阵列几何关系

（8）完成线性阵列。

**8．圆周草图阵列**

（1）选择【工具】|【草图工具】|【圆周阵列】命令，出现【圆周阵列】属性管理器。

（2）选中【等间距】复选框。

（3）在【数量】文本框输入 6。

（4）选中【标注半径】复选框

（5）激活【要阵列的实体】列表框，在图形区中选择要阵列的实体。

如图 2-52 所示，单击【确定】按钮![按钮]，完成操作。

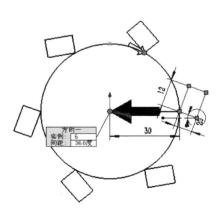

图 2-52　完成圆周阵列

（6）由于第一个实体在坐标原点且已标注尺寸，所以该圆为黑色，另外5个实体为蓝色并未完全定义。下面添加几何关系和标注尺寸，使其完全定义。

先删除尺寸30mm，如图2-53(a)所示，再调整圆心，使其离开坐标原点，如图2-53(b)所示，然后将圆心拖回坐标原点，结果如图2-53(c)所示，5个实体完全变黑，实现完全定义。

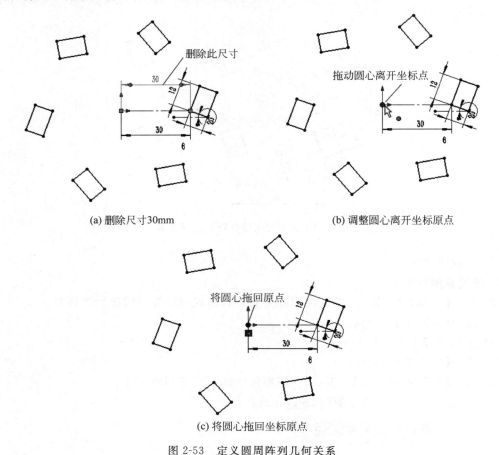

(a) 删除尺寸30mm    (b) 调整圆心离开坐标原点

(c) 将圆心拖回坐标原点

图 2-53　定义圆周阵列几何关系

（7）完成圆周阵列。

## 2.3.2　标注尺寸的方法

单击【草图】工具栏上的【智能尺寸】按钮 ◆ ，鼠标指针变为 ，即可进行尺寸标注。按 Esc 键，或再次单击【智能尺寸】按钮 ◆ ，退出尺寸标注。

**1. 线性尺寸的标注**

线性尺寸一般分为水平尺寸、垂直尺寸或平行尺寸三种。

水平尺寸的标注步骤如下。

（1）启动标注尺寸命令后，移动鼠标，到需标注尺寸的直线位置附近，当光标形状为 时，表示系统捕捉到直线，如图2-54(a)所示，单击鼠标选取直线。

（2）移动鼠标，将拖出线性尺寸，当尺寸成为如图2-54(b)所示的水平尺寸时，在尺寸放置的合适位置单击鼠标，确定所标注尺寸的位置，同时出现【修改】尺寸界面，如图2-54(c)所示。

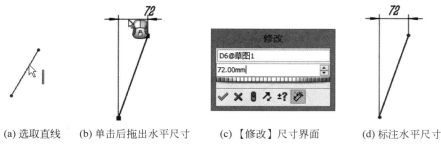

(a) 选取直线　　　(b) 单击后拖出水平尺寸　　　(c) 【修改】尺寸界面　　　(d) 标注水平尺寸

图 2-54　线性水平尺寸的标注

（3）在【修改】尺寸界面中输入尺寸数值。

（4）单击【确定】按钮，完成线性尺寸的标注。

当需标注垂直尺寸或平行尺寸时，只要在选取直线后，移动鼠标拖出垂直或平行尺寸进行设置即可，如图 2-55 所示。

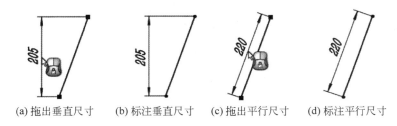

(a) 拖出垂直尺寸　　(b) 标注垂直尺寸　　(c) 拖出平行尺寸　　(d) 标注平行尺寸

图 2-55　线性垂直尺寸和平行尺寸的标注

**2．角度尺寸的标注**

角度尺寸分为两种：一种是两直线间的角度尺寸，另一种是直线与点间的角度尺寸。

两直线间角度尺寸的标注步骤如下。

（1）启动标注尺寸命令后，移动鼠标，分别单击选取需标注角度尺寸的两条边。

（2）移动鼠标，将拖出角度尺寸，鼠标移动位置的不同，将得到不同的标注形式。

（3）单击确定角度尺寸的位置，同时出现【修改】尺寸界面。

（4）在【修改】尺寸界面中输入尺寸数值。

（5）单击【确定】按钮，完成该角度尺寸的标注，如图 2-56 所示。

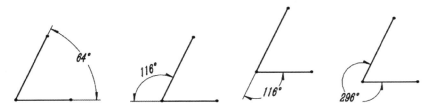

图 2-56　两直线间角度尺寸的标注

当需标注直线与点的角度时，不同的选取顺序会导致尺寸标注形式的不同，一般的选取顺序是：直线一个端点→直线另一个端点→点，如图 2-57 所示。

**3．圆弧尺寸的标注**

圆弧的尺寸标注分为标注圆弧半径、标注圆弧的弧长和标注圆弧对应弦长的线性尺寸。

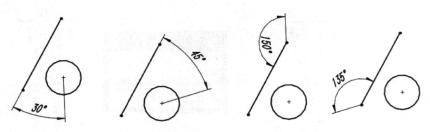

图 2-57　直线与点间角度尺寸标注

（1）圆弧半径的标注。

直接单击圆弧，如图 2-58（a）所示，拖出半径尺寸后，在合适的位置放置尺寸，如图 2-58（b）所示，单击出现【修改】尺寸界面，在【修改】尺寸界面中输入尺寸数值，单击【确定】按钮，完成该圆弧半径尺寸的标注，如图 2-58（c）所示。

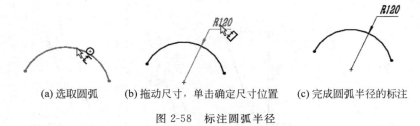

(a) 选取圆弧　　　　　(b) 拖动尺寸，单击确定尺寸位置　　　　(c) 完成圆弧半径的标注

图 2-58　标注圆弧半径

（2）圆弧弧长的标注。

分别选取圆弧的两个端点，如图 2-59（a）所示，再选取圆弧，如图 2-59（b）所示，此时，拖出的尺寸即为圆弧弧长。在合适的位置单击，确定尺寸的位置，如图 2-59（c）所示，单击出现【修改】尺寸界面，在【修改】尺寸界面中输入尺寸数值，单击【确定】按钮，完成该圆弧弧长尺寸的标注，如图 2-59（d）所示。

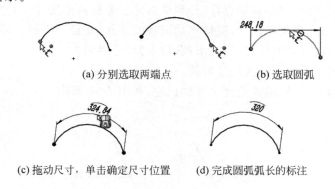

(a) 分别选取两端点　　　　　　　　　　(b) 选取圆弧

(c) 拖动尺寸，单击确定尺寸位置　　　　(d) 完成圆弧弧长的标注

图 2-59　标注圆弧弧长

（3）圆弧对应弦长的标注。

分别选取圆弧的两个端点，拖出的尺寸即为圆弧对应弦长的线性尺寸，单击出现【修改】尺寸界面，在【修改】尺寸界面中输入尺寸数值，单击【确定】按钮，完成该圆弧对应弦长尺寸的标注，如图 2-60 所示。

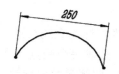

图 2-60　标注圆弧对应弦长

**4. 圆尺寸的标注**

（1）启动标注尺寸命令后，移动鼠标，单击选取需标注直径尺寸的圆。

（2）移动鼠标，将拖出直径尺寸，鼠标移动位置的不同，将得到不同的标注形式。

（3）单击确定直径尺寸的位置，同时出现【修改】尺寸界面。

（4）在【修改】尺寸界面中输入尺寸数值。

（5）单击【确定】按钮，完成该圆尺寸的标注，如图 2-61 所示为圆尺寸标注的三种形式。

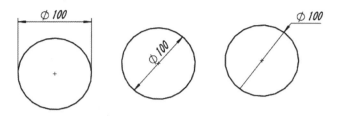

图 2-61　圆尺寸标注的三种形式

**5. 中心距尺寸的标注**

（1）启动标注尺寸命令后，移动鼠标，单击选取需标注中心距尺寸的圆，如图 2-62(a)所示。

（2）移动鼠标，将拖出中心距尺寸，如图 2-62(b)所示。

（3）单击确定中心距尺寸的位置，同时出现【修改】尺寸界面。

（4）在【修改】尺寸界面中输入尺寸数值。

（5）单击【确定】按钮，完成该中心距尺寸的标注，如图 2-62(c)所示。

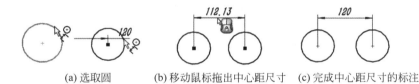

(a) 选取圆　　　(b) 移动鼠标拖出中心距尺寸　(c) 完成中心距尺寸的标注

图 2-62　标注中心距尺寸

**6. 同心圆之间标注尺寸并显示延伸线**

（1）启动标注尺寸命令后，移动鼠标，单击第一个同心圆，然后单击第二个同心圆。

（2）要想显示延伸线，在圆中右击即可。

（3）单击放置尺寸，如图 2-63 所示。

**7. 打折半径尺寸**

选择标注好的尺寸，在出现的【尺寸】属性管理器中切换到
【引线】界面，如图 2-64(a)所示，然后单击【尺寸线打折】按钮

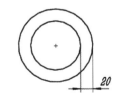

图 2-63　同心圆之间标注尺
　　　　寸并显示延伸线

，将半径尺寸线打折，如图 2-64(b)、图 2-64(c)所示。

**8. 标注两圆距离**

选择两圆的标注如图 2-65(a)所示，选择标注好的尺寸，在
出现的【尺寸】属性管理器中切换到【引线】界面，在【圆弧条件】选项组的【第一圆弧条件】中单击选中【最小】单选按钮，在【第二圆弧条件】中单击选中【最小】单选按钮，如图 2-65(b)所示，标注最小距离；在【第一圆弧】条件中单击【最大】单选按钮，在【第二圆弧条件】中单击选中【最大】单选按钮，如图 2-65(c)所示，标注最大距离。

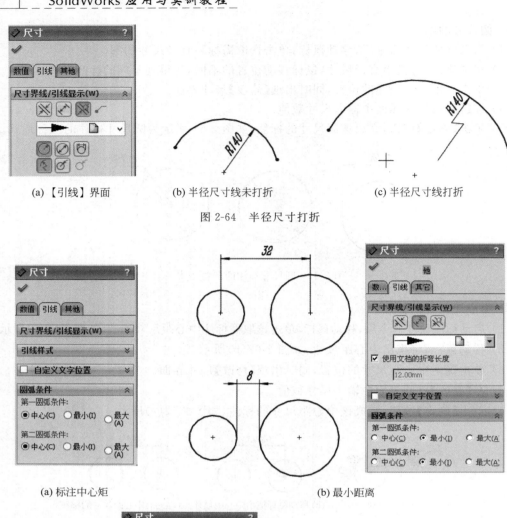

(a)【引线】界面          (b) 半径尺寸线未打折          (c) 半径尺寸线打折

图 2-64　半径尺寸打折

(a) 标注中心矩          (b) 最小距离

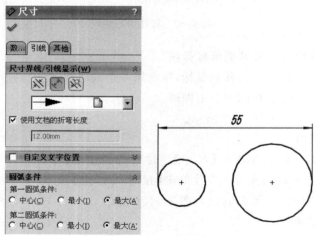

(c) 最大距离

图 2-65　圆之间距离的标注方式

### 2.3.3  知识与拓展——显示/删除几何关系

用户可以通过以下两种方法显示/删除所选实体的几何关系。

（1）第一种方法是单击需要显示几何关系的实体,在出现的属性管理器中的【现有几何关系】列表中可以看到实体对应的几何关系。

如果需要删除几何关系,右击【现有几何关系】列表中的相应几何关系,在出现的快捷菜单中选择【删除】命令,即可删除,如图 2-66 所示。

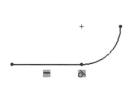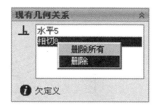

图 2-66  删除几何关系

（2）第二种方法是单击【草图】工具栏上的【显示/删除几何关系】按钮,出现【显示/删除几何关系】属性管理器。

① 当草图中没有实体被选中时,则管理器中的【过滤器】列表框为【全部在此草图中】选项,即显示草图中所有的几何关系,如图 2-67(a)所示。

(a) 显示全部几何关系        (b) 显示实体几何关系

图 2-67  【显示/删除几何关系】属性管理器

② 选择需要显示或删除几何关系的实体,则在【现有几何关系】列表中会显示该实体的所有几何关系,如图 2-67(b)所示。

③ 单击各个几何关系,图形区将以绿色显示对应关系的实体。

④ 如果需要删除几何关系,右击【现有几何关系】列表中的相应几何关系,在出现的快捷菜单中选择【删除】命令,即可删除。

⑤ 如果需要删除所有的几何关系,选择快捷菜单中的【删除所有】命令即可。

### 2.3.4 绘制复杂零件草图实例

绘制定位板草图，如图 2-68 所示。

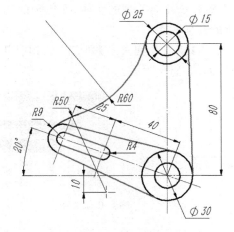

图 2-68　定位板草图

**1. 草图分析**

1）尺寸分析

（1）尺寸基准如图 2-69(a)所示。

（2）定位尺寸如图 2-69(b)所示。

（3）定形尺寸如图 2-69(c)所示。

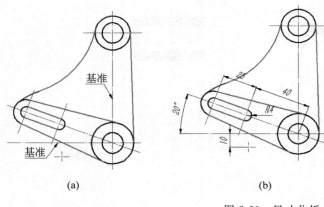

(a)　　　　　　　　　　(b)　　　　　　　　　　(c)

图 2-69　尺寸分析

2）线段分析

（1）已知线段如图 2-70(a)所示。

（2）中间线段如图 2-70(b)所示。

（3）连接线段如图 2-70(c)所示。

**2. 操作步骤**

步骤一：新建零件，选择草图基准面，进入草图绘制。

（1）新建文件 location. sldprt。

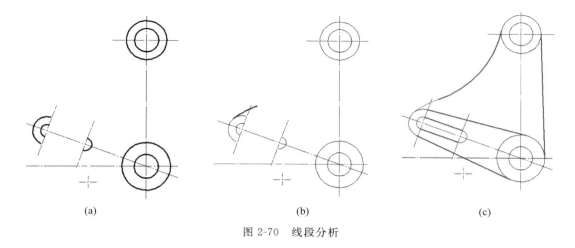

(a)　　　　　　　　　　　(b)　　　　　　　　　　　(c)

图 2-70　线段分析

（2）在 FeatureManager 设计树中单击【前视基准面】基准面，从快捷工具栏中单击【草图绘制】按钮，进入草图绘制环境。

步骤二：绘制草图。

（1）画基准线。

利用【草图】工具栏中的【中心线】功能创建构造线，接着利用【草图】工具栏中的【添加几何关系】功能添加几何约束，利用【草图】工具栏中的【智能尺寸】功能添加尺寸约束，如图 2-71 所示。

（2）画已知线段。

利用【草图】工具栏中的圆和圆弧功能，创建基本圆弧轮廓，接着利用【草图】工具栏中的【添加几何关系】功能添加几何约束，利用【草图】工具栏中的【智能尺寸】功能添加尺寸约束，如图 2-72 所示。

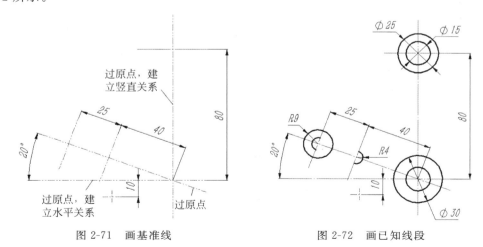

图 2-71　画基准线　　　　　　　　　图 2-72　画已知线段

（3）明确中间线段的连接关系，画出中间线段。

利用【草图】工具栏中的【圆】功能创建基本圆弧轮廓，接着利用【草图】工具栏中的【添加几何关系】功能添加几何约束，利用【草图】工具栏中的【智能尺寸】功能添加尺寸约束，如图 2-73 所示。

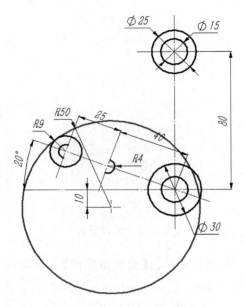

图 2-73    画出中间线段

（4）明确连接线段的连接关系，画出连接线段。

利用【草图】工具栏中的【直线】功能创建直线，接着利用【草图】工具栏中的【添加几何关系】功能添加几何约束，如图 2-74 所示。

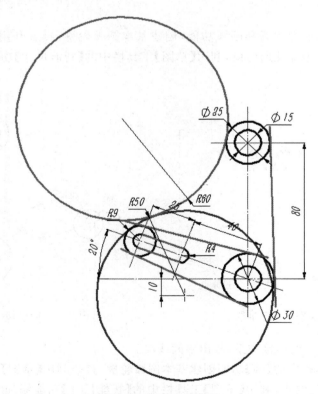

图 2-74    画出连接线段

（5）检查整理图形。

利用【草图】工具栏中的【剪裁实体】功能裁剪相关曲线，如图 2-75 所示。

步骤三：结束草图绘制。

单击【结束草图】按钮 ，退出【草图】环境。

步骤四：存盘。

选择【文件】|【保存】命令，保存文件。

### 3．步骤点评

（1）对于步骤二：关于绘制不在原点的带中心线的圆。

① 绘制中心线，如图 2-76 所示。

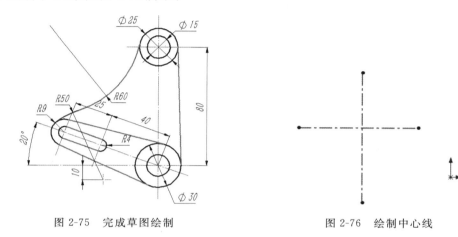

图 2-75　完成草图绘制　　　　　图 2-76　绘制中心线

② 添加几何关系，如图 2-77 所示。

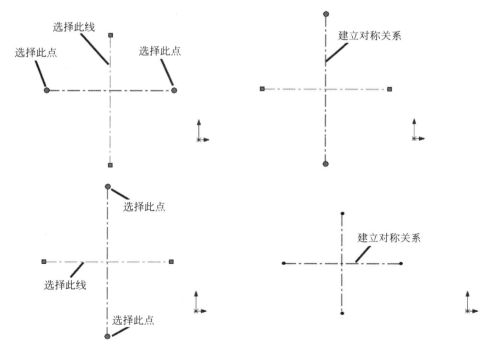

图 2-77　添加几何关系

③ 绘制圆,如图 2-78 所示。

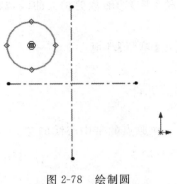

图 2-78　绘制圆

④ 添加几何关系,如图 2-79 所示。

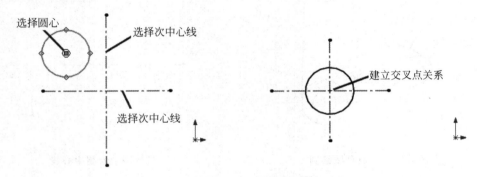

图 2-79　添加几何约束

（2）对于步骤二：关于绘制同心圆。

在绘制草图的过程中,光标移动到特定的实体上时会自动捕捉相应的实体,如捕捉圆心和中点。这些捕捉可以建立自动几何关系,从而使绘图过程更加简单。如图 2-80 所示,当需要绘制一个同心圆时,移动光标到现有圆形边线上,则系统出现圆心符号并且在一定时间内不消失。捕捉到圆心开始绘图,则绘制的实体点与圆心建立"重合"几何关系。

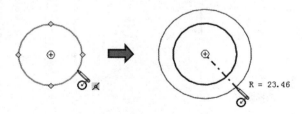

图 2-80　捕捉圆心

（3）对于步骤二：对建立约束次序的建议。

① 加几何约束——固定一个特征点。

② 按设计意图加充分的几何约束。

③ 按设计意图加少量尺寸约束（要频繁更改的尺寸）。

## 2.3.5 随堂练习

绘制如图 2-81 所示的草图。

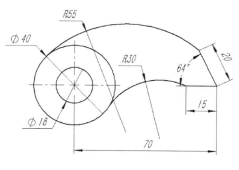

(a) 随堂练习5

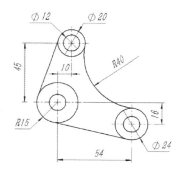

(b) 随堂练习6

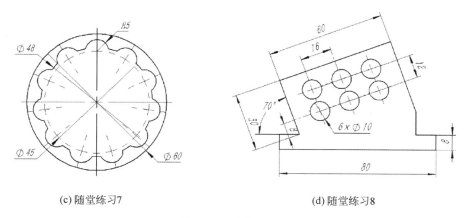

(c) 随堂练习7  (d) 随堂练习8

图 2-81 随堂练习图

## 2.4 练习

绘制如图 2-82 所示的草图。

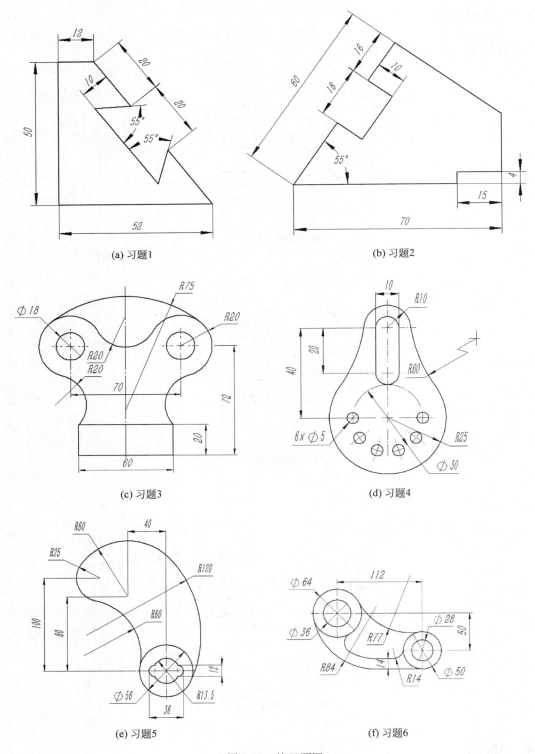

(a) 习题1

(b) 习题2

(c) 习题3

(d) 习题4

(e) 习题5

(f) 习题6

图 2-82 练习题图

# 第 **3** 章

# 拉 伸 和 旋 转 特 征 建 模

拉伸特征是三维设计中最常用的特征之一,具有相同截面、可以指定深度的实体都可以用拉伸特征建立。旋转特征是截面绕一条中心轴转动扫过的轨迹形成的特征,旋转特征类似于机械加工中的车削加工,旋转特征适用于大多数轴和盘类零件。

## 3.1　拉伸建模

本节知识点:

(1) 零件建模的基本规则;

(2) 创建拉伸特征方法。

### 3.1.1　拉伸特征创建流程

生成拉伸特征如下:

(1) 生成草图。

(2) 单击拉伸工具之一。

在【特征】工具栏单击【拉伸凸台/基体】按钮 ,或选择【插入】|【凸台/基体】|【拉伸】命令;

在【特征】工具栏单击【拉伸切除】按钮 ,或选择【插入】|【切除】|【拉伸】命令;

在【曲面】工具栏单击【拉伸曲面】按钮 ,或选择【插入】|【曲面】|【拉伸】命令。

(3) 设定属性管理器选项。

(4) 单击【确定】按钮 。

**1. 拉伸特征开始和结束类型**

(1) 拉伸特征有 4 种不同形式的开始类型,如图 3-1 所示。

* 草图基准面:从草图所在的基准面开始拉伸。

* 曲面/面/基准面:从这些实体之一开始拉伸,为【曲面/面/基准面】 选择有效的实体。

* 顶点:从选择的顶点开始拉伸。

* 等距:从与当前草图基准面等距的基准面上开始拉伸,在【输入等距值】中设定等距距离。

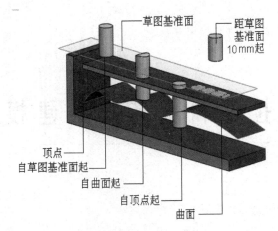

图 3-1　各种开始条件及其结果

(2) 拉伸特征的终止条件有 8 种不同的形式，如图 3-2 所示。

- 给定深度：从草图的基准面拉伸特征到指定的距离。
- 完全贯穿：从草图的基准面拉伸特征直到贯穿所有现有的几何体。
- 成形到一顶点：从草图的基准面拉伸特征到一个与草图基准面平行，且穿过指定顶点的平面。
- 成形到下一面：从草图的基准面拉伸特征到相邻的下一面。
- 成形到一面：从草图的基准面拉伸特征到一个要拉伸到的面或基准面。
- 到离指定面指定的距离：从草图的基准面拉伸特征到一个面或基准面指定距离平移处。
- 成形到实体：从草图的基准面拉伸特征到指定的实体。
- 两侧对称：从草图的基准面开始，沿正、负两个方向拉伸特征。

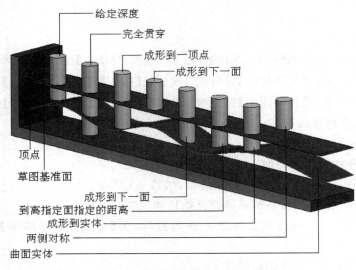

图 3-2　各种终止条件及其结果

说明：选择【两侧对称】形式为终止条件时，若拉伸距离为 10mm，建模后以基准面为中心，正、负两个方向的拉伸距离各自为 5mm，即总的拉伸距离为 10mm。

**2．指定拉伸方向**

用于在图形区域中指定拉伸矢量方向。

（1）默认的拉伸矢量方向和草图平面垂直，如图 3-3 所示。

（2）设置矢量方向后，拉伸方向朝向指定的矢量方向，如图 3-4 所示。

（3）改变拉伸方向。

单击【反向】按钮 ，可以改变拉伸方向，如图 3-5 所示。

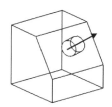

图 3-3　默认拉伸方向

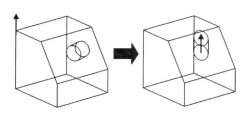

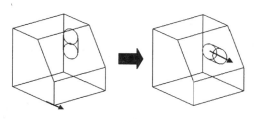

图 3-4　改变拉伸矢量方向

**3．关于反侧切除**

在【拉伸】属性管理器中，选择【反侧切除】（仅限于拉伸的切除），移除轮廓外的所有材质。默认情况下，材料从轮廓内部移除，如图 3-6 所示。

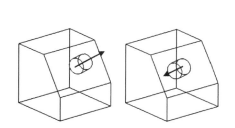

图 3-5　改变拉伸方向

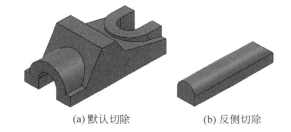

(a)默认切除　　　　　(b)反侧切除

图 3-6　反侧切除

**4．拔模**

用于将斜率(拔模)添加到拉伸特征的一侧或多侧。

（1）无——不创建任何拔模。

（2）向内拔模角度 10°，如图 3-7 所示。

（3）向外拔模角度 10°，如图 3-8 所示。

图 3-7　向内拔模角度 10°

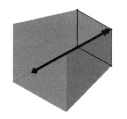

图 3-8　向外拔模角度 10°

### 3.1.2 拉伸特征应用实例

应用拉伸功能创建模型,如图 3-9 所示。

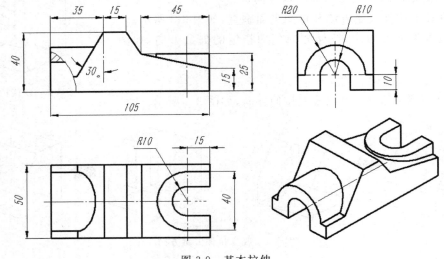

图 3-9 基本拉伸

#### 1. 关于本零件设计理念的考虑

(1) 零件成对称。

(2) 长度尺寸必须能够在 30~50 的范围内正确变化。

(3) 两个槽口为完全贯通。

建模步骤见图 3-10。

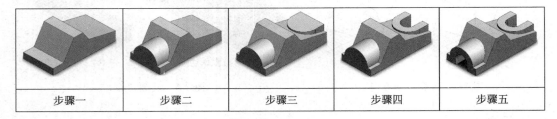

| 步骤一 | 步骤二 | 步骤三 | 步骤四 | 步骤五 |

图 3-10 建模步骤

#### 2. 操作步骤

步骤一:新建文件,建立拉伸基体。

(1) 新建文件 Base. sldprt。

(2) 在右视基准面绘制草图,如图 3-11 所示。

(3) 单击【特征】工具栏上的【拉伸凸台/基体】按钮 ,出现【凸台-拉伸】属性管理器。

① 在【方向 1】组,从【终止条件】列表中选择【两侧对称】选项。

② 在【深度】文本框输入 50.00mm。

如图 3-12 所示,单击【确定】按钮 。

步骤二:成形到下一面。

(1) 在左端面,绘制如图 3-13 所示的草图。

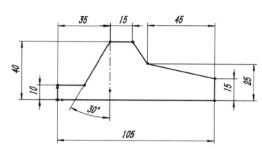

图 3-11　绘制草图

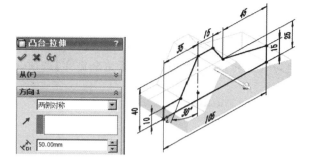

图 3-12　拉伸基体

（2）单击【特征】工具栏上的【拉伸凸台/基体】按钮 ，出现【凸台-拉伸】属性管理器，在【方向 1】组，从【终止条件】列表中选择【成形到下一面】选项，如图 3-14 所示，单击【确定】按钮 。

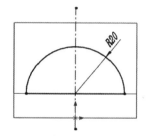

图 3-13　在左端面绘制草图

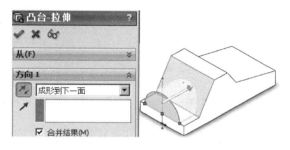

图 3-14　拉伸实体

步骤三：成形到一顶点。

（1）在底面，绘制如图 3-15 所示的草图。

（2）单击【特征】工具栏上的【拉伸凸台/基体】按钮 ，出现【凸台-拉伸】属性管理器。

① 在【方向 1】组，从【终止条件】列表中选择【成形到一顶点】选项。

② 激活【顶点】列表，在图形区选择顶点。

如图 3-16 所示，单击【确定】按钮 。

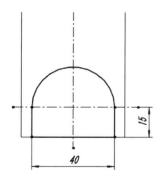

图 3-15　在底面绘制草图

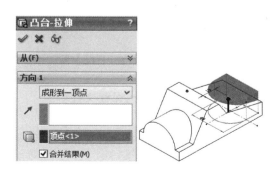

图 3-16　拉伸实体

步骤四：完全贯穿。

（1）在右上方，绘制如图 3-17 所示的草图。

（2）单击【特征】工具栏上的【拉伸切除】按钮，出现【拉伸-切除】属性管理器，在【方向1】组，从【终止条件】列表中选择【完全贯穿】选项，如图 3-18 所示，单击【确定】按钮。

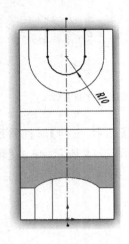

图 3-17　在右上方绘制草图

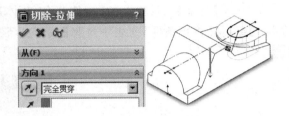

图 3-18　拉伸切除

步骤五：完全贯穿。

（1）在左端面，绘制如图 3-19 所示的草图。

（2）单击【特征】工具栏上的【拉伸切除】按钮，出现【拉伸-切除】属性管理器，在【方向1】组，从【终止条件】列表中选择【完全贯穿】选项，如图 3-20 所示，单击【确定】按钮。

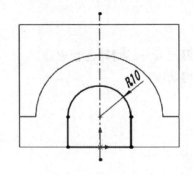

图 3-19　在右上面绘制草图

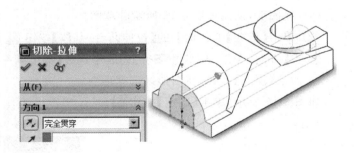

图 3-20　拉伸切除

步骤六：存盘。

选择【文件】|【保存】命令，保存文件。

**3. 步骤点评**

1）对于步骤一：关于选择最佳轮廓和草图平面。

（1）选择最佳轮廓。

分析模型，选择最佳建模轮廓，如图 3-21 所示。

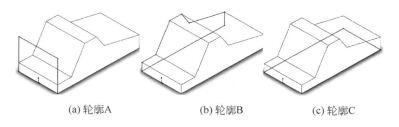

(a) 轮廓A            (b) 轮廓B            (c) 轮廓C

图 3-21   分析选择最佳建模轮廓

① 轮廓 A。

这个轮廓是矩形的,拉伸后,需要很多的切除才能完成毛坯建模。

② 轮廓 B。

这个轮廓只需添加两个凸台,就可以完成毛坯建模。

③ 轮廓 C。

这个轮廓是矩形的,拉伸后,需要很多的切除才能完成毛坯建模。

本实例选择轮廓 B。

(2) 选择草图平面。

分析模型,选择最佳建模轮廓放置基准面,如图 3-22 所示。

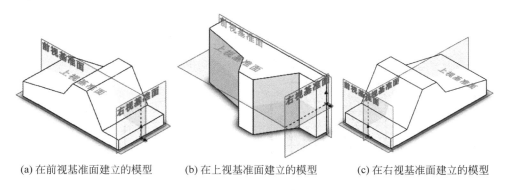

(a) 在前视基准面建立的模型      (b) 在上视基准面建立的模型      (c) 在右视基准面建立的模型

图 3-22   草图方位

第一种放置方法是:最佳建模轮廓放置在前视基准面。

第二种放置方法是:最佳建模轮廓放置在上视基准面。

第三种放置方法是:最佳建模轮廓放置在右视基准面。

根据模型放置方法分析:

① 考虑零件本身的显示方位。

零件本身的显示方位决定模型怎样放置在标准视图中,例如轴测图。

② 考虑零件在装配图中的方位。

装配图中固定零件的方位决定了整个装配模型怎样放置在标准视图中,例如轴测图。

③ 考虑零件在工程图中的方位。

④ 建模时应该使模型的右视图与工程图的主视图完全一致。

从上面 4 种分析来看,第 3 种放置方法最佳。

2) 对于步骤一:关于对称零件的设计方法。

此零件为对称零件,下面总结对称零件的设计方法。

草图层次:利用原点设定为草图中点或者对称约束。

特征层次:利用两侧对称拉伸或镜像。

### 3.1.3 随堂练习

运用拉伸特征建立如图 3-23 所示的模型。

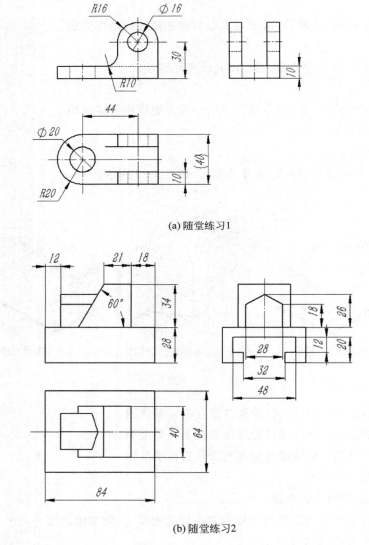

(a) 随堂练习1

(b) 随堂练习2

图 3-23 随堂练习图

# 3.2　旋转建模

本节知识点：
创建旋转特征方法。

## 3.2.1　旋转特征工作流程

生成旋转特征：

（1）生成草图。

（2）单击旋转工具之一。

在【特征】工具栏单击【旋转凸台/基体】按钮，或选择【插入】|【凸台/基体】|【旋转】命令；

在【特征】工具栏单击【旋转切除】按钮或选择【插入】|【切除】|【旋转】命令；

在【曲面】工具栏单击【旋转曲面】按钮或选择【插入】|【曲面】|【旋转】命令。

（3）设定属性管理器选项。

（4）单击【确定】按钮。

### 1.　旋转轴

旋转轴不得与草图曲线相交。可是，它可以和一条边重合。当草图中心线多于两条以上，SolidWorks 需要用户指定旋转轴。

### 2.　旋转特征终止条件

相对于草图基准面设定旋转特征的终止条件。

- 给定深度：从草图以单一方向生成旋转。
- 成形到一顶点：从草图基准面生成旋转到指定顶点。
- 成形到一面：从草图基准面生成旋转到指定曲面。
- 到离指定面指定的距离：从草图基准面生成旋转到所指定曲面的指定等距。
- 两侧对称：从草图基准面以顺时针和逆时针方向生成旋转。

## 3.2.2　旋转特征应用实例

应用旋转功能创建模型，如图 3-24 所示。

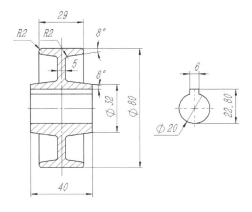

图 3-24　带轮

**1. 关于本零件设计理念的考虑**

(1) 零件为旋转体，主体部分采用旋转命令实现。

(2) 键槽部分采用拉伸切除的方法实现。

建模步骤见图 3-25。

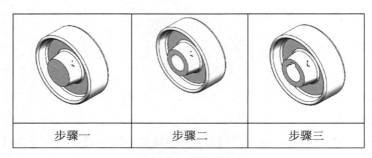

| 步骤一 | 步骤二 | 步骤三 |

图 3-25　建模步骤

**2. 操作步骤**

步骤一：新建文件，建立旋转基体。

(1) 新建文件 wheel. sldprt。

(2) 在右视基准面绘制草图，如图 3-26 所示。

(3) 单击【特征】工具栏上的【旋转凸台/基体】按钮 ，出现【旋转】属性管理器。

① 在【旋转轴】组，激活【旋转轴】列表，在图形区选择【直线 2】。

② 在【方向 1】组，从【旋转类型】列表中选择【给定深度】选项。

③ 在【角度】文本框输入 360.00 度。

如图 3-27 所示，单击【确定】按钮 ，完成操作。

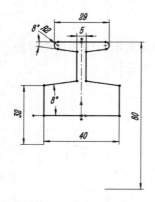

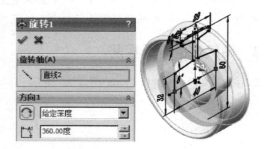

图 3-26　在右视基准面绘制草图　　　　　　　　图 3-27　旋转轮

步骤二：打孔。

(1) 选择【插入】|【特征】|【孔】|【简单孔】命令，出现【孔】对话框。

① 在图形区中选择凸台的顶端平面作为放置平面。

② 在【方向 1】组，从【终止条件】列表中选择【完全贯穿】选项。

③ 在【直径】文本框输入 20.00mm。

如图 3-28 所示，单击【确定】按钮 。

(2) 在 FeatureManager 设计树中单击刚建立的孔特征，从快捷工具栏中单击【编辑草图】

按钮 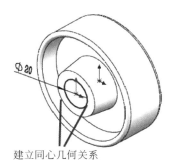,进入【草图】环境。

① 设定孔的圆心位置,如图 3-29 所示。

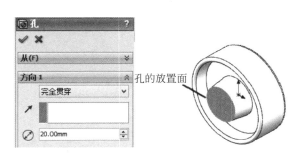

图 3-28　在图形区中选择凸台的顶端平面作为放置平面

图 3-29　孔定位

② 单击【结束草图】按钮,退出【草图】环境。

步骤三:切键槽。

(1) 在图形区中选择凸台的顶端平面,绘制如图 3-30 所示的草图。

(2) 单击【特征】工具栏上的【拉伸切除】按钮 ,出现【切除-拉伸】属性管理器。

① 在【方向 1 组】,从【终止条件】列表中选择【完全贯穿】选项。

② 选中【薄壁特征】复选框。

③ 从【类型】列表中选择【两侧对称】选项。

④ 在【距离】文本框输入 6.00mm。

如图 3-31 所示,单击【确定】按钮 ,完成操作。

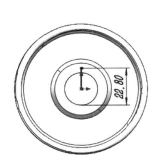

图 3-30　绘制草图

图 3-31　切键槽

步骤四:存盘。

选择【文件】|【保存】命令,保存文件。

**3. 步骤点评**

(1) 对于步骤一:关于标注。

草图标注以直径的形式标注尺寸更符合实际情况。

（2）对于步骤四：关于切槽。

采用薄壁特征完成切槽，是 SW 的一种典型操作。

### 3.2.3　随堂练习

利用旋转特征建立如图 3-32 所示的模型。

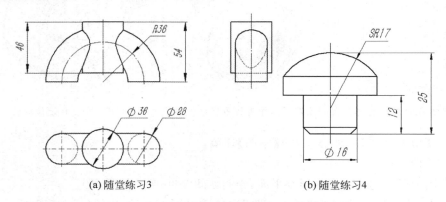

　　(a) 随堂练习3　　　　　　　　　　　　　　　(b) 随堂练习4

图 3-32　随堂练习图

# 3.3　多实体建模

本节知识点：

多实体建模方法。

### 3.3.1　多实体建模实例

当一个单独的零件文件中包含多个连续实体时就形成多实体。通常情况下，多实体建模技术用于设计包含具有一定距离的分离特征的零件，首先单独对零件中每一个分离的特征进行建模和修改，然后通过合并形成单一的零件实体。

多实体环境中使用的造型技术包括以下几种：

**1. 桥接**

桥接技术用来连接两个或多个实体。

当设计辐条轮时，知道轮缘和轮轴的要求。然而，不知道如何设计辐条。可使用多实体零件生成轮缘和轮轴，然后生成连接实体的辐条，如图 3-33 所示。

**2. 局部操作**

设计一个双头量杯。需要在两个杯子上生成抽壳，然后在其上生成圆角。然而，不希望在连接两个杯子的部件上生成抽壳，可在分开的实体上生成零件并进行特征操作。

（1）当造型双头量杯时，首先生成量杯为两个单独实体，如图 3-34(a)所示。

（2）在每个实体上抽壳，如图 3-34(b)所示。

（3）造型连接杆并合并实体，如图 3-34(c)所示。

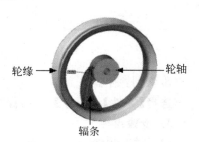

轮缘　　　　　　　轮轴

辐条

图 3-33　桥接

（4）将边线圆角处理，如图 3-34(d)所示。

(a)    (b)    (c)    (d)

图 3-34    局部操作

**3. 组合实体**

通过【组合】实体特征，用户可以在零件中利用添加、删减或共同多个实体来创建单一实体。

## 3.3.2    多实体应用实例

应用多实体创建模型，如图 3-35 所示。

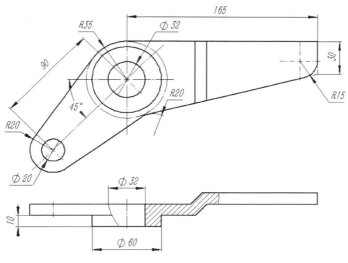

图 3-35    多实体实例

**1. 关于本零件设计理念的考虑**

采用组合多实体方案。

建模步骤见图 3-36。

**2. 操作步骤**

步骤一：新建文件，建立毛坯。

（1）新建文件"支承.sldprt"。

（2）在右视基准面绘制草图，如图 3-37 所示。

（3）单击【特征】工具栏上的【拉伸凸台/基体】按钮 ，出现【凸台-拉伸】属性管理器。

① 在【方向 1】组，从【终止条件】列表中选择【给定深度】选项。

② 在【深度】文本框输入 20.00mm。

③ 在【所选轮廓】组，激活【所选轮廓】列表，在图形区选择拉伸轮廓。

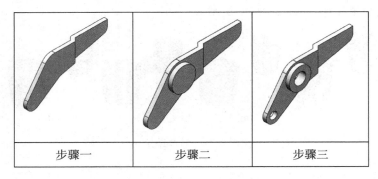

图 3-36　建模步骤

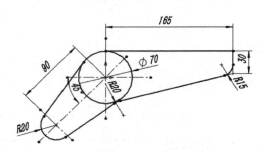

图 3-37　绘制草图

如图 3-38 所示，单击【确定】按钮 ☑ 。

（4）在上表面绘制草图，如图 3-39 所示。

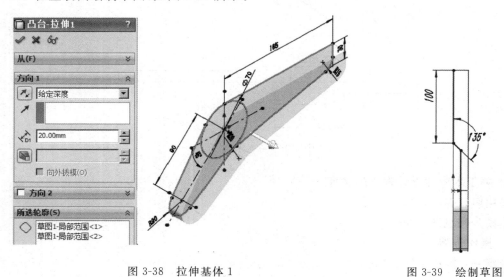

图 3-38　拉伸基体 1　　　　　　　　　　　　　　　图 3-39　绘制草图

（5）单击【特征】工具栏上的【拉伸凸台/基体】按钮 ，出现【凸台-拉伸】属性管理器。

① 在【方向 1】组，从【终止条件】列表中选择【给定深度】选项。

② 在【深度】文本框输入 130.00mm。

③ 取消【合并结果】复选按钮。

④ 选中【薄壁特征】复选按钮。

⑤ 从【类型】列表中选择【单向】选项。

⑥ 在【深度】文本框输入 10.00mm。

如图 3-40 所示，单击【确定】按钮 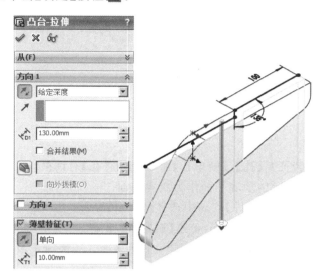。

图 3-40　拉伸基体 2

（6）选择【插入】|【特征】|【组合】命令，出现【组合】对话框。

① 在【操作类型】组，选择【共同】单选按钮。

② 在【要组合的实体】组，激活【实体】列表，在图形区选择【凸台_拉伸 1】和【拉伸_薄壁 2】。

如图 3-41 所示，单击【确定】按钮。

步骤二：建立凸台。

（1）在前表面绘制草图，如图 3-42 所示。

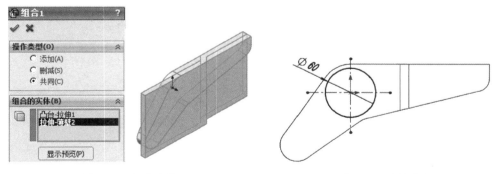

图 3-41　组合实体　　　　　　　　　　图 3-42　绘制草图

（2）单击【特征】工具栏上的【拉伸凸台/基体】按钮，出现【凸台-拉伸】属性管理器。

① 在【方向 1】组，从【终止条件】列表中选择【给定深度】选项。

② 在【深度】文本框输入 10.00mm。

如图 3-43 所示，单击【确定】按钮。

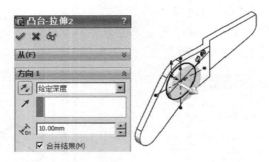

图 3-43　建立凸台

步骤三：打孔。

（1）选择【插入】|【特征】|【孔】|【简单孔】命令，出现【孔】对话框。

① 在图形区中选择凸台的顶端平面作为放置平面。

② 在【方向 1】组，从【终止条件】列表中选择【完全贯穿】选项。

③ 在【直径】文本框输入 20.00mm，单击【确定】按钮 ✔ 。

④ 在 FeatureManager 设计树中单击刚建立的孔特征，从快捷工具栏中单击【编辑草图】按钮 ✎ ，进入【草图】环境。

- 设定孔的圆心位置，如图 3-44 所示。
- 单击【结束草图】按钮 ⤴ ，退出【草图】环境。

（2）同上创建孔 2，如图 3-45 所示。

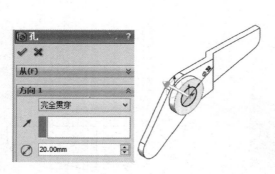

图 3-44　孔 1

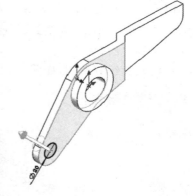

图 3-45　孔 2

步骤四：存盘。

选择【文件】|【保存】命令，保存文件。

**3．步骤点评**

1）对于步骤一：关于【所选轮廓】。

在图形区域中选择轮廓来生成拉伸特征。

2）对于步骤一：关于合并结果。

（仅限于凸台/基体拉伸或旋转），单击【合并结果】复选按钮，将所产生的实体合并到现有实体。如果取消【合并结果】复选按钮，特征将生成一不同实体。

3）对于步骤一：关于薄壁特征。

在【拉伸】属性管理器中,选择【薄壁特征】复选框,则拉伸得到的是薄壁体。

（1）单向——设定从草图以一个方向(向外)拉伸的厚度 ✎,如图 3-46 所示。

（2）两侧对称——设定以两个方向从草图均等拉伸的厚度 ✎,如图 3-47 所示。

图 3-46　单向　　　　　　　　　　图 3-47　两侧对称

（3）双向——设定不同的拉伸厚度：方向 1 厚度 ✎ 和方向 2 厚度 ✎ 向截面曲线两个方向,偏置值相等,如图 3-48 所示。

（4）自动加圆角——在每一个具有直线相交夹角的边线上生成圆角,如图 3-49 所示。

图 3-48　双向　　　　　　　　　　图 3-49　自动加圆角

4）对于步骤一：关于组合。

（1）添加。将所选实体相结合以生成一单一实体,如图 3-50 所示。

（2）删减。将重叠的材料从所选主实体中移除,如图 3-51 所示。

图 3-50　添加　　　　　　　　　　图 3-51　添加

（3）共同。移除除了重叠以外的所有材料,如图 3-52 所示。

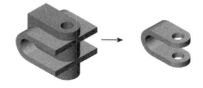

图 3-52　共同

### 3.3.3　随堂练习

利用多实体特征建立如图 3-53 所示的模型。

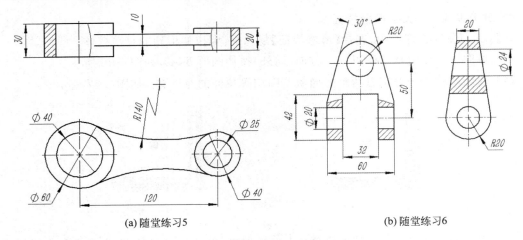

(a) 随堂练习5　　　　　　　　　　　　　　　　(b) 随堂练习6

图 3-53　随堂练习题

# 3.4　练习

建立如图 3-54 所示的模型。

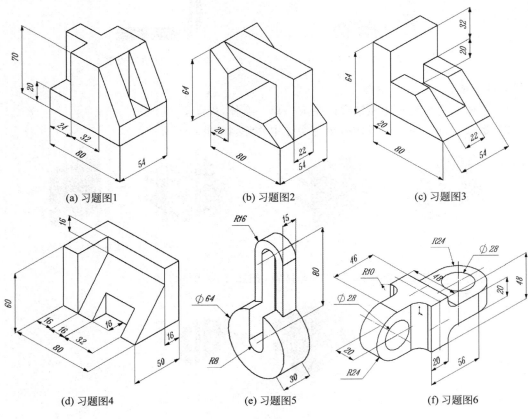

(a) 习题图1　　　　　　　　(b) 习题图2　　　　　　　　(c) 习题图3

(d) 习题图4　　　　　　　　(e) 习题图5　　　　　　　　(f) 习题图6

图 3-54　练习题图

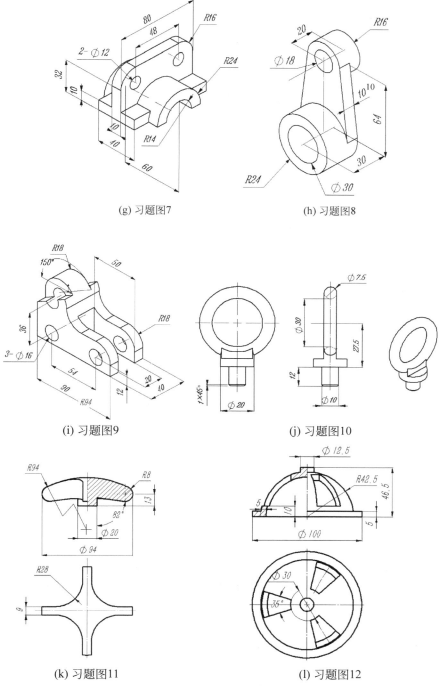

(g) 习题图7

(h) 习题图8

(i) 习题图9

(j) 习题图10

(k) 习题图11

(l) 习题图12

图 3-54 （续）

# 第 **4** 章

# 基准特征的创建

---

基准特征也叫参考几何体，是 SolidWorks 的一种重要工具，在设计过程中作为参考基准。基准特征包括基准面、基准轴、坐标系和点。使用基准特征可以定义曲面或实体的位置、形状或组成，如扫描、放样、镜向使用的基准面，圆周阵列使用的基准轴等。

## 4.1 创建基准面特征

本节知识点：

(1) 基准面的概念；

(2) 创建相对基准面的方法。

### 4.1.1 基准面基础知识

基准面是参考几何体的一种，应用相当广泛，例如草图的绘制平面、镜向特征、拔模中性面、生成剖面视图等。

SolidWorks 系统提供了三个默认基准面，如图 4-1 所示。

手工建立一个基准面至少需要两个已知条件才能正确构建。

基准面的建立方法分为

(1) 重合：生成一个穿过选定参考的基准面，如图 4-2(a) 所示。

(2) 平行：生成一个与选定基准面平行的基准面。例如，为一个参考选择一个面，为另一个参考选择一个点，如图 4-2(b) 所示。

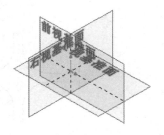

图 4-1　系统默认基准面

(3) 垂直：生成一个与选定参考垂直的基准面。例如，为一个参考选择一条边线或曲线，为另一个参考选择一个点或顶点，如图 4-2(c) 所示。

(4) 两面夹角：生成一个基准面，它通过一条边线、轴线或草图线，并与一个圆柱面或基准面成一定的角度，如图 4-2(d) 所示。

(5) 偏移距离：生成一个与某个基准面或面平行，并偏移指定距离的基准面，如图 4-2(e) 所示。

（6）两侧对称▤：在平面、参考基准面以及 3D 草图基准面之间生成一个两侧对称的基准面，如图 4-2（f）所示。

（7）相切▣：生成一个与圆柱面、圆锥面、非圆柱面以及空间面相切的基准面，如图 4-2（g）所示。

（8）投影▣：将单个对象（如点、顶点、原点或坐标系）投影到空间曲面上，如图 4-2（h）所示。

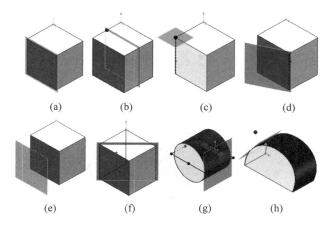

图 4-2　基准面的建立方法

## 4.1.2　建立相对基准面实例

将建立关联到一实体模型的相对基准面，如图 4-3 所示。

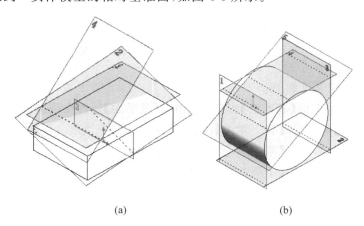

图 4-3　建立关联到一实体模型的相对基准面

按下列要求创建第一组相对基准面，如图 4-3（a）所示。

（1）按某一距离创建基准面 1。

（2）过三点建基准面 2。

（3）二等分基准面 3。

（4）与上表面成角度基准面 4。

按下列要求创建第二组相对基准面，如图 4-3（b）所示。

（1）与圆柱相切基准面 1～4。

（2）与圆柱相切和基准面 3 成 60°角基准面 5。

**1. 操作步骤**

步骤一：新建文件，建立第一组基准面。

（1）新建文件 Relative_Datum_Plane1. sldprt。

（2）根据适合比例建立块，如图 4-4 所示。

步骤二：按某一距离创建基准面 1。

单击【特征】工具栏上的【基准面】按钮，出现【基准面】属性管理器。

① 在【第一参考】组，激活【第一参考】，在图形区选择上表面。

② 在【偏移距离】文本框输入 10.00mm。

如图 4-5 所示，单击【确定】按钮，建立基准面 1。

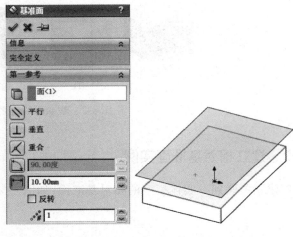

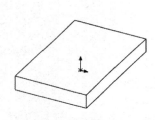

图 4-4　创建块　　　　　　　　　　　　图 4-5　建立基准面 1

步骤三：过三点建基准面 2。

单击【特征】工具栏上的【基准面】按钮，出现【基准面】属性管理器。

① 在【第一参考】组，激活【第一参考】，在图形区选择一个顶点。

② 在【第二参考】组，激活【第二参考】，在图形区选择一个顶点。

③ 在【第三参考】组，激活【第三参考】，在图形区选择一条边的中点。

如图 4-6 所示，单击【确定】按钮，建立基准面 2。

步骤四：二等分基准面 3。

单击【特征】工具栏上的【基准面】按钮，出现【基准面】属性管理器。

① 在【第一参考】组，激活【第一参考】，在图形区选择一个面。

② 在【第二参考】组，激活【第二参考】，在图形区选择一个面。

如图 4-7 所示，单击【确定】按钮，建立基准面 3。

步骤五：与上表面成角度基准面 4。

单击【特征】工具栏上的【基准面】按钮，出现【基准面】属性管理器。

① 在【第一参考】组，激活【第一参考】，在图形区选择一条边线。

图 4-6 建立基准面 2

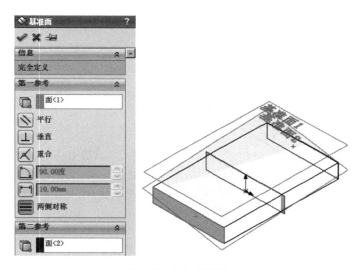

图 4-7 建立基准面 3

② 在【第二参考】组,激活【第二参考】,在图形区中选择上表面。

③ 单击【两面夹角】按钮 。

④ 在【角度】文本框输入 20.00 度。

如图 4-8 所示,单击【确定】按钮 ,建立基准面 4。

步骤六:编辑块,检验基准面对块的参数化关系。

观察所建基准面,如图 4-9 所示。

步骤七:存盘。

选择【文件】|【保存】命令,保存文件。

步骤八:新建文件,建立第二组基准面。

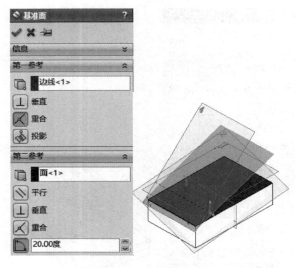

图 4-8　建立基准面 4

（1）新建文件 Relative_Datum_Plane2. sldprt。

（2）根据适合比例建立圆柱，如图 4-10 所示。

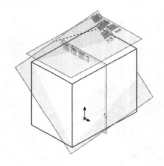

图 4-9　相关改变

图 4-10　创建圆柱体

步骤九：与圆柱相切基准面 1。

单击【特征】工具栏上的【基准面】按钮 ，出现【基准面】属性管理器。

① 在【第一参考】组，激活【第一参考】，在图形区选择圆柱表面。

② 在【第二参考】组，激活【第二参考】，在图形区选择上视基准面。

如图 4-11 所示，单击【确定】按钮 ，自动创建相切基准面 1。

步骤十：与圆柱相切基准面 2。

单击【特征】工具栏上的【基准面】按钮 ，出现【基准面】属性管理器。

① 在【第一参考】组，激活【第一参考】，在图形区选择圆柱表面，选中【反转】复选框。

② 在【第二参考】组，激活【第二参考】，在图形区选择基准面 1。

如图 4-12 所示，建立基准面 2。

步骤十一：与圆柱相切基准面 3。

单击【特征】工具栏上的【基准面】按钮 ，出现【基准面】属性管理器。

① 在【第一参考】组，激活【第一参考】，在图形区选择圆柱表面，选中【反转】复选框。

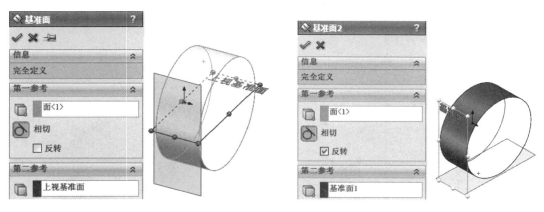

图 4-11　建立基准面 1　　　　　　　　　图 4-12　建立基准面 2

② 在【第二参考】组,激活【第二参考】,在图形区选择基准面 2。

如图 4-13 所示,建立基准面 3。

步骤十二:与圆柱相切基准面 4。

单击【特征】工具栏上的【基准面】按钮 ,出现【基准面】属性管理器。

① 在【第一参考】组,激活【第一参考】,在图形区选择圆柱表面,选中【反转】复选框。

② 在【第二参考】组,激活【第二参考】,在图形区选择基准面 3。

如图 4-14 所示,建立基准面 4。

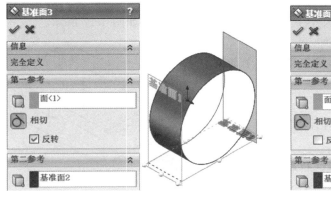

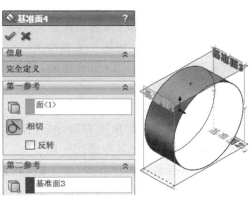

图 4-13　建立基准面 3　　　　　　　　　图 4-14　建立基准面 4

步骤十三:与圆柱相切和基准面 3 成 60°角基准面 5。

单击【特征】工具栏上的【基准面】按钮 ,出现【基准面】属性管理器。

① 在【第一参考】组,激活【第一参考】,在图形区选择圆柱表面。

② 在【第二参考】组,激活【第二参考】,在图形区选择基准面 3。

③ 单击【两面夹角】按钮 ,在【角度】文本框输入 60.00 度。

如图 4-15 所示,建立基准面 5。

步骤十四:编辑圆柱,检验基准面对块的参数化关系。

观察所建基准面,如图 4-16 所示。

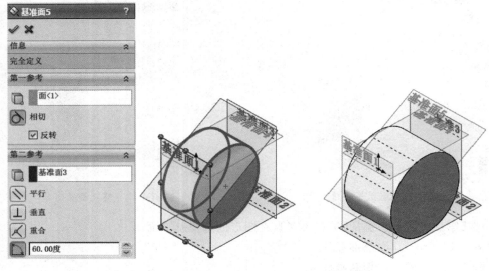

图 4-15　建立基准面 5　　　　　　　　　　图 4-16　相关改变

步骤十五：存盘。

选择【文件】|【保存】命令,保存文件。

**2. 步骤点评**

(1) 对于步骤二：调整基准面大小。

双击已建立的基准面,拖动调整大小手柄,调整基准平面的大小,如图 4-17 所示。

(2) 对于步骤二：快捷生成基准面。

对现有基准面使用 Ctrl ＋拖动,可以新建一个与现有基准面等距的基准面。

(3) 对于步骤五：角度方向。

根据右手规则确定角度方向,逆时针方向为正方向。

(4) 对于步骤十：基准面的平面。

生成的基准面有多种方案,选中【反转】复选框或取消【反转】复选框,预览所需基准面,如图 4-18 所示。

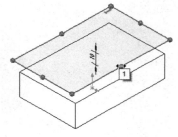

图 4-17　调整基准面大小

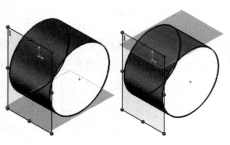

(a) 方案一　　　　　　　　　　　　(b) 方案二

图 4-18　基准面的平面方位

### 4.1.3 随堂练习

建立如图 4-19 所示的模型。

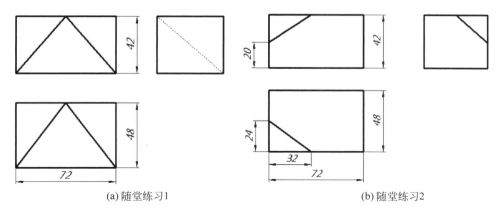

(a) 随堂练习1    (b) 随堂练习2

图 4-19　随堂练习图

# 4.2 创建基准轴特征

本节知识点：
基准轴的建立方法。

### 4.2.1 基准轴基础知识

**1. 显示临时轴**

每一个圆柱和圆锥体都有一条轴线是临时轴。临时轴是由模型中的圆锥和圆柱隐含生成的，用户可以设置默认为隐藏或显示所有临时轴。

要显示临时轴可以选择【视图】|【临时轴】命令，如图 4-20 所示。

**2. 基准轴**

和基准面一样，基准轴是一种参考几何体，主要服务于其他特征（如圆周阵列）或建模中的某些特殊用途（如弹簧的中心轴线）。

基准轴的建立方法分为以下 5 种。

(1)【一直线/边线/轴】：通过一条草图直线、边线或轴，如图 4-21(a)所示。

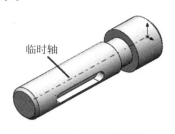

图 4-20　显示临时轴

(2)【两平面】：通过两个平面，即两个平面的交线，如图 4-21(b)所示。

(3)【两点/顶点】：通过两个点或模型顶点，也可以是中点，如图 4-21(c)所示。

(4)【圆柱/圆锥面】：通过圆柱面/圆锥面得轴线，如图 4-21(d)所示。

(5)【点和面/基准面】：通过一个点和一个面（或基准面），即通过点并垂直于给定的面或基准面，如图 4-21(e)所示。

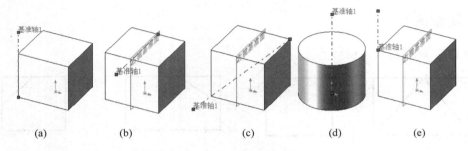

图 4-21　建立基准轴

## 4.2.2　建立相对基准轴实例

将建立关联到一实体模型的相对基准轴,如图 4-22 所示。

(1) 通过一条草图直线、边线或轴,创建基准轴 1。

(2) 通过两个平面,即两个平面的交线,创建基准轴 2。

(3) 通过两个点或模型顶点,也可以是中点,创建基准轴 3。

(4) 通过圆柱面/圆锥面得轴线,创建基准轴 4。

(5) 通过点并垂直于给定的面或基准面,创建基准轴 5。

## 4.2.2　操作步骤

**1. 各步骤概述**

步骤一:新建文件。

(1) 新建文件 Relative_Datum_shaft. sldprt。

(2) 创建模型,根据适合比例建立模型,如图 4-23 所示。

步骤二:通过一条草图直线、边线或轴,创建基准轴 1。

单击【特征】工具栏上的【基准轴】按钮，出现【基准轴】属性管理器。

① 单击【一直线/边线/轴】按钮。

② 选择块上一条边线。

如图 4-24 所示,建立基准轴 1。

步骤三:通过两个平面,即两个平面的交线,创建基准轴 2。

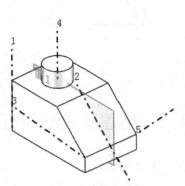

图 4-22　建立关联到一实体模型的相对基准轴

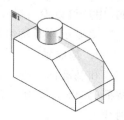

图 4-23　创建模型

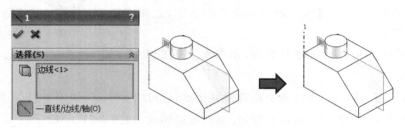

图 4-24　创建基准轴 1

单击【特征】工具栏上的【基准轴】按钮 ⬧，出现【基准轴】属性管理器。

① 单击【两平面】按钮 ⬧。

② 选择块斜面和基准面。

如图 4-25 所示，建立基准轴 2。

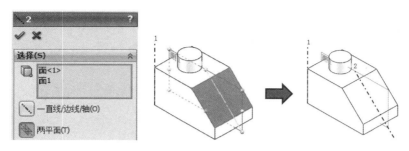

图 4-25　创建基准轴 2

步骤四：通过两个点或模型顶点，也可以是中点，创建基准轴 3。

单击【特征】工具栏上的【基准轴】按钮 ⬧，出现【基准轴】属性管理器。

① 单击【两点/顶点】按钮 ⬧。

② 选择一边中点和一边端点。

如图 4-26 所示，建立基准轴 3。

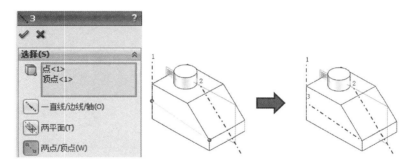

图 4-26　创建基准轴 3

步骤五：通过圆柱面/圆锥面得轴线，创建基准轴 4。

单击【特征】工具栏上的【基准轴】按钮 ⬧，出现【基准轴】属性管理器。

① 单击【圆柱/圆锥面】按钮 ⬧。

② 选择圆柱面。

如图 4-27 所示，建立基准面 4。

步骤六：通过点并垂直于给定的面或基准面，创建基准轴 5。

单击【特征】工具栏上的【基准轴】按钮 ⬧，出现【基准轴】属性管理器。

① 单击【点和面/基准面】按钮 ⬧。

② 选择块斜面和一端点。

如图 4-28 所示，建立基准轴 5。

步骤七：编辑圆柱，检验基准轴对块的参数化关系。

观察所建基准面，如图 4-29 所示。

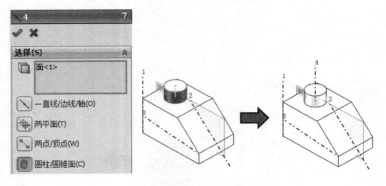

图 4-27 创建基准轴 4

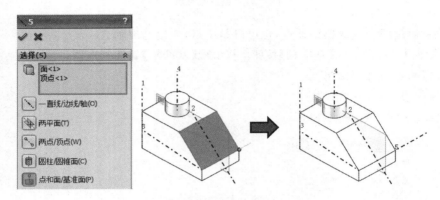

图 4-28 创建基准轴 5

步骤八：存盘。

选择【文件】|【保存】命令，保存文件。

**2. 步骤点评**

对于步骤二：调整基准轴长短。

双击已建立的基准轴，拖动调整大小手柄，调整基准轴的长短，如图 4-30 所示。

图 4-29 相关改变 　　　　　图 4-30 调整基准轴的长短

### 4.2.4 随堂练习

建立如图 4-31 所示的模型。

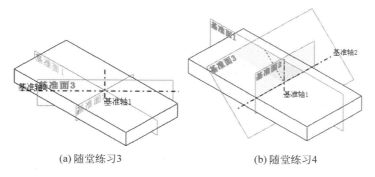

(a) 随堂练习3　　　　　　　(b) 随堂练习4

图 4-31　随堂练习图

## 4.3　练习

建立如图 4-32 所示的模型。

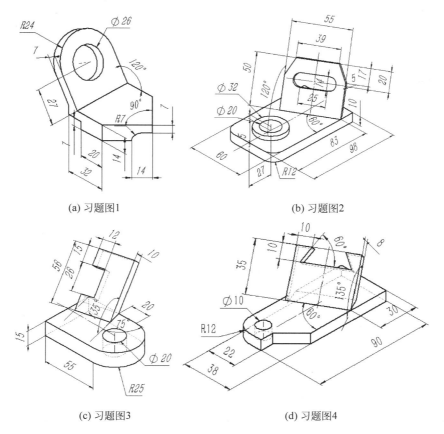

(a) 习题图1　　　　　　　(b) 习题图2

(c) 习题图3　　　　　　　(d) 习题图4

图 4-32　练习题图

# 第 **5** 章

# 扫 描 和 放 样 特 征 建 模

扫描特征是建模中常用的一类特征,该特征是通过沿着一条路径移动轮廓(截面)来生成基体、凸台、切除实体、生成曲面等的。

放样特征也是建模中常用的一类特征,该特征是通过将多个轮廓进行过渡生成或切除实体或生成曲面的。

## 5.1 简单扫描特征建模

本节知识点:

扫描特征的操作。

### 5.1.1 扫描特征创建流程

生成扫描特征:

(1) 在一基准面或面上绘制一个闭环的非相交轮廓。

**提示:**

如果想在路径与轮廓上的草图点之间添加穿透几何关系,先生成路径。

如果想在引导线与轮廓上的草图点之间添加穿透几何关系,先生成引导线。

(2) 生成轮廓将遵循的路径。可以使用草图、现有的模型边线或曲线。

(3) 单击扫描工具之一。

在【特征】工具栏单击【扫描凸台/基体】按钮 🗃,或选择【插入】|【凸台/基体】|【扫描】命令;

在【特征】工具栏单击【扫描切除】按钮 🗃,或选择【插入】|【切除】|【扫描】命令;

在【曲面】工具栏单击【扫描曲面】按钮 🗃,或选择【插入】|【曲面】|【扫描】命令。

在 PropertyManager 中,

为轮廓 🗃 在图形区域中选择一草图。

为路径 🗃 在图形区域中选择一草图。

(4) 设定其他属性管理器选项。

(5) 单击【确定】按钮 🗹。

**1．扫描路径**

扫描路径描述了轮廓运动的轨迹，有下面几个特点。

（1）扫描特征只能有一条扫描路径。

（2）扫描路径可以使用已有模型的边线或曲线，可以是草图中包含的一组草图曲线，也可以是曲线特征。

（3）扫描路径可以是开环的或闭环的。

（4）扫描路径的起点必须位于轮廓的基准面上。

（5）扫描路径不能有自相交叉的情况。

**2．扫描轮廓**

使用草图定义扫描特征的截面，草图有下面几点要求。

（1）基体或凸台扫描特征的轮廓应为闭环。曲面扫描特征的轮廓可为开环或闭环。任何扫描特征的轮廓都不能有自相交叉的情况。

（2）草图可以是嵌套或分离的，但不能违背零件和特征的定义。

扫描截面的轮廓尺寸不能过大，否则可能导致扫描特征的交叉情况。

## 5.1.2 简单扫描特征应用实例

建立如图 5-1 所示的垫块。

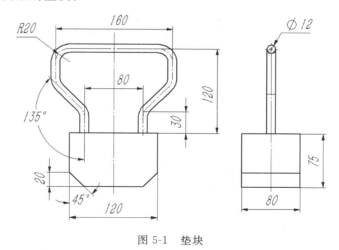

图 5-1 垫块

**1．关于本零件设计理念的考虑**

（1）零件成对称。

（2）手柄部分截面是等半径的圆。

建模步骤见图 5-2。

**2．操作步骤**

步骤一：新建文件，建立毛坯。

（1）新建文件 Block.sldprt。

（2）在前视基准面绘制草图，如图 5-3 所示。

（3）单击【特征】工具栏上的【拉伸凸台/基体】按钮 🔞，出现【凸台-拉伸】属性管理器。

① 在【方向 1】组，从【终止条件】列表中选择【两侧对称】选项。

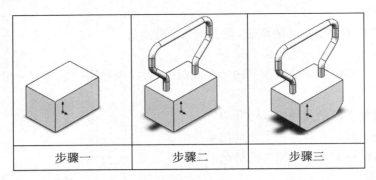

| 步骤一 | 步骤二 | 步骤三 |
|---|---|---|

图 5-2　建模步骤

② 在【深度】文本框输入 120mm。

如图 5-4 所示,单击【确定】按钮 ✅ 。

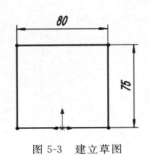

图 5-3　建立草图

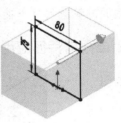

图 5-4　拉伸凸台

步骤二:建立手柄。

(1) 绘制路径。

① 在右视基准面绘制草图,如图 5-5 所示。

② 在 FeatureManager 设计树中右击【草图 2】,在快捷菜单中选择【特征属性】命令,出现【特征属性】对话框,在【名称】文本框输入"路径",单击【确定】按钮。

(2) 单击【特征】工具栏上的【基准面】按钮 ⬚ ,出现【基准面】属性管理器。

① 在【第一参考】组,激活【第一参考】,在图形区选择路径直线端,单击【垂直】按钮 ⊥ 。

② 在【第二参考】组,激活【第二参考】,在图形区选择路径端点。

如图 5-6 所示,单击【确定】按钮 ✅ ,建立基准面 1。

(3) 绘制轮廓。

① 在 FeatureManager 设计树中单击【基准面 1】,从快捷工具栏中单击【草图绘制】按钮 ✎ ,进入草图绘制环境。

② 绘制 $\phi$12mm 的圆形草图,如图 5-7 所示。

③ 单击【草图】工具栏上的【添加几何关系】按钮 ⬚ ,出现【添加几何关系】属性管理器。

• 在【所选实体】组,在图形区域中选择"圆心"和"路径";

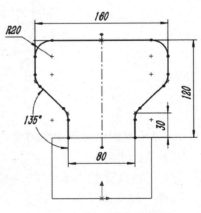

图 5-5　建立"路径"草图

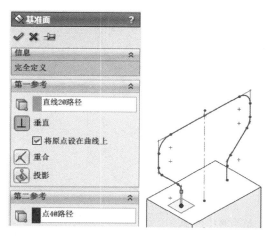

图 5-6 建立基准面

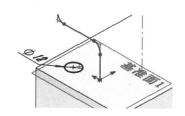

图 5-7 绘制 φ12mm 的圆形草图

- 单击【穿透】按钮 ，添加穿透几何关系。

如图 5-8 所示，单击【确定】按钮 ✅。

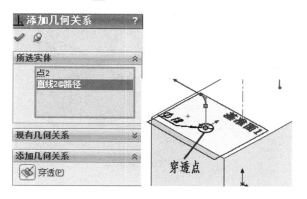

图 5-8 添加穿透几何关系

④ 单击快速访问工具栏上的【重建模型】按钮 。

⑤ 在 FeatureManager 设计树中右击【草图 3】，在快捷菜单中选择【特征属性】命令，出现【特征属性】对话框，在【名称】文本框输入"轮廓"，单击【确定】按钮。

（4）单击【特征】工具栏上的【扫描】按钮 ，出现【扫描】属性管理器。

① 在【轮廓和路径】组，激活【轮廓】列表，在图形区域中选择"轮廓"草图。

② 激活【路径】列表，在图形区域中选择"路径"草图。

如图 5-9 所示，单击【确定】按钮 ✅，生成扫描特征。

步骤三：倒角。

单击【特征】工具栏上的【倒角】按钮 ，出现【倒角】属性管理器。

① 激活【边线、面或顶点】列表，在图形区中选择实体的边线。

② 单击选中【角度距离】单选按钮。

③ 在【距离】文本框输入 20.00mm，在【角度】文本框输入 45.00 度。

如图 5-10 所示，单击【确定】按钮 ✅，生成倒角。

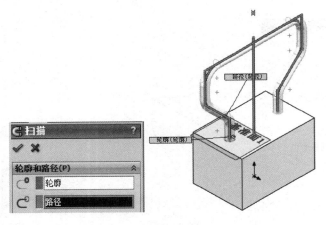

图 5-9　单一路径扫描

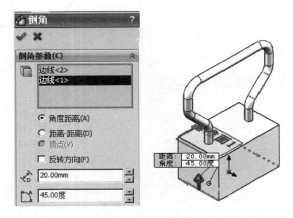

图 5-10　倒角

步骤四：存盘。

选择【文件】|【保存】命令，保存文件。

**3. 步骤点评**

对于步骤三：关于建立"穿透"的几何关系。

圆心与路径建立"穿透"的几何关系，如图 5-11 所示。

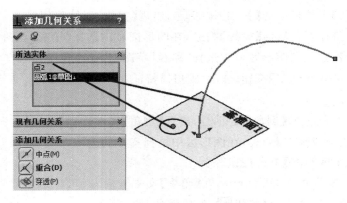

图 5-11　几何关系

建立"穿透"的几何关系有以下两个条件：

① 需要具备两个草图，即当前草图与另一草图；

② 当前草图的点与另一草图的曲线。

### 5.1.3　随堂练习

运用简单扫描特征建立如图 5-12 所示的模型。

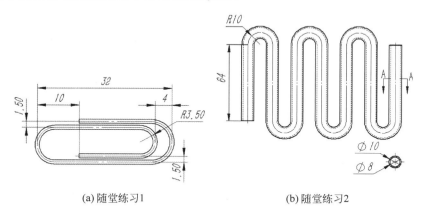

(a) 随堂练习1　　　　　　　　　(b) 随堂练习2

图 5-12　随堂练习图

# 5.2　螺旋特征扫描建模

本节知识点：

(1) 螺旋曲线操作；

(2) 【与结束端面对齐】选项应用。

### 5.2.1　螺旋线创建流程

生成螺旋线和涡状线曲线：

(1) 打开一个草图并绘制一个圆或选择包含一个圆的草图，此圆的直径控制螺旋线或涡状线的开始直径。

(2) 在【曲线】工具栏中单击【螺旋线/涡状线】按钮，或选择【插入】|【曲线】|【螺旋线/涡状线】命令。

(3) 设定属性管理器选项。

(4) 单击【确定】按钮。

**1. 定义方式**

(1) 螺距和圈数：生成由螺距和圈数所定义的螺旋线。

(2) 高度和圈数：生成由高度和圈数所定义的螺旋线。

(3) 高度和螺距：生成由高度和螺距所定义的螺旋线。

(4) 涡状线：生成由螺距和圈数所定义的涡状线。

**2. 参数**

(1) 恒定螺距：生成带恒定螺距的螺旋线。

（2）可变螺距：生成带有根据表中所指定的区域参数而变化的螺距的螺旋线。

（3）高度：设定高度。

（4）圈数：设定旋转数。

（5）起始角：设定在绘制的圆上在什么地方开始初始旋转。

（6）顺时针：设定旋转方向为顺时针。

（7）逆时针：设定旋转方向为逆时针。

（8）反向：对于螺旋线，从原点开始往后延伸螺旋线。对于涡状线，生成向内涡状线。

### 5.2.2 螺旋特征扫描应用实例

建立如图 5-13 所示的瓶塞。

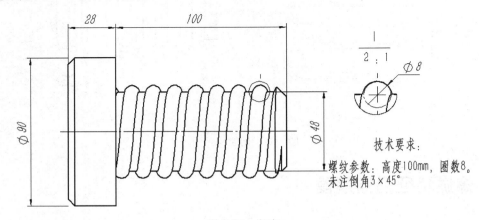

图 5-13 瓶塞

**1. 关于本零件设计理念的考虑**

（1）采用拉伸特征建立毛坯。

（2）采用扫描建立螺纹扣。

建模步骤见图 5-14。

**2. 操作步骤**

步骤一：新建文件，建立毛坯。

（1）新建文件"瓶塞.sldprt"。

（2）在前视基准面绘制草图，如图 5-15 所示。

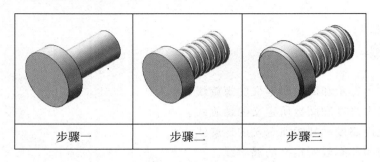

图 5-14 建模步骤

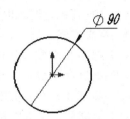

图 5-15 建立草图

（3）单击【特征】工具栏上的【拉伸凸台/基体】按钮 ，出现【凸台-拉伸】属性管理器。

① 在【方向 1】组，从【终止条件】列表中选择【给定深度】选项。

② 在【深度】文本框输入 28.00mm。

如图 5-16 所示，单击【确定】按钮 。

（4）在前端面绘制草图，如图 5-17 所示。

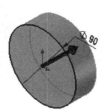
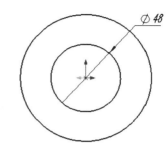

图 5-16　拉伸凸台　　　　　　　　图 5-17　建立草图

（5）单击【特征】工具栏上的【拉伸凸台/基体】按钮 ，出现【凸台-拉伸】属性管理器。

① 在【方向 1】组，从【终止条件】列表中选择【给定深度】选项。

② 在【深度】文本框输入 100.00mm。

如图 5-18 所示，单击【确定】按钮 。

**步骤二：建立螺纹。**

（1）绘制路径。

① 在前端面绘制草图，如图 5-19 所示。

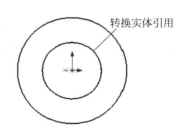

图 5-18　拉伸凸台　　　　　　　　图 5-19　建立草图

② 选择【插入】|【曲线】|【螺旋线/涡状线】命令，出现【螺旋线/涡状线】对话框。

- 在【定义方式】组，从【类型】列表中选择【高度和圈数】选项。
- 在【参数】组，单击选择【恒定螺距】单选按钮。
- 在【高度】文本框输入 100.00mm。
- 在【圈数】文本框输入 8。
- 在【起始角】文本框输入 0.00 度。

如图 5-20 所示，单击【确定】按钮 。

③ 在 FeatureManager 设计树中右击【螺旋线/涡状线】，从快捷菜单中选择【特征属性】命令，出现【特征属性】对话框，在【名称】文本框输入"路径"，单击【确定】按钮。

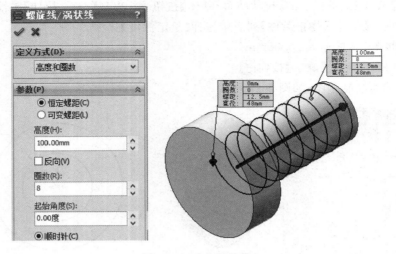

图 5-20　建立螺旋线

（2）单击【特征】工具栏上的【基准面】按钮 ，出现【基准面】属性管理器。

① 在【第一参考】组，激活【第一参考】，在图形区选择路径直线端，单击【垂直】按钮 。

② 在【第二参考】组，激活【第二参考】，在图形区选择路径端点。

如图 5-21 所示，单击【确定】按钮 ，建立基准面 1。

图 5-21　建立基准面

（3）绘制轮廓。

① 在 FeatureManager 设计树中单击【基准面 1】，在快捷工具栏中单击【草图绘制】按钮 ，进入草图绘制环境。

② 绘制 $\phi$8mm 的圆形草图同时和"路径"建立【穿透】几何关系，如图 5-22 所示。

③ 单击快速访问工具栏上的【重建模型】按钮 。

④ 在 FeatureManager 设计树中右击【草图 4】，在快捷菜单中选择【特征属性】命令，出现【特征属性】对话框，在【名称】文本框输入"轮廓"，单击【确定】按钮。

（4）单击【特征】工具栏上的【扫描】按钮 ，出现【扫描】属性管理器。

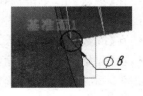

图 5-22　绘制 $\phi$8mm 的圆形草图

① 在【轮廓和路径】组,激活【轮廓】列表,在图形区域中选择"轮廓"草图。

② 激活【路径】列表,在图形区域中选择"路径"。

③ 在【选项】组,单击选中【与结束端面对齐】复选按钮。

如图 5-23 所示,单击【确定】按钮 ,生成扫描特征。

图 5-23　【与结束端面对齐】螺旋扫描

步骤三：倒角。

(1) 在上视基准面绘制草图,如图 5-24 所示。

(2) 单击【特征】工具栏上的【旋转切除】按钮 ,出现【切除-旋转】属性管理器。

① 在【旋转轴】组,激活【旋转轴】列表,在图形区选择【直线 1】。

② 在【方向 1】组,从【旋转类型】列表中选择【给定深度】选项。

③ 在【角度】文本框输入 360.00 度。

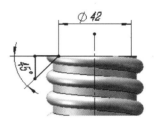

图 5-24　在上视基准面绘制草图

如图 5-25 所示,单击【确定】按钮 ,完成操作。

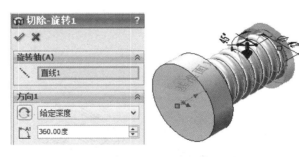

图 5-25　旋转切除

(3) 单击【特征】工具栏上的【倒角】按钮 ,出现【倒角】属性管理器。

① 激活【边线、面或顶点】列表,在图形区中选择实体的边线。

② 单击选中【角度距离】单选按钮。

③ 在【距离】文本框输入 4.00mm,在【角度】文本框输入 45.00 度。

如图 5-26 所示，单击【确定】按钮✅，生成倒角。

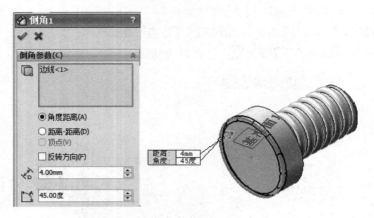

图 5-26　倒角

步骤四：存盘。

选择【文件】|【保存】命令，保存文件。

**3. 步骤点评**

对于步骤二：关于【与结束端面对齐】选项。

使用【与结束端面对齐】来继续扫描轮廓直到路径所遇到的最后一个面。如选择了【与结束端面对齐】选项，扫描的面延伸或缩短以匹配扫描终点的面，而不要求额外的几何体，如图 5-27 所示。

(a) 选择【与结束端面对齐】螺旋线底部　　(b) 取消【与结束端面对齐】螺旋线底部

图 5-27　关于【与结束端面齐】选项

### 5.2.3　随堂练习

运用螺旋特征建立如图 5-28 所示的模型。

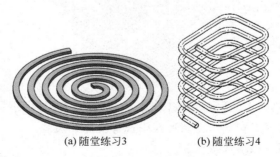

(a) 随堂练习3　　　　(b) 随堂练习4

图 5-28　随堂练习图

# 5.3　引导线扫描特征

本节知识点：

使用引导线扫描的操作。

## 5.3.1　引导线扫描

建立扫描特征,必须同时具备扫描路径和扫描轮廓,当扫描特征的中间截面要求变化时,应定义扫描特征的引导线。

引导线是扫描特征的可选参数。

## 5.3.2　引导线扫描特征应用实例

建立如图 5-29 所示的支架。

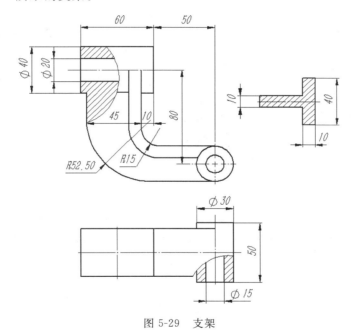

图 5-29　支架

**1. 关于本零件设计理念的考虑**

(1) 零件成对称。

(2) 利用肋板连接多实体。

建模步骤见图 5-30。

**2. 操作步骤**

步骤一：新建文件,创建基体。

(1) 新建文件"支架. sldprt"。

(2) 在前视基准面绘制草图,如图 5-31 所示。

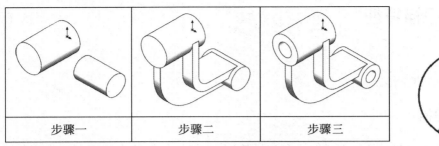

图 5-30　建模步骤　　　　　　　　　　图 5-31　绘制草图

（3）单击【特征】工具栏上的【拉伸凸台/基体】按钮 ，出现【凸台-拉伸】属性管理器。

① 在【方向 1】组，从【终止条件】列表中选择【给定深度】选项。

② 在【深度】文本框输入 60.00mm。

如图 5-32 所示，单击【确定】按钮 。

（4）在右视基准面绘制草图，如图 5-33 所示。

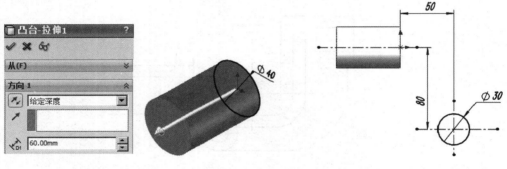

图 5-32　拉伸凸台　　　　　　　　　　图 5-33　绘制草图

（5）单击【特征】工具栏上的【拉伸凸台/基体】按钮 ，出现【凸台-拉伸】属性管理器。

① 在【方向 1】组，从【终止条件】列表中选择【两侧对称】选项。

② 在【深度】文本框输入 50.00mm。

如图 5-34 所示，单击【确定】按钮 。

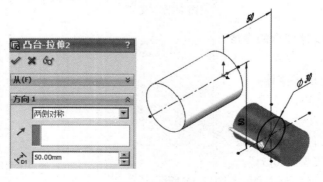

图 5-34　拉伸凸台

步骤二：创建链接筋板。

（1）绘制路径。

① 在右视基准面绘制路径草图，如图 5-35 所示。

② 在 FeatureManager 设计树中右击【草图 3】，从快捷菜单中选择【特征属性】命令，出现【特征属性】对话框，在【名称】文本框输入"路径"，单击【确定】按钮。

（2）绘制引导线。

① 在右视基准面绘制引导线草图，如图 5-36 所示。

② 在 FeatureManager 设计树中右击【草图 4】，从快捷菜单中选择【特征属性】命令，出现【特征属性】对话框，在【名称】文本框输入"引导线"，单击【确定】按钮。

（3）绘制轮廓。

① 在上视基准面绘制轮廓草图，如图 5-37 所示。

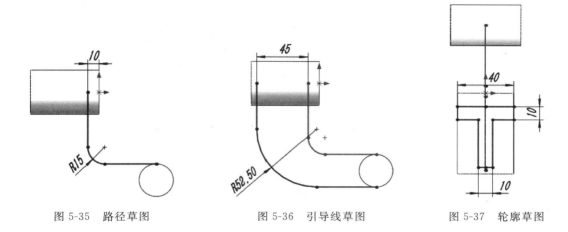

图 5-35　路径草图　　　　　　图 5-36　引导线草图　　　　　　图 5-37　轮廓草图

② 在 FeatureManager 设计树中右击【草图 4】，在快捷菜单中选择【特征属性】命令，出现【特征属性】对话框，在【名称】文本框输入"轮廓"，单击【确定】按钮。

（4）单击【特征】工具栏上的【扫描】按钮 ，出现【扫描】属性管理器。

① 在【轮廓和路径】组，激活【轮廓】列表，在图形区域中选择"轮廓"草图。

② 激活【路径】列表，在图形区域中选择"路径"草图。

③ 在【引导线】组，激活【引导线】列表，在图形区域中选择"引导线"草图。

如图 5-38 所示，单击【确定】按钮 ，生成扫描特征。

步骤三：打孔。

（1）选择【插入】|【特征】|【孔】|【简单孔】命令，出现【孔】对话框。

① 在图形区中选择凸台的顶端平面作为放置平面。

② 在【方向 1】组，从【终止条件】列表中选择【完全贯穿】选项。

③ 在【直径】文本框输入 20.00mm，单击【确定】按钮 。

④ 在 FeatureManager 设计树中单击刚建立的孔特征，在快捷工具栏中单击【编辑草图】按钮 ，进入【草图】环境。设定孔的圆心位置，如图 5-39 所示，单击【结束草图】按钮 ，退出【草图】环境。

（2）同上创建孔 2，如图 5-40 所示。

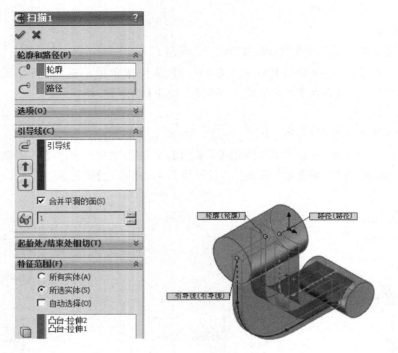

图 5-38　建立扫掠

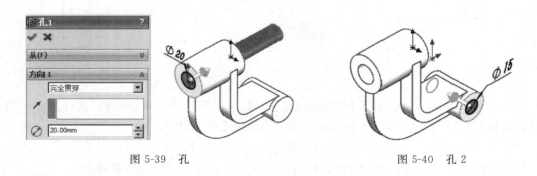

图 5-39　孔　　　　　　　　　　　　　　图 5-40　孔 2

步骤四：存盘。

选择【文件】|【保存】命令,保存文件。

**3. 步骤点评**

(1) 对于步骤二：关于关键点建立"穿透"的几何关系。

关键点与路径建立"穿透"的几何关系,关键点与引导线建立"穿透"的几何关系,如图 5-41 所示。

**说明**：在引导线扫描中,【重合】按钮与【穿透】按钮的作用相同。

(2) 对于步骤二：关于扫描轮廓、路径和引导线之间的关系。

① 扫描轮廓、路径和引导线必须分别属于不同的草图,而不能是同一草图中的不同线条。

② 应在生成路径和引导线之后生成扫描轮廓。

③ 路径与引导线的长度可能不同。

如果引导线比路径长,扫描将使用路径的长度。

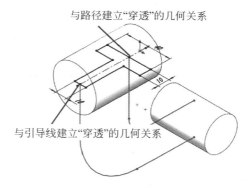

图 5-41 关键点建立"穿透"的几何关系

如果引导线比路径短,扫描将使用最短的引导线的长度。

④ 引导线可以是草图曲线、模型边线或曲线。

⑤ 引导线必须和截面草图相交于一点。

### 5.3.3 随堂练习

运用引导线扫描特征建立如图 5-42 所示的模型。

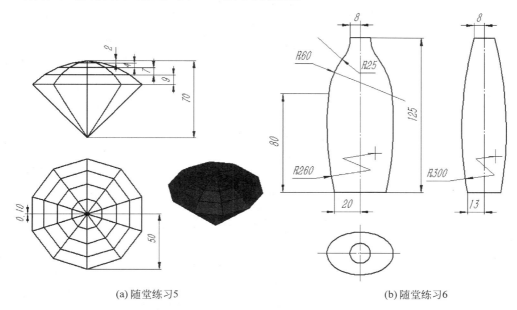

(a) 随堂练习5

(b) 随堂练习6

图 5-42 随堂练习图

## 5.4 实体扫描特征建模

本节知识点:

实体扫描特征建模。

### 5.4.1 实体扫描

使用工具实体和路径生成切除-扫描,如图 5-43 所示。最常见的用途是绕圆柱实体创建切除。

仅对于切除扫描,采用实体扫描时,路径必须在自身内相切(无交点角),并从工具实体轮廓上或内部的点开始。

### 5.4.2 实体扫描特征应用实例

建立如图 5-44 所示的锥形轴。

图 5-43 实体扫描

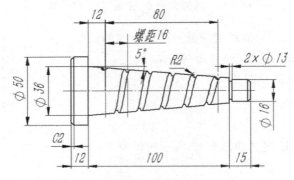

图 5-44 锥形轴

**1. 关于本零件设计理念的考虑**

(1)模型为圆锥形,使用拔模。

(2)锥形表面为螺旋槽,可以先生成相应的路径,然后使用实体扫描切除的方法实现。建模步骤见图 5-45。

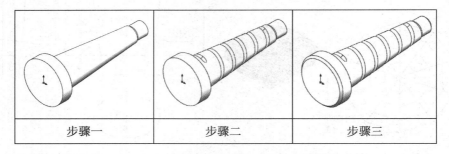

| 步骤一 | 步骤二 | 步骤三 |

图 5-45 建模步骤

**2. 操作步骤**

步骤一:新建文件,建立毛坯。

(1)新建文件"锥形轴.sldprt"。

(2)在前视基准面绘制草图,如图 5-46 所示。

(3)单击【特征】工具栏上的【拉伸凸台/基体】按钮 ▣,出现【凸台-拉伸】属性管理器。

① 在【方向 1】组,从【终止条件】列表中选择【给定深度】选项。

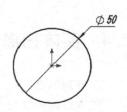

图 5-46 绘制草图

② 在【深度】文本框输入 12.00mm。

如图 5-47 所示，单击【确定】按钮 。

（4）在后端面绘制草图，如图 5-48 所示。

图 5-47　拉伸凸台　　　　　　　　图 5-48　绘制草图

（5）单击【特征】工具栏上的【拉伸凸台/基体】按钮 ，出现【凸台-拉伸】属性管理器。

① 在【方向 1】组，从【终止条件】列表中选择【给定深度】选项。

② 在【深度】文本框输入 100.00mm。

③ 单击【拔模开关】按钮，在文本框输入 5.00 度。

如图 5-49 所示，单击【确定】按钮 。

（6）在后端面绘制草图，如图 5-50 所示。

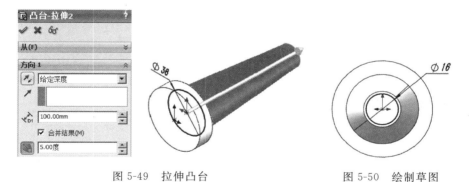

图 5-49　拉伸凸台　　　　　　　　图 5-50　绘制草图

（7）单击【特征】工具栏上的【拉伸凸台/基体】按钮 ，出现【凸台-拉伸】属性管理器。

① 在【方向 1】组，从【终止条件】列表中选择【给定深度】选项。

② 在【深度】文本框输入 15.00mm。

如图 5-51 所示，单击【确定】按钮 。

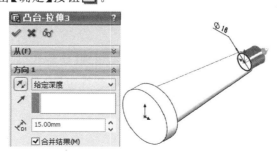

图 5-51　拉伸凸台

(8) 在右视基准面绘制草图,如图 5-52 所示。

(9) 单击【特征】工具栏上的【旋转切除】按钮 🔘,出现【旋转】属性管理器。

① 在【旋转轴】组,激活【旋转轴】,在图形区选择【直线 6】。

② 在【旋转类型】列表中选择【单向】选项。

③ 在【角度】文本框输入 360.00 度。

如图 5-53 所示,单击【确定】按钮 ✅,完成操作。

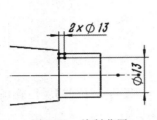
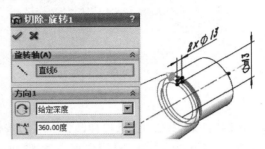

图 5-52    绘制草图                 图 5-53    旋转切除

步骤二:建立螺旋切槽。

(1) 单击【特征】工具栏上的【基准面】按钮 🔷,出现【基准面】属性管理器。

① 在【第一参考】组,激活【第一参考】,在图形区选择上表面。

② 在【偏移距离】文本框输入 12.00mm。

如图 5-54 所示,单击【确定】按钮 ✅,建立基准面 1。

(2) 绘制路径。

① 在基准面绘制草图,如图 5-55 所示。

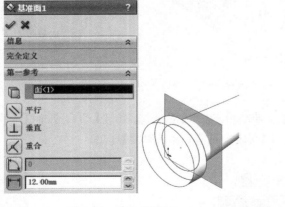
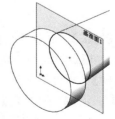

图 5-54    建立基准面                 图 5-55    绘制草图

② 选择【插入】|【曲线】|【螺旋线/涡状线】命令,出现【螺旋线/涡状线】对话框。

• 在【定义方式】组,从【类型】列表中选择【高度和螺距】选项。

• 在【参数】组,单击选中【恒定螺距】单选按钮。

• 在【高度】文本框输入 80.00mm。

• 在【螺距】文本框输入 16.00mm。

• 在【起始角】文本框输入 90.00 度。

· 选中【锥形螺纹线】复选框,在【锥形角度】文本框输入 5.00 度。

如图 5-56 所示,单击【确定】按钮。

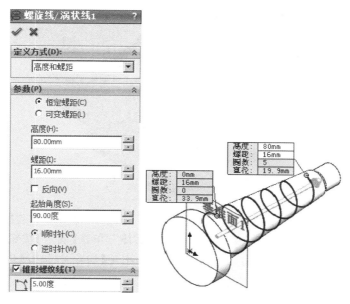

图 5-56　创建螺旋线

③ 在 FeatureManager 设计树中右击【螺旋线/涡状线】,从快捷菜单中选择【特征属性】命令,出现【特征属性】对话框,在【名称】文本框输入"路径",单击【确定】按钮。

(3) 单击【特征】工具栏上的【基准面】按钮 ,出现【基准面】属性管理器。

① 在【第一参考】组,激活【第一参考】,在图形区选择路径直线端,单击【垂直】按钮 。

② 在【第二参考】组,激活【第二参考】,在图形区选择路径端点。

如图 5-57 所示,单击【确定】按钮 ,建立基准面 1。

(4) 构建工具实体。

① 在基准面绘制轮廓草图,如图 5-58 所示。

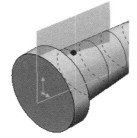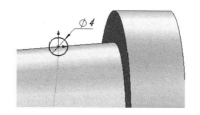

图 5-57　建立基准面　　　　　　　　　图 5-58　绘制轮廓草图

② 单击【特征】工具栏上的【拉伸凸台/基体】按钮 ,出现【凸台-拉伸】属性管理器。

· 在【方向 1】组,从【终止条件】列表中选择【两侧对称】选项。

· 在【深度】文本框输入 40mm。

- 取消【合并结果】复选按钮。

如图 5-59 所示,单击【确定】按钮 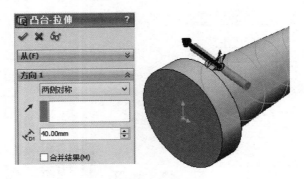。

图 5-59　实体轮廓

③ 在 FeatureManager 设计树中右击【凸台-拉伸 4】,从快捷菜单中选择【特征属性】命令,出现【特征属性】对话框,在【名称】文本框输入"工具实体",单击【确定】按钮。

(5) 单击【特征】工具栏上的【切除-扫描】按钮 ,出现【切除-扫描】属性管理器。

① 在【轮廓和路径】组,单击选中【实体扫描】单选按钮。

② 激活【轮廓】列表,在图形区域中选择【工具实体】。

③ 激活【路径】列表,在图形区域中选择【路径】。

如图 5-60 所示,单击【确定】按钮 ,生成实体扫描特征。

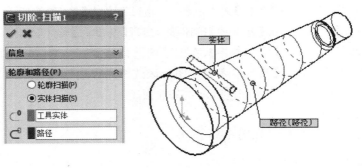

图 5-60　切除-扫描

步骤三:倒角。

单击【特征】工具栏上的【倒角】按钮 ,出现【倒角】属性管理器。

① 激活【边线、面或顶点】列表,在图形区中选择实体的两端面边线。

② 单击选中【角度距离】单选按钮。

③ 在【距离】文本框输入 2.00mm。

④ 在【角度】文本框输入 45.00 度。

如图 5-61 所示,单击【确定】按钮 ,生成倒角。

步骤四:存盘。

选择【文件】|【保存】命令,保存文件。

**3. 步骤点评**

(1) 对于步骤二:关于锥形螺纹线。

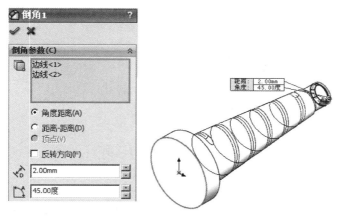

图 5-61　生成倒角

生成锥形螺纹线。

① 单击选中【锥形螺纹线】复选按钮。

② 锥度角度设定锥度角度

③ 锥度外张：将螺纹线锥度外张。

（2）对于步骤二：关于工具实体。

工具实体必须凸起，不与主实体合并，并由以下之一组成：

① 只由直线和圆弧组成的旋转特征；

② 圆柱拉伸特征。

### 5.4.3　随堂练习

运用实体扫描特征建立如图 5-62 所示的模型。

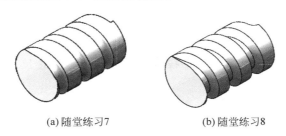

(a)随堂练习7　　　　(b)随堂练习8

图 5-62　随堂练习图

# 5.5　多平面 3D 草图扫描建模

本节知识点：

多平面 3D 草图绘制。

### 5.5.1　3D 草图

在 3D 草图绘制中，图形空间控标可帮助用户在数个基准面上绘制时保持方位。在所选基准面上定义草图实体的第一个点时,空间控标就会出现。使用空间控标,可以选择轴线以便沿轴线绘图。

在 3D 草图模式下,当用户执行绘图命令并定义草图第一个点后,图形区显示空间控标,且指针由 ↳ 变为 ↳,如图 5-63 所示。

在 3D 草图中可包含直线、点、中心线、样条曲线、转化实体引用和草图圆角,3D 草图也可以被裁减和延伸。

**1. 草图绘制工具**

可用来生成 3D 草图的一些工具包括:所有圆工具、所有弧工具、所有矩形工具、直线、样条曲线和点。

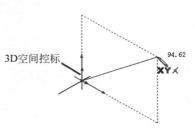

图 5-63　3D 空间控标

**2. 在 3D 草图中生成直线**

(1) 单击【草图】工具栏上的【3D 草图】按钮 ⊠,在新零件中,视图变成等轴测。

(2) 单击【草图】工具栏上的【直线】按钮 ╲,在图形区域中单击以开始绘制直线,指针变为 ↘。

**说明:** *每次单击时,空间控标* ⊹ *出现以帮助确定草图方位。*

(3) 如果想改变基准面,按 Tab 键。

**3. 3D 草图绘制的约束**

(1) 对整体坐标系的约束。

在 3D 中绘制草图时,可以捕捉到主要方向($X$、$Y$ 或 $Z$),并且分别沿 $X$、沿 $Y$ 和沿 $Z$ 应用约束。

(2) 对基准面、平面等的约束。

在基准面上绘制草图时,可以捕捉到基准面的水平或垂直方向,并且约束将应用于水平和垂直。

**4. 3D 草图的尺寸标注**

(1) 直线。

在操作 3D 草图时,可以按近似长度绘制直线,然后再标注尺寸。

通过选择两个点、一条直线或两条平行线,可以添加一个长度尺寸。

(2) 角度。

通过选择三个点或两条直线,可以添加一个角度尺寸。

(3) 圆弧。

可在 3D 空间中绘制圆弧,添加几何关系,并标注尺寸。

尺寸可存在于不同圆弧之间,如相同或不同 3D 草图基准面上的圆和三点圆弧。

### 5.5.2　多平面 3D 草图扫描应用实例

建立如图 5-64 所示弯管。

**1. 关于本零件设计理念的考虑**

(1) 利用 3D 草图建立路径。

(2) 管路使用直径 12mm,壁厚 1mm。

建模步骤见图 5-65。

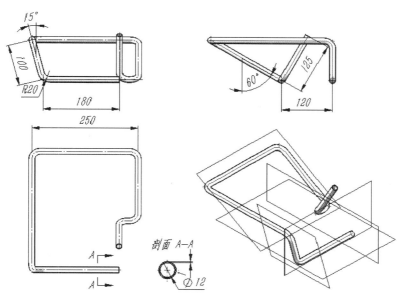

图 5-64 多平面 3D 草图扫描建模

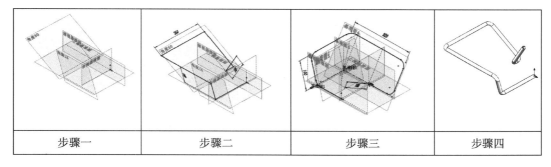

| 步骤一 | 步骤二 | 步骤三 | 步骤四 |
|---|---|---|---|

图 5-65 建模步骤

**2. 操作步骤**

步骤一：新建文件，建立基准面。

（1）新建文件"多平面 3D 草图. sldprt"。

（2）单击【特征】工具栏上的【基准面】按钮，出现【基准面】属性管理器。

① 在【第一参考】组，激活【第一参考】，在图形区选择前视基准面。

② 在【偏移距离】文本框输入 180.00mm。

如图 5-66 所示，单击【确定】按钮，建立基准面 1。

（3）单击【特征】工具栏上的【基准轴】按钮，出现【基准轴】属性管理器。

① 单击【两平面】。

② 选择上视基准面和基准面 1。

如图 5-67 所示，单击【确定】按钮，建立基准轴 1。

（4）单击【特征】工具栏上的【基准面】按钮，出现【基准面】属性管理器。

① 在【第一参考】组，激活【第一参考】，在图形区选择基准面 1。

② 单击【两面夹角】按钮，在【角度】文本框输入 15.00 度。

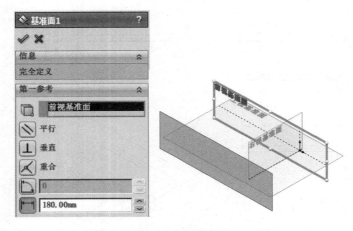

图 5-66  建立基准面 1

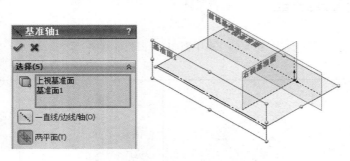

图 5-67  建立基准轴 1

③ 在【第二参考】组,激活【第二参考】,在图形区中选择基准轴 1。
如图 5-68 所示,单击【确定】按钮▢,建立基准面。

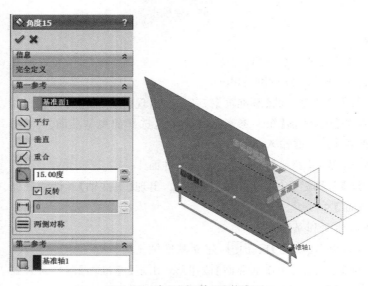

图 5-68  建立"角度 15"基准面

④ 在 FeatureManager 设计树中右击新建的基准面,从快捷菜单中选择【属性】命令,出现【特征属性】对话框,在【名称】文本框输入"角度 15",单击【确定】按钮。

(5) 单击【特征】工具栏上的【基准面】按钮,出现【基准面】属性管理器。

① 在【第一参考】组,激活【第一参考】,在图形区选择右视基准面。

② 在【偏移距离】文本框输入 120.00mm。

如图 5-69 所示,单击【确定】按钮,建立基准面 3。

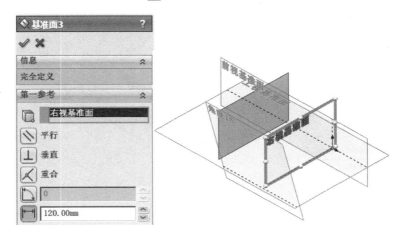

图 5-69　建立基准面

(6) 单击【特征】工具栏上的【基准轴】按钮,出现【基准轴】属性管理器。

① 单击【两平面】。

② 选择上视基准面和基准面 3。

如图 5-70 所示,单击【确定】按钮,建立基准轴 2。

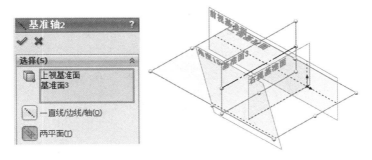

图 5-70　建立基准轴

(7) 单击【特征】工具栏上的【基准面】按钮,出现【基准面】属性管理器。

① 在【第一参考】组,激活【第一参考】,在图形区选择基准面 3。

② 单击【两面夹角】按钮,在【角度】文本框输入 60.00 度。

③ 在【第二参考】组,激活【第二参考】,在图形区中选择基准轴 2。

如图 5-71 所示,单击【确定】按钮,建立基准面。

④ 在 FeatureManager 设计树中右击新建的基准面,从快捷菜单中选择【属性】命令,出现【特征属性】对话框,在【名称】文本框输入"角度 60",单击【确定】按钮。

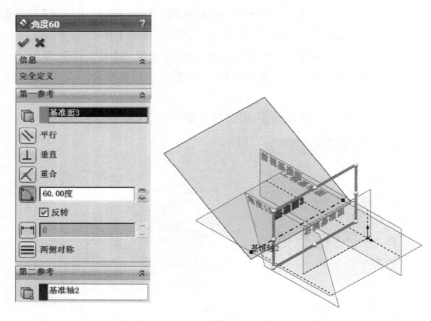

图 5-71    建立基准面

**步骤二：创建 3D 草图。**

（1）单击 3D 草图 ![icon]，在【等轴测视图】的【前视基准面】中打开一个 3D 草图。

（2）单击【直线】按钮 ![icon]，在原点开始绘制一条直线：使用 ![icon] 记号的方法拖动直线，使直线保持在 $ZX$ 平面的 $Z$ 轴上，如图 5-72 所示。

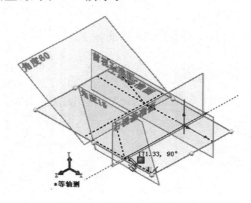

图 5-72    绘制 3D 草图直线

（3）单击【添加几何关系】按钮 ![icon]，选择"直线端点"和"角度 15"，单击【在平面上】按钮 ![icon]，如图 5-73 所示，单击【确定】![icon] 按钮。

（4）取消绘制直线工具，按住 Ctrl 键在 FeatureManager 设计树中单击"角度 15"。

（5）当开始绘制下一条直线时，$XY$ 平面将和"角度 15"参考平面对齐。沿所选的平面绘制下一条直线，长度约 100，如图 5-74 所示。

（6）继续在"角度 15"上绘制直线，在"角度 60"附近结束，如图 5-75 所示。

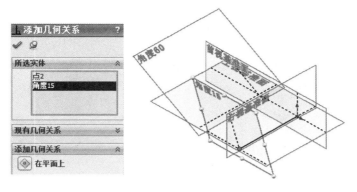

图 5-73　点在面上

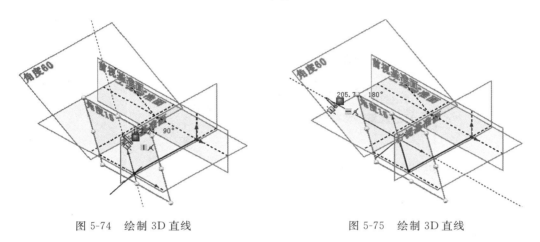

图 5-74　绘制 3D 直线　　　　　　　　　　　图 5-75　绘制 3D 直线

（7）单击【添加几何关系】按钮 ，选择"直线端点"和"角度 60"，单击【在平面上】按钮 ，如图 5-76 所示，单击【确定】 按钮。

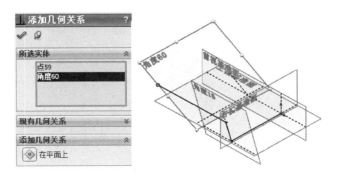

图 5-76　点在面上

（8）取消绘制直线工具，按住 Ctrl 键在 FeatureManager 设计树中单击"角度 60"。

（9）当开始绘制下一条直线时，大约 250，如图 5-77 所示。

（10）继续在"角度 60"上绘制直线，在"上视基准面"附近结束，如图 5-78 所示。

（11）单击【添加几何关系】按钮 ，选择"直线端点"和"上视基准面"，单击【在平面上】按钮 ，如图 5-79 所示，单击【确定】 按钮。

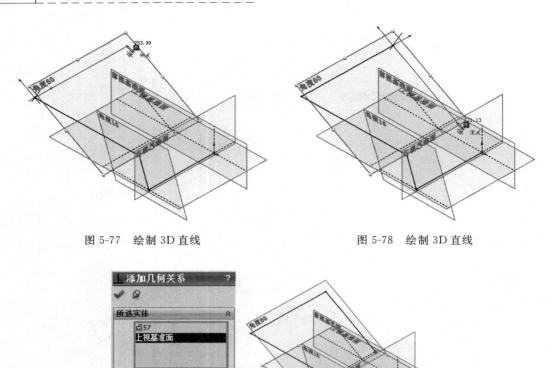

图 5-77　绘制 3D 直线　　　　　　　　　　图 5-78　绘制 3D 直线

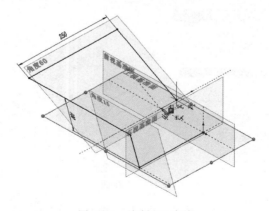

图 5-79　点在面上

（12）取消绘制直线工具，按住 Ctrl 键在 FeatureManager 设计树中单击"上视基准面"。

（13）当开始绘制下一条直线时，在前视基准面附近结束，如图 5-80 所示。

图 5-80　绘制 3D 直线

（14）单击【添加几何关系】按钮 ，选择"直线端点"和"前视基准面"，单击【在平面上】按钮 ，如图 5-81 所示，单击【确定】 按钮。

（15）按住 Ctrl 键在 FeatureManager 设计树中单击"前视基准面"。

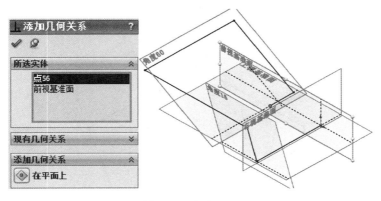

图 5-81 点在面上

（16）当开始绘制下一条直线时，大约 130，如图 5-82 所示。

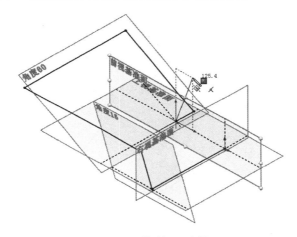

图 5-82 绘制 3D 直线

（17）单击【添加几何关系】按钮 ，选择"直线"和"角度 60"，单击【垂直】按钮 ，如图 5-83
所示，单击【确定】 按钮。

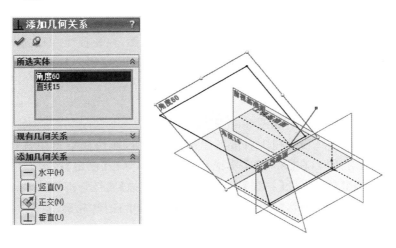

图 5-83 垂直

（18）单击【智能尺寸】按钮 ◇，在图形区标注尺寸，如图 5-84 所示。

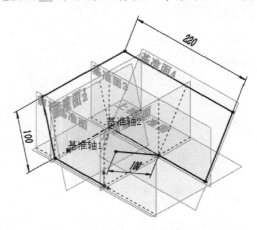

图 5-84　标注尺寸

步骤三：在 3D 草图倒圆角。

（1）单击【绘制圆角】按钮 ，选择 3D 草图中各顶点，在【圆角半径】文本框输入 20.00mm，如图 5-85 所示，单击【确定】 按钮。

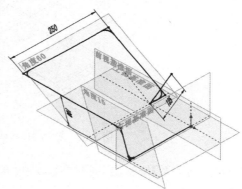

图 5-85　绘制圆角

（2）在 FeatureManager 设计树中右击新建的 3D 草图，在快捷菜单中选择【草图属性】命令，出现【特征属性】对话框，在【名称】文本框输入"路径"，单击【确定】按钮。

步骤四：建立扫描特征。

（1）绘制轮廓。

① 在前视基准面绘制草图，如图 5-86 所示。

② 在 FeatureManager 设计树中右击新建的 3D 草图，在快捷菜单中选择【草图属性】命令，出现【特征属性】对话框，在【名称】文本框输入"路径"，单击【确定】按钮。

（2）单击【特征】工具栏上的【扫描】按钮 ，出现【扫描】属性管理器。

① 在【轮廓和路径】组，激活【轮廓】列表，在图形区域中选择"轮廓"草图。

② 激活【路径】列表，在图形区域中选择"路径"。

③ 在【薄壁特征】组，选中【薄壁特征】复选框。

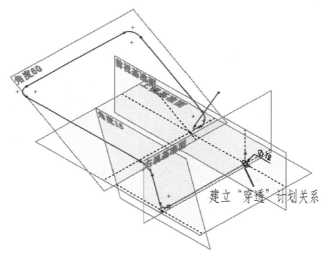

图 5-86 "轮廓"草图

④ 从【类型】列表中选择【单向】选项。

⑤ 在【厚度】文本框输入 1.00mm。

如图 5-87 所示,单击【确定】按钮,生成扫描特征。

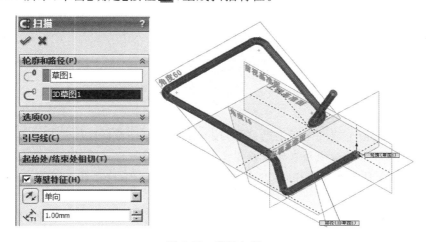

图 5-87 薄壁扫描

步骤五:存盘。

选择【文件】|【保存】命令,保存文件。

**3. 步骤点评**

对于步骤二:关于 3D 草图中的坐标系。

方法一:生成 3D 草图时,在默认情况下,通常是相对于模型中默认的坐标系进行绘制的。按 Tab 键,切换到另外两个默认基准面中的一个,当前的草图基准面的原点就会显示出来。

方法二:若要改变 3D 草图的坐标系,按住 Ctrl 键,然后单击一个基准面、一个平面或一个用户定义的坐标系。

方法三:可使用 3D 草图基准面生成 3D 草图。

### 5.5.3  随堂练习

运用多平面 3D 草图特征建立如图 5-88 所示的模型。

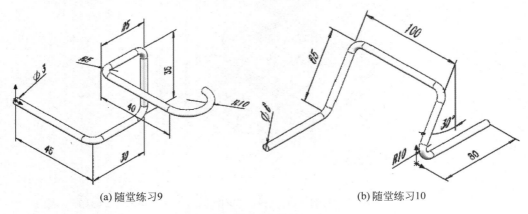

(a) 随堂练习9          (b) 随堂练习10

图 5-88　随堂练习图

# 5.6　简单放样特征建模

本节知识点：
简单放样特征的操作。

### 5.6.1  放样创建流程

生成放样特征：

(1) 放样是通过两个或两个以上的截面，按一定的顺序在截面之间进行过渡形成的形状。

**说明**：建立放样特征必须存在两个或以上的轮廓，轮廓可以是草图，也可以是其他特征的面，甚至是一个点。用点进行放样时，只允许第一个轮廓或最后一个轮廓是点。

(2) 单击放样工具之一。

在【特征】工具栏单击【放样凸台/基体】按钮 ，或选择【插入】|【凸台/基体】|【放样】命令；

在【特征】工具栏单击【放样切除】按钮 或选择【插入】|【切除】|【放样】命令；

在【曲面】工具栏单击【扫描曲面】按钮 或选择【插入】|【曲面】|【放样】命令。

(3) 在 PropertyManager 中设定其他属性管理器选项。

(4) 单击【确定】按钮 。

### 5.6.2  简单放样特征应用实例

建立如图 5-89 所示的洗发水瓶。

**1. 关于本零件设计理念的考虑**

(1) 零件成对称。

(2) 抽壳厚度为 0.5mm。

建模步骤见图 5-90。

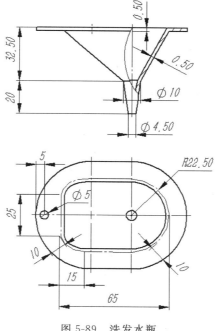

图 5-89  洗发水瓶

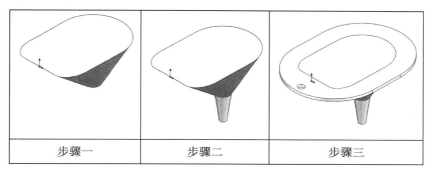

| 步骤一 | 步骤二 | 步骤三 |

图 5-90  建模步骤

**2．操作步骤**

步骤一：新建文件，创建漏斗上部分。

（1）新建文件"漏斗．sldprt"。

（2）单击【特征】工具栏上的【基准面】按钮⬚，出现【基准面】属性管理器。

① 在【第一参考】组，激活【第一参考】，在图形区选择上视基准面面。

② 在【偏移距离】文本框输入 32.00mm。

如图 5-91 所示，单击【确定】按钮✅，建立基准面 1。

（3）在上视基准面绘制草图，如图 5-92 所示。

（4）在基准面 1 绘制草图，如图 5-93 所示。

（5）单击【草图】工具栏上的【分割实体】按钮✎，在草图上选择分割点，如图 5-94 所示。

（6）单击【特征】工具栏上的【放样】按钮⬚，出现【放样】属性管理器，在【轮廓】组，激活
【轮廓】列表，在图形区域中选择"草图 1"和"草图 2"，如图 5-95 所示，单击【确定】按钮✅。

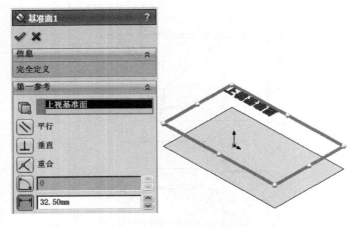

图 5-91　创建基准面

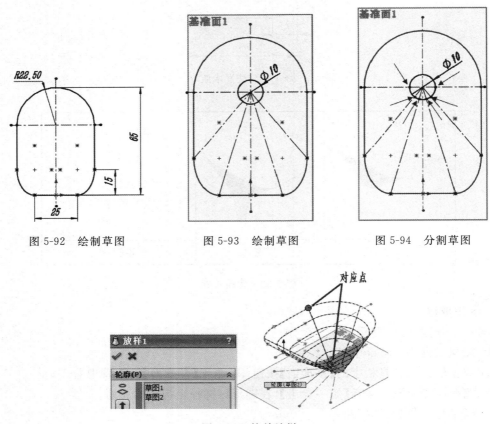

图 5-92　绘制草图　　　　图 5-93　绘制草图　　　　图 5-94　分割草图

图 5-95　简单放样

步骤二：创建漏斗下部分。

（1）单击【特征】工具栏上的【基准面】按钮 ，出现【基准面】属性管理器。

① 在【第一参考】组，激活【第一参考】，在图形区选择下端面。

② 在【偏移距离】文本框输入 20.00mm。

如图 5-96 所示，建立基准面 2。

（2）在基准面 2 绘制草图，如图 5-97 所示。

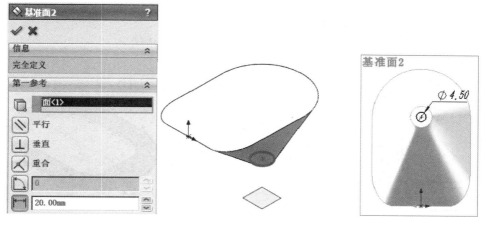

图 5-96 创建基准面        图 5-97 绘制草图

（3）单击【特征】工具栏上的【放样】按钮 ，出现【放样】属性管理器，在【轮廓】组，激活【轮廓】列表，在图形区域中选择"面 1"和"草图 3"，如图 5-98 所示，单击【确定】按钮 。

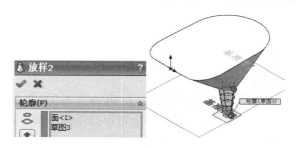

图 5-98 简单放样

步骤三：抽壳，生成边缘。

（1）单击【特征】工具栏上的【抽壳】按钮 ，出现【抽壳】属性管理器。

① 在【厚度】文本框输入 0.50mm。

② 激活【移除面】列表，在图形区选择上下表面为开放面。

如图 5-99 所示，单击【确定】按钮 ，创建相同厚度的壳。

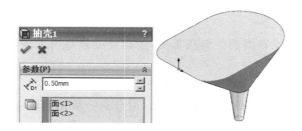

图 5-99 抽壳

（2）在上端面绘制草图，如图 5-100 所示。

（3）单击【特征】工具栏上的【拉伸凸台/基体】按钮 ，出现【凸台-拉伸】属性管理器。

① 在【方向 1】组，从【终止条件】列表中选择【给定深度】选项。

② 在【深度】文本框输入 2.00mm。

如图 5-101 所示，单击【确定】按钮 ✓。

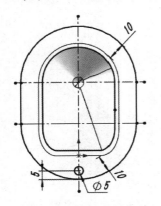

图 5-100　绘制草图

 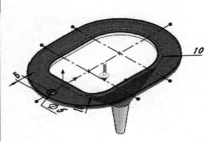

图 5-101　拉伸凸台

步骤四：存盘。

选择【文件】|【保存】命令，保存文件。

**3. 步骤点评**

（1）对于步骤一：关于放样轮廓。

由于第一个轮廓具有多条线段，所以，第二个轮廓也将分成对应的线段。如果不打断圆，则由系统自动决定放样的对应点。

建立放样特征时，如果两个轮廓间在放样时对应的点不同，产生的放样效果也不同，如图 5-102 所示的是一个简单的放样特征示例，两个矩形间不同的对应点进行放样，产生的效果是不同的。一般来讲，放样特征默认的对应点是选择轮廓时离鼠标单击点最近的位置，用户可以在放样过程中选择放样的对应点。

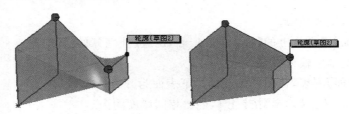

图 5-102　不同的对应点产生不同的放样效果

放样时，由于选择轮廓草图的位置很重要，所以建立放样时一般不在 FeatureManager 设计树中选择草图。

（2）对于步骤一：关于分割草图实体。

单击【草图】工具栏上的【分割实体】按钮 ✎，可分割一草图实体以生成两个草图实体。反之，可以删除一个分割点，将两个草图实体合并成一单一的草图实体。可以使用两个分割点来分割一个圆、完整椭圆、或闭合样条曲线。为确定分割点的准确位置，可以为分割点标注尺寸。

（3）对于步骤二：关于使用模型上的实体平面或曲面边缘。

放样除了可利用草图轮廓成形外，也可将现有模型上的实体平面或曲面边缘当作放样的成形轮廓。

### 5.6.3 随堂练习

运用简单放样特征建立如图 5-103 所示的模型。

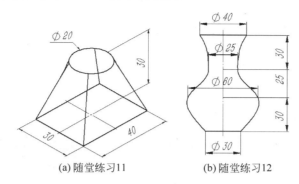

(a) 随堂练习11　　　　(b) 随堂练习12

图 5-103　随堂练习图

# 5.7　使用引导线放样特征建模

本节知识点：
使用引导线放样特征的操作。

### 5.7.1　使用引导线放样

通过使用两个或多个轮廓并使用一条或多条引导线来连接轮廓，可以生成引导线放样。轮廓可以是平面轮廓或空间轮廓。引导线可以帮助控制所生成的中间轮廓。

### 5.7.2　使用引导线放样应用实例

建立如图 5-104 所示的放样水槽。

**1. 零件设计理念的考虑**
（1）建立放样曲面。
（2）使用曲面切除。
建模步骤见图 5-105。

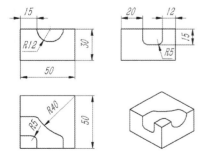

图 5-104　放样水槽

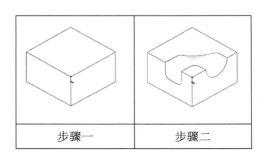

图 5-105　建模步骤

**2. 操作步骤**

步骤一：新建文件，建立毛坯。

(1) 新建文件"放样水槽. sldprt"。

(2) 在上视基准面绘制草图，如图 5-106 所示。

(3) 单击【特征】工具栏上的【拉伸凸台/基体】按钮 🗔，出现【凸台-拉伸】属性管理器。

① 在【方向 1】组，从【终止条件】列表中选择【给定深度】选项。

② 在【深度】文本框输入 30.00mm。

如图 5-107 所示，单击【确定】按钮 ✅。

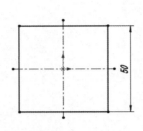

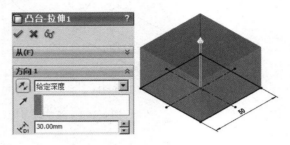

图 5-106　绘制草图　　　　　　　　　　　　　　　图 5-107　拉伸凸台

步骤二：创建带引导线的放样曲面。

(1) 在左端面绘制草图，如图 5-108 所示。

(2) 在前左端面绘制草图，如图 5-109 所示。

(3) 在上表面绘制草图，如图 5-110 所示。

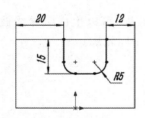　　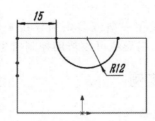　　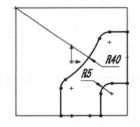

图 5-108　左端面绘制草图　　　图 5-109　前端面绘制草图　　　图 5-110　上表面绘制草图

(4) 选择【插入】|【曲面】|【放样曲面】命令，出现【曲面-放样】属性管理器。

① 在【轮廓】组，激活【轮廓】列表，在图形区域中选择"轮廓 1"和"轮廓 2"。

② 激活【引导线】列表，在图形区域中选择"引导线 1"和"引导线 2"。

如图 5-111 所示，单击【确定】按钮 ✅。

(5) 选择【插入】|【切除】|【使用曲面】命令，出现【使用曲面切除】属性管理器，在图形区域中选择【曲面-放样 1】，确定切除方向，如图 5-112 所示，单击【确定】按钮 ✅。

步骤三：存盘。

选择【文件】|【保存】命令，保存文件。

**3. 步骤点评**

(1) 对于步骤一：关于轮廓线。

轮廓 1 和轮廓 2 均为不封闭的曲线，用于生成曲面。

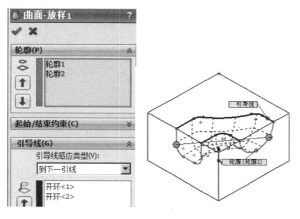

图 5-111　放样曲面

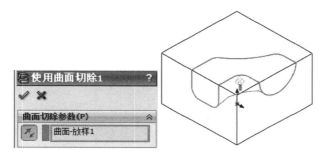

图 5-112　使用曲面切除

（2）对于步骤一：关于引导线。

引导线可以建立在一张草图上。

## 5.7.3　随堂练习

运用引导线放样特征建立如图 5-113 所示的模型。

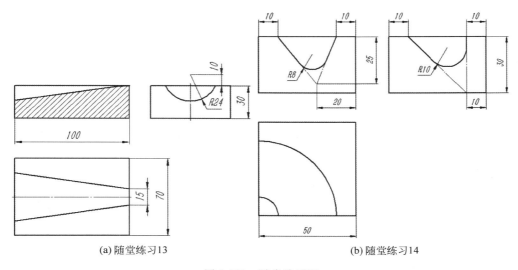

(a) 随堂练习13　　　　　　　　　　　　　　(b) 随堂练习14

图 5-113　随堂练习图

# 5.8　使用中心线放样特征建模

本节知识点：

使用中心线放样特征的操作。

## 5.8.1　中心线的放样

可以生成一个使用一条变化的引导线作为中心线的放样。所有中间截面的草图基准面都与此中心线垂直。此中心线可以是草图曲线、模型边线或曲线。

## 5.8.2　使用中心线放样特征应用实例

建立如图 5-114 所示的吊钩。

**1. 关于本零件设计理念的考虑**

(1) 采用中心线控制零件的形状。

(2) 在不同截面有关键形状控制。

建模步骤见图 5-115。

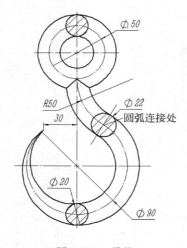

图 5-114　吊钩

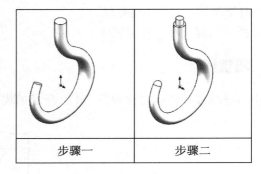

图 5-115　建模步骤

**2. 操作步骤**

步骤一：新建文件，建立钩体。

(1) 新建文件"吊钩.sldprt"。

(2) 绘制中心线。

① 在右视基准面绘制中心线草图，如图 5-116 所示。

② 在 FeatureManager 设计树中右击【草图 1】，在快捷菜单中选择【特征属性】命令，出现【特征属性】对话框，在【名称】文本框输入"中心线"，单击【确定】按钮。

(3) 单击【特征】工具栏上的【基准面】按钮，出现【基准面】属性管理器。

① 在【第一参考】组，激活【第一参考】，在图形区选择中心线，单击【垂直】按钮。

② 在【第二参考】组,激活【第二参考】,在图形区选择点。

如图 5-117 所示,单击【确定】按钮,建立基准面 1。

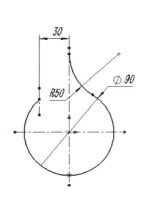

图 5-116 绘制中心线草图

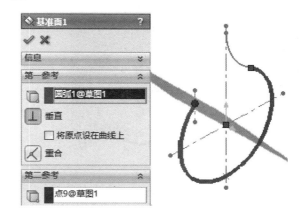

图 5-117 建立基准面 1

(4)绘制轮廓 1。

① 在基准面 1 绘制轮廓 1 草图,如图 5-118 所示。

② 在 FeatureManager 设计树中右击【草图 2】,在快捷菜单中选择【特征属性】命令,出现【特征属性】对话框,在【名称】文本框输入"轮廓 1",单击【确定】按钮。

(5)绘制轮廓 2。

① 在前视基准面绘制轮廓 2 草图,如图 5-119 所示。

② 在 FeatureManager 设计树中右击【草图 3】,在快捷菜单中选择【特征属性】命令,出现【特征属性】对话框,在【名称】文本框输入"轮廓 2",单击【确定】按钮。

图 5-118 在基准面 1 上绘制轮廓 1 草图

图 5-119 在前视基准面绘制轮廓 2 草图

(6)单击【特征】工具栏上的【基准面】按钮,出现【基准面】属性管理器。

① 在【第一参考】组,激活【第一参考】,在图形区选择中心线,单击【垂直】按钮。

② 在【第二参考】组,激活【第二参考】,在图形区选择点。

如图 5-120 所示,单击【确定】按钮,建立基准面 2。

(7)绘制轮廓 3。

① 在基准面 2 绘制轮廓 3 草图,如图 5-121 所示。

② 在 FeatureManager 设计树中右击【草图 3】,在快捷菜单中选择【特征属性】命令,出现【特征属性】对话框,在【名称】文本框输入"轮廓 3",单击【确定】按钮。

(8)单击【特征】工具栏上的【基准面】按钮,出现【基准面】属性管理器。

① 在【第一参考】组,激活【第一参考】,在图形区选择中心线,单击【垂直】按钮。

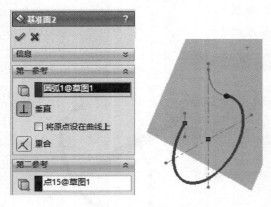

图 5-120　建立基准面 2　　　　　　　　　图 5-121　在基准面 2 轮廓 3 绘制草图

② 在【第二参考】组,激活【第二参考】,在图形区选择点。

如图 5-122 所示,单击【确定】按钮 ✅,建立基准面 3。

(9)绘制轮廓 4。

① 在基准面 3 绘制轮廓 4 草图,如图 5-123 所示。

② 在 FeatureManager 设计树中右击【草图 4】,在快捷菜单中选择【特征属性】命令,出现【特征属性】对话框,在【名称】文本框输入"轮廓 4",单击【确定】按钮。

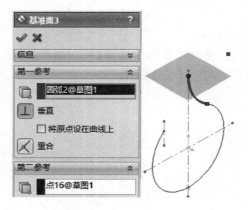

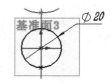

图 5-122　建立基准面 3　　　　　　　　　图 5-123　在基准面 3 上绘制草图

(10)单击【特征】工具栏上的【放样】按钮 🔔,出现【放样】属性管理器。

① 在【轮廓】组,激活【轮廓】列表,在图形区域中选择"轮廓 1"、"轮廓 2"、"轮廓 3"和"轮廓 4"。

② 在【中心线参数】组,激活【中心线】列表,在图形区选择中心线草图。

如图 5-124 所示,单击【确定】按钮 ✅。

步骤二:建立环。

(1)在前视基准面绘制草图,如图 5-125 所示。

(2)单击【特征】工具栏上的【旋转凸台/基体】按钮 🔯,出现【旋转】属性管理器。

① 在【旋转轴】组,激活【旋转轴】列表,在图形区选择【直线 3】。

② 在【方向 1】组,从【旋转类型】列表中选择【给定深度】选项。

 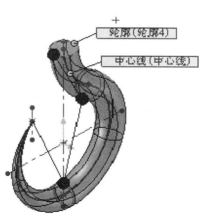

图 5-124 建立中心线放样特征

③ 在【角度】文本框输入 360.00 度。

如图 5-126 所示，单击【确定】按钮 ，完成操作。

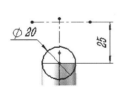 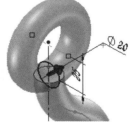

图 5-125 绘制草图    图 5-126 拉伸凸台

步骤三：存盘。

选择【文件】|【保存】命令，保存文件。

**3．步骤点评**

（1）对于步骤一：关于中心线。

在建立中心线草图时，在上面根据设计意图插入点，作为绘制截面的中心点。

（2）对于步骤一：关于轮廓顺序。

放样时，必须考虑好绘制草图的方式和放样命令选择草图的顺序。

（3）对于步骤一：关于中心线放样。

建立的放样特征 4 个轮廓并不是直接相连的，而是沿着中心线的方向过渡的。

## 5.8.3 随堂练习

运用中心线放样建立如图 5-127 所示的模型。

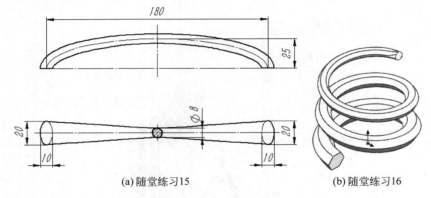

(a) 随堂练习15      (b) 随堂练习16

图 5-127　随堂练习图

# 5.9　练习

建立如图 5-128 所示的模型。

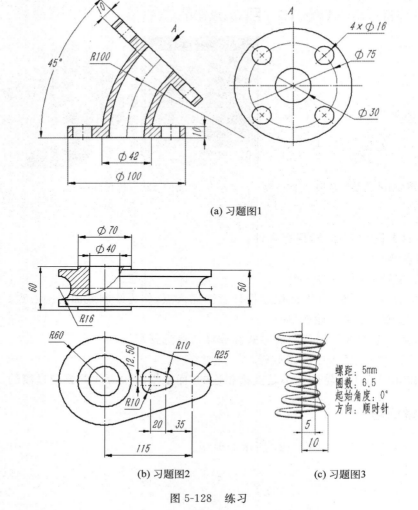

(a) 习题图1

(b) 习题图2　　　　(c) 习题图3

图 5-128　练习

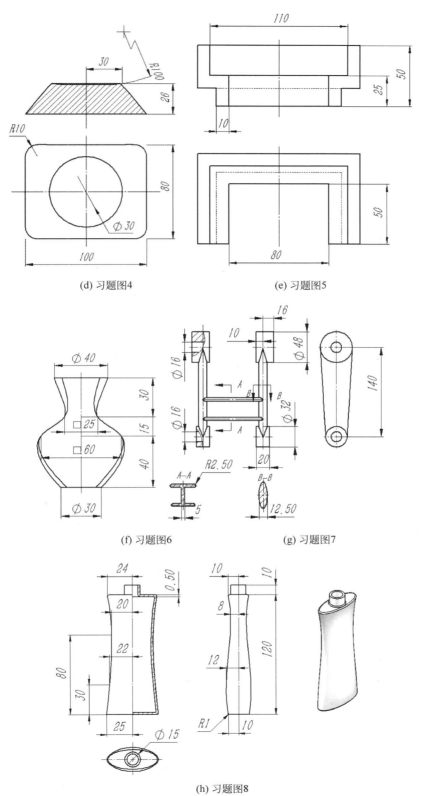

(d) 习题图4

(e) 习题图5

(f) 习题图6

(g) 习题图7

(h) 习题图8

图 5-128 （续）

# 第**6**章

# 使 用 附 加 特 征

附加特征也叫应用特征,是一种在不改变基本特征主要形状的前提下,对已有特征进行局部修饰的建模方法。附加特征主要包括圆角、倒角、异型孔向导、筋特征、抽壳、拔模、圆顶、包覆等,这些特征对实体造型的完整性非常重要。

## 6.1　创建恒定半径倒圆、边缘倒角

本节知识点:
(1) 创建恒定半径倒圆的方法;
(2) 边缘倒角的方法。

### 6.1.1　恒定半径倒圆

圆角用于在零件上生成一个内圆角或外圆角面,还可以为一个面的所有边线、所选的多组面、所选的边线或边线环生成圆角。

(1) 边线圆角,如图 6-1 所示。

单击【特征】工具栏上的【圆角】按钮,出现【圆角】属性管理器。

① 在【圆角类型】组,单击选中【等半径】单选按钮。

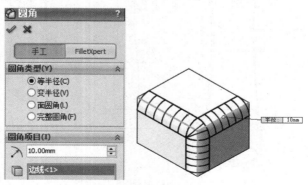

图 6-1　边线圆角

② 在【圆角项目】组,在【半径】文本框输入 10.00mm。

③ 激活【边线、面、特征和环】列表框,在图形区中选择边线。

(2) 面边线圆角,如图 6-2 所示。

单击【特征】工具栏上的【圆角】按钮,出现【圆角】属性管理器。

① 在【圆角类型】组,单击选中【等半径】单选按钮。

② 在【圆角项目】组,在【半径】文本框输入 10.00mm。

③ 激活【边线、面、特征和环】列表框,在图形区中选择实体面。

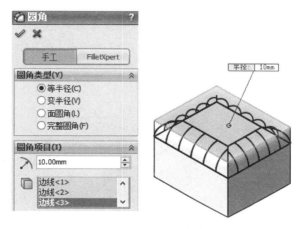

图 6-2　面边线圆角

(3) 多半径圆角,如图 6-3 所示。

单击【特征】工具栏上的【圆角】按钮,出现【圆角】属性管理器。

① 在【圆角类型】组,单击选中【等半径】单选按钮。

② 在【圆角项目】组,在【半径】文本框输入 10.00mm。

③ 激活【边线、面、特征和环】列表框,在图形区中选择边线。

④ 选中【多半径】复选框。

⑤ 在图形区中分别指定每一条边线的圆角半径。

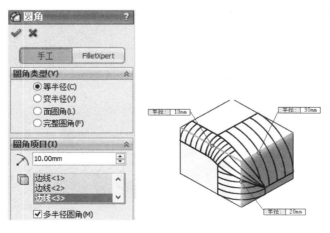

图 6-3　多半径边线圆角

（4）沿相切面生成圆角，如图 6-4 所示。

单击【特征】工具栏上的【圆角】按钮，出现【圆角】属性管理器。

① 在【圆角类型】组，单击选中【等半径】单选按钮。

② 在【圆角项目】组，在【半径】文本框输入 10.00mm。

③ 激活【边线、面、特征和环】列表框，在图形区中选择一边线。

④ 选中【切线延伸】复选框。

⑤ 取消【切线延伸】复选框。

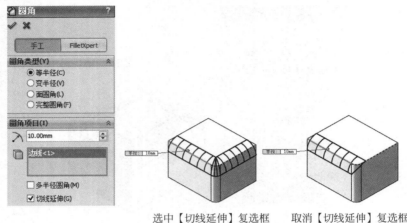

选中【切线延伸】复选框　　取消【切线延伸】复选框

图 6-4　沿相切面生成圆角

（5）保持特征生成圆角，如图 6-5 所示。

单击【特征】工具栏上的【圆角】按钮，出现【圆角】属性管理器。

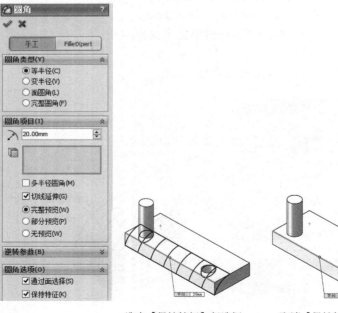

选中【保持特征】复选框　　取消【保持特征】复选框

图 6-5　保持特征生成圆角

① 在【圆角类型】组,单击选中【等半径】单选按钮。

② 在【圆角项目】组,在【半径】文本框输入 10.00mm。

③ 激活【边线、面、特征和环】列表框,在图形区中选择一边线。

④ 选中【切线延伸】复选框。

⑤ 在【圆角选项】组,选中【保持特征】复选框。

(6) 圆形角圆角,如图 6-6 所示。

单击【特征】工具栏上的【圆角】按钮 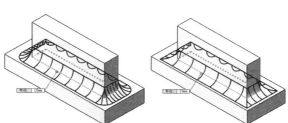,出现【圆角】属性管理器。

① 在【圆角类型】组,单击选中【等半径】单选按钮。

② 在【圆角项目】组,在【半径】文本框输入 10.00mm。

③ 激活【边线、面、特征和环】列表,在图形区中选择四条边线。

④ 选中【切线延伸】复选框。

⑤ 在【圆角选项】组,选中【圆形角】复选框。

⑥ 取消【切线延伸】复选框。

选中【圆形角】复选框　　取消【圆形角】复选框

图 6-6　圆形角圆角

(7) 圆角的扩展方式,如图 6-7 所示。

单击【特征】工具栏上的【圆角】按钮 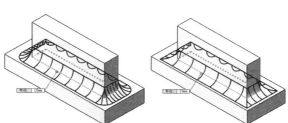,出现【圆角】属性管理器。

① 在【圆角类型】组,单击选中【等半径】单选按钮。

② 在【圆角项目】组,在【半径】文本框输入 10.00mm。

③ 激活【边线、面、特征和环】列表,在图形区中选择一边线。

④ 选中【切线延伸】复选框。

⑤ 在【圆角选项】组，选中【保持特征】复选框。

⑥ 单击选中【保持边线】单选按钮。

⑦ 单击选中【保持曲面】单选按钮。

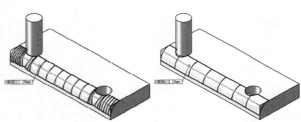

单击【保持边线】单选按钮　　　单击【保持曲面】单选按钮

图 6-7　圆角的扩展方式

(8) 设定逆转参数，如图 6-8 所示。

设定逆转参数是为了改善圆角面，避免尖点，使圆角面更趋平滑。

单击【特征】工具栏上的【圆角】按钮 ，出现【圆角】属性管理器。

① 在【圆角类型】组，单击选中【等半径】单选按钮。

② 在【圆角项目】组，在【半径】文本框输入 10.00mm。

③ 激活【边线、面、特征和环】列表，在图形区中选择三条边线。

④ 选中【切线延伸】复选框。

⑤ 在【逆转参数】组，在【距离】文本框输入 10.00mm。

⑥ 激活【逆转顶点】列表，在图形区中选择顶点。

⑦ 单击【设定所有】按钮。

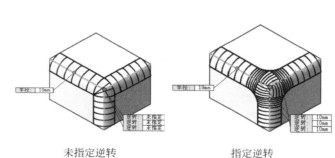

未指定逆转　　　　　　指定逆转

图 6-8　设定逆转值

## 6.1.2　倒角

倒角工具的作用是在所选边线、面或顶点上生成一个倾斜特征。

（1）角度距离，如图 6-9 所示。

单击【特征】工具栏上的【倒角】按钮，出现【倒角】属性管理器。

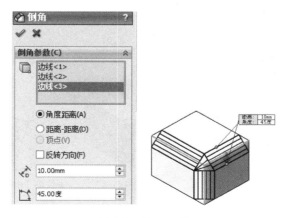

图 6-9　角度距离

① 在【倒角类型】组，单击选中【角度距离】单选按钮。

② 在【距离】文本框输入 10.00mm，在【角度】文本框输入 45.00 度。

③ 激活【边线和面或顶点】列表框，在图形区中选择边线。

（2）距离-距离，如图 6-10 所示。

单击【特征】工具栏上的【倒角】按钮，出现【倒角】属性管理器。

① 在【倒角类型】组，单击选中【距离-距离】单选按钮。

② 在【距离】文本框输入 10.00mm。

③ 选中【相等距离】复选框。

④ 激活【边线和面或顶点】列表框，在图形区中选择边线。

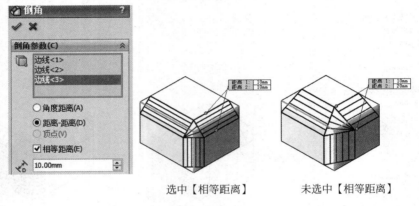

图 6-10　距离-距离

（3）顶点，如图 6-11 所示。

单击【特征】工具栏上的【倒角】按钮，出现【倒角】属性管理器。

① 在【倒角类型】组，单击选中【顶点】单选按钮。

② 在【距离】文本框输入 10.00mm。

③ 选中【相等距离】复选框。

④ 激活【边线和面或顶点】列表框，在图形区中选择顶点。

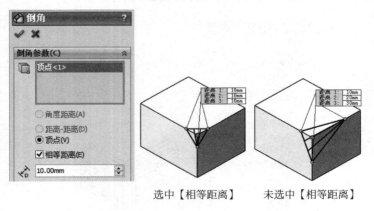

图 6-11　顶点

## 6.1.3　恒定半径倒圆、边缘倒角应用实例

建立如图 6-12 所示的恒定半径倒圆、边缘倒角模型。

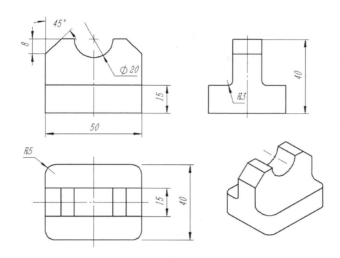

图 6-12　恒定半径倒圆、边缘倒角

**1. 关于本零件设计理念的考虑**

（1）零件成对称。

（2）采用恒定半径倒圆角。

建模步骤见图 6-13。

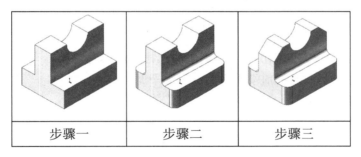

图 6-13　建模步骤

**2. 操作步骤**

步骤一：新建文件，创建毛坯。

（1）新建文件"恒定半径倒圆边缘倒角.sldprt"。

（2）在上视基准面绘制草图，如图 6-14 所示。

（3）单击【特征】工具栏上的【拉伸凸台/基体】按钮 📄，出现【凸台-
拉伸】属性管理器。

　① 在【方向 1】组，从【终止条件】列表中选择【给定深度】选项。

　② 在【深度】文本框输入 15.00mm。

如图 6-15 所示，单击【确定】按钮 ✅ 。

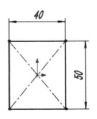

图 6-14　建立草图

（4）在上表面绘制草图，如图 6-16 所示。

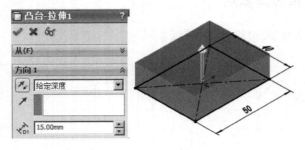

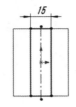

图 6-15　拉伸凸台　　　　　　　　　　　　　图 6-16　绘制草图

（5）单击【特征】工具栏上的【拉伸凸台/基体】按钮 🗔，出现【凸台-拉伸】属性管理器。

① 在【方向 1】组，从【终止条件】列表中选择【给定深度】选项。

② 在【深度】文本框输入 40.00mm。

如图 6-17 所示，单击【确定】按钮 ✅ 。

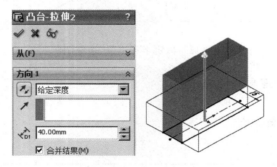

图 6-17　拉伸凸台

（6）选择【插入】|【特征】|【孔】|【简单孔】命令，出现【孔】对话框。

① 在图形区中选择凸台的前端平面作为放置平面。

② 在【方向 1】组，从【终止条件】列表中选择【完全贯穿】选项。

③ 在【直径】文本框输入 20.00mm，单击【确定】按钮 ✅ 。

④ 在 FeatureManager 设计树中单击刚建立的孔特征，在快捷工具栏中单击【编辑草图】按钮 ✍，进入【草图】环境，设定孔的圆心位置，如图 6-18 所示，单击【结束草图】按钮 ✍ ，退出【草图】环境。

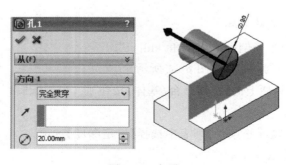

图 6-18　打孔

步骤二：倒圆角。

（1）单击【特征】工具栏上的【圆角】按钮 ，出现【圆角】属性管理器。

① 在【圆角类型】组，单击选中【等半径】单选按钮。

② 在【圆角项目】组，在【半径】文本框输入 5.0mm。

③ 激活【边线、面、特征和环】列表，在图形区中选择需要的圆角边线。

如图 6-19 所示，单击【确定】按钮 ，生成圆角。

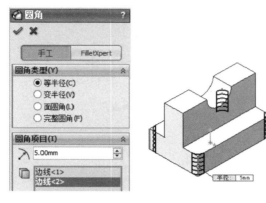

图 6-19　倒圆角

（2）单击【特征】工具栏上的【圆角】按钮 ，出现【圆角】属性管理器。

① 在【圆角类型】组，单击选中【等半径】单选按钮。

② 在【圆角项目】组，在【半径】文本框输入 3.0mm。

③ 激活【边线、面、特征和环】列表，在图形区中选择需要的圆角边线。

如图 6-20 所示，单击【确定】按钮 ，生成圆角。

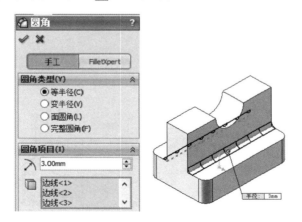

图 6-20　倒圆角

步骤三：倒直角。

单击【特征】工具栏上的【倒角】按钮 ，出现【倒角】属性管理器。

① 激活【边线、面或顶点】列表，在图形区中选择实体的两条边线。

② 单击选中【角度距离】单选按钮。

③ 在【距离】文本框输入 8.00mm，在【角度】文本框输入 45.00 度。

如图 6-21 所示,单击【确定】按钮 ✓,生成倒角。

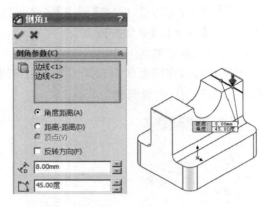

图 6-21　倒直角

步骤四:存盘。

选择【文件】|【保存】命令,保存文件。

**3. 步骤点评**

(1) 对于步骤三:关于多半径倒圆角。

单击【特征】工具栏上的【圆角】按钮 ⚙,出现【圆角】属性管理器。

① 在【圆角类型】组,单击选中【等半径】单选按钮。

② 在【圆角项目】组,在【半径】文本框输入 3.0mm。

③ 激活【边线、面、特征和环】列表,在图形区中分别指定每一条边线的圆角半径。

④ 选中【多半径圆角】复选框。

⑤ 在图形区双击【半径】文本框,修改半径值。

如图 6-22 所示,单击【确定】按钮 ✓,生成多半径圆角。

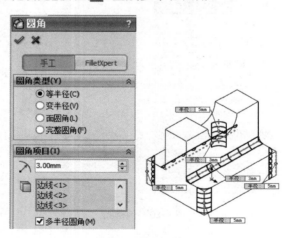

图 6-22　多半径倒圆角

(2) 对于步骤二:关于建立圆角的顺序。

用同一命令创建具有相同半径的多个圆角。需要创建不同半径的圆角时,通常应该先创建半径较大的圆角。

### 6.1.4  随堂练习

运用倒角特征建立如图 6-23 所示的模型。

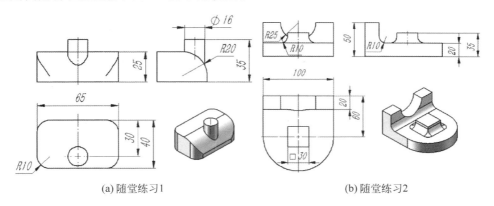

(a) 随堂练习1                          (b) 随堂练习2

图 6-23  随堂练习图

## 6.2  创建可变半径倒圆

本节知识点：

创建变半径倒圆的方法。

### 6.2.1  变半径倒圆角

可操纵并指定半径数值到变半径圆角顶点之间的控制点，如图 6-24 所示。

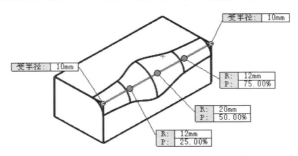

图 6-24  多半径倒圆角

### 6.2.2  变半径倒圆角应用实例

建立如图 6-25 所示的可变半径倒圆模型。

**1. 关于本零件设计理念的考虑**

（1）采用恒定半径倒角 $R10$mm。

（2）采用变半径倒圆。

建模步骤见图 6-26。

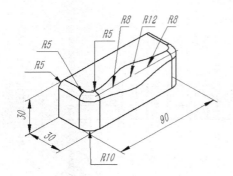

图 6-25　可变半径倒圆

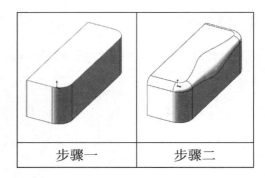

步骤一　　　　步骤二

图 6-26　变半径建模步骤

**2. 操作步骤**

步骤一：新建文件，创建毛坯。

(1) 新建文件"可变半径倒圆.sldprt"。

(2) 在前视基准面绘制草图，如图 6-27 所示。

(3) 单击【特征】工具栏上的【拉伸凸台/基体】按钮 ，出现【凸台-拉伸】属性管理器。

① 在【方向 1】组，从【终止条件】列表中选择【给定深度】选项。

② 在【深度】文本框输入 30.00mm。

如图 6-28 所示，单击【确定】按钮 。

图 6-27　绘制草图

(4) 单击【特征】工具栏上的【圆角】按钮 ，出现【圆角】属性管理器。

① 在【圆角类型】组，单击选中【等半径】单选按钮。

② 激活【边线、面、特征和环】列表，在图形区中选择两条边线。

如图 6-29 所示，单击【确定】按钮 ，生成圆角。

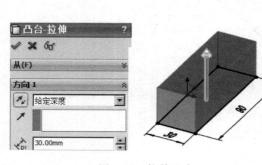

图 6-28　拉伸凸台

图 6-29　倒圆角

步骤二：建立变半径倒角。

单击【特征】工具栏上的【圆角】按钮 ，出现【圆角】属性管理器。

① 在【圆角类型】组，单击选中【变半径】单选按钮。

② 在【圆角项目】组，激活【边线、面、特征和环】列表，在图形区中选择边线。

③ 选中【切线延伸】复选框。

④ 在【变半径参数】组,在【半径】文本框输入 5.00mm,单击【设定所有】按钮。

⑤ 在【实例数】文本框输入 3。

⑥ 单击选中【平滑过渡】单选按钮,如图 6-30 所示。

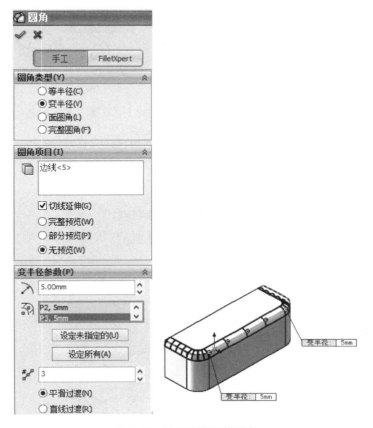

图 6-30　设置变半径倒圆角

⑦ 在图形区分别选择左右两个边半径点,如图 6-31 所示。

⑧ 在【变半径参数】组,在【半径】文本框输入 8.00mm,单击【设定未指定的】按钮,如图 6-32 所示。

图 6-31　设置变半径点　　　　　　　　图 6-32　设定未指定的

⑨ 在图形区分别选择中间半径点,在【变半径参数】组,在【半径】文本框输入 12.00mm,单击【设定未指定的】按钮。

如图 6-33 所示,单击【确定】按钮 ✓ ,生成变半径值圆角。

步骤三:存盘。

选择【文件】|【保存】命令,保存文件。

**3. 步骤点评**

对于步骤二:关于变半径控制点。

(1)可给每个控制点指定一半径值,或给一个或两个闭合顶点指定数值。

(2)系统默认使用三个控制点,分别位于沿边线的 25%、50% 及 75% 的等距离增量。

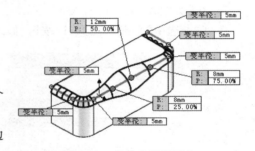

图 6-33　完成变半径圆角

(3)可使用以下方法更改每个控制点的相对位置:

① 在标注中更改控制点的百分比;

② 选择控制点然后将之拖动到新的位置。

(4)可在沿进行圆角处理的边线上添加或删减控制点。

① 添加控制点:可选择一控制点并按住 Ctrl 键拖动,在新位置生成一额外控制点。或者,可在【实例数】 ♯ 中增加数值。

② 删减控制点:可通过右键单击然后在快捷键菜单中选择删除来移除特定控制点。或者,可在【实例数】 ♯ 中递减数值。

### 6.2.3　随堂练习

运用变半径特征建立如图 6-34 所示的模型。

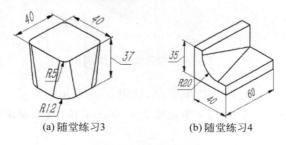

(a)随堂练习3　　　　　　　(b)随堂练习4

图 6-34　随堂练习图

# 6.3　创建拔模、抽壳

本节知识点:

(1)创建拔模的方法;

(2)创建抽壳的方法。

### 6.3.1　拔模

拔模以指定的角度斜削模型中所选的面,其应用之一可使模具零件更容易脱出模具。可以在现有的零件上插入拔模,或者在拉伸特征时进行拔模。

（1）中性面拔模，如图 6-35 所示。

单击【特征】工具栏上的【拔模】按钮 ，出现【拔模】属性管理器。

① 在【拔模类型】组，单击选中【中性面】单选按钮。

② 在【拔模角度】组，在【拔模角度】文本框输入 8.00 度。

③ 在【中性面】组，激活【中性面】列表，在图形区域中选择顶面为中性面，确定拔模方向。

④ 在【拔模面】组，激活【拔模面】列表，在图形区选择外表面为拔模面。

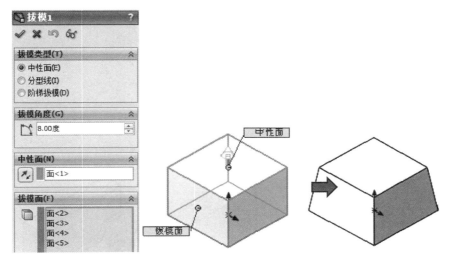

图 6-35 中性面拔模

（2）分型线拔模，如图 6-36 所示。

单击【特征】工具栏上的【拔模】按钮 ，出现【拔模】属性管理器。

① 在【拔模类型】组，单击选中【分型线】单选按钮。

② 在【拔模角度】组，【拔模角度】文本框输入 8。

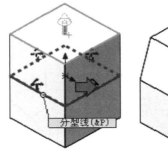

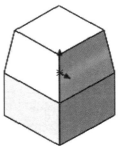

图 6-36 分型线拔模

③ 在【中性面】组,激活【中性面】列表,在图形区域中选择顶面为中性面,确定拔模方向。

④ 在【分型线】组,激活【分型线】列表,在图形区选择分型线。

(3) 阶梯拔模,如图 6-37 所示。

单击【特征】工具栏上的【拔模】按钮 ,出现【拔模】属性管理器。

① 在【拔模类型】组,单击选中【阶梯拔模】和【垂直阶梯】单选按钮。

② 在【拔模角度】组,【拔模角度】文本框输入 8.00 度。

③ 在【中性面】组,激活【中性面】列表,在图形区域中选择顶面为中性面,确定拔模方向。

④ 在【分型线】组,激活【分型线】列表,在图形区选择分型线。

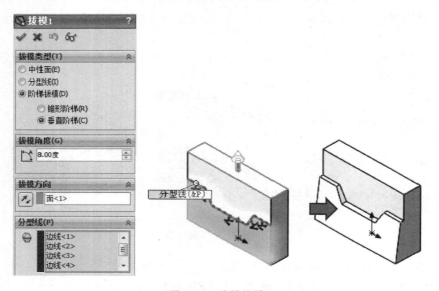

图 6-37　阶梯拔模

## 6.3.2　抽壳

抽壳工具会使所选择的面敞开,并在剩余的面上生成薄壁特征。如果没有选择模型上的任何面,可抽壳一个实体零件,生成一闭合的空腔,所建成的空心实体可分为等厚度及不等厚度两种。

(1) 等厚度,如图 6-38 所示。

单击【特征】工具栏上的【抽壳】按钮 ,出现【抽壳】属性管理器。

① 在【参数】组,在【厚度】文本框输入 10.00mm。

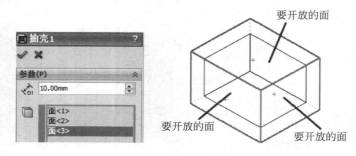

图 6-38　等厚度抽壳

② 激活【移除面】列表,在图形区选择开放面。

(2) 不等厚度,如图 6-39 所示。

单击【特征】工具栏上的【抽壳】按钮 ,出现【抽壳】属性管理器。

① 在【参数】组,在【厚度】文本框输入 10.00mm。

② 激活【移除面】列表,在图形区选择开放面。

③ 在【多厚度设定】组,在【多厚度】文本框输入 20.00mm。

④ 激活【多厚度面】列表,在图形区选择欲设定不等厚度的面。

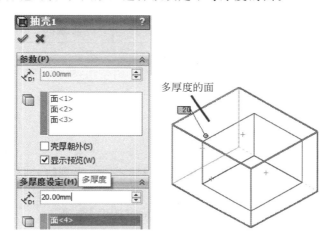

图 6-39　不等厚度抽壳

### 6.3.3　拔模、抽壳应用实例

建立烟灰缸模型,如图 6-40 所示。

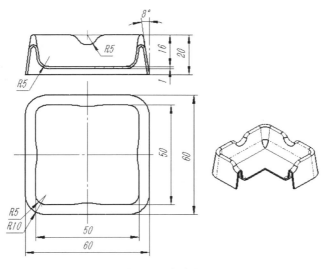

图 6-40　烟灰缸

**1. 关于本零件设计理念的考虑**

(1) 零件成对称。

（2）上端面采用面圆角。

（3）采用抽壳，壳体厚度为 1mm。

建模步骤见图 6-41。

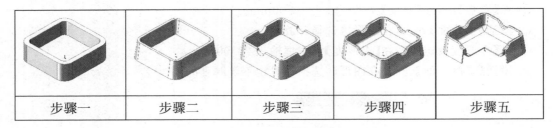

| 步骤一 | 步骤二 | 步骤三 | 步骤四 | 步骤五 |

图 6-41　建模步骤

**2. 操作步骤**

步骤一：新建文件，创建毛坯。

（1）新建文件"烟灰缸. sldprt"。

（2）在上视基准面绘制草图，如图 6-42 所示。

（3）单击【特征】工具栏上的【拉伸凸台/基体】按钮 ，出现【凸台-拉伸】属性管理器。

① 在【方向 1】组，从【终止条件】列表中选择【给定深度】选项。

② 在【深度】文本框输入 20.00mm。

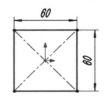

图 6-42　绘制草图

如图 6-43 所示，单击【确定】按钮 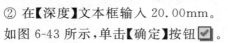。

（4）在上表面绘制草图，如图 6-44 所示。

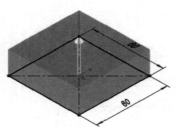

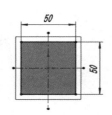

图 6-43　拉伸凸台　　　　　　　　图 6-44　绘制草图

（5）单击【特征】工具栏上的【拉伸切除】按钮 ，出现【切除-拉伸】属性管理器。

① 在【方向 1】组，从【终止条件】列表中选择【给定深度】选项。

② 在【深度】文本框输入 16.00mm。

如图 6-45 所示，单击【确定】按钮。

（6）单击【特征】工具栏上的【圆角】按钮 ，出现【圆角】属性管理器。

① 在【圆角类型】组，单击选中【等半径】单选按钮。

② 激活【边线、面、特征和环】列表，在图形区选择需倒角的边。

③ 选中【多半径圆角】复选框。

④ 在图形区单击半径文本框，输入相应半径。

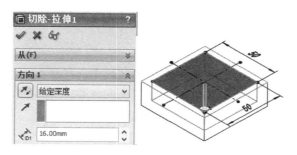

图 6-45　切除

如图 6-46 所示,单击【确定】按钮▣,生成圆角。

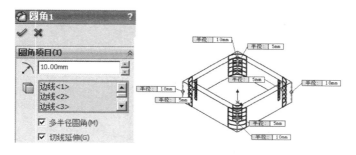

图 6-46　倒圆角

步骤二:拔模。

(1) 单击【特征】工具栏上的【拔模】按钮 ▣,出现【拔模】属性管理器。

① 在【拔模类型】组,单击选中【中性面】单选按钮。

② 在【拔模角度】组,【拔模角度】文本框输入 8.00 度。

③ 在【中性面】组,激活【中性面】列表,在图形区域中选择上表面为中性面,确定拔模方向。

④ 在【拔模面】组,激活【拔模面】列表,在图形区选择腔体内表面为拔模面。

如图 6-47 所示,单击【确定】按钮▣,生成拔模。

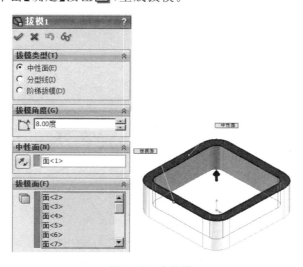

图 6-47　内拔模

（2）单击【特征】工具栏上的【拔模】按钮 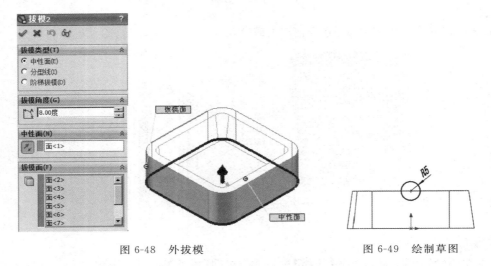，出现【拔模】属性管理器。

① 在【拔模类型】组，单击选中【中性面】单选按钮。

② 在【拔模角度】组，【拔模角度】文本框输入 8.00 度。

③ 在【中性面】组，激活【中性面】列表，在图形区域中选择底面为中性面，确定拔模方向。

④ 在【拔模面】组，激活【拔模面】列表，在图形区选择腔体外表面为拔模面。

如图 6-48 所示，单击【确定】按钮 ，生成拔模。

步骤三：切口。

（1）在前视基准面绘制草图，如图 6-49 所示。

图 6-48　外拔模　　　　　　　　　　　图 6-49　绘制草图

（2）单击【特征】工具栏上的【拉伸切除】按钮 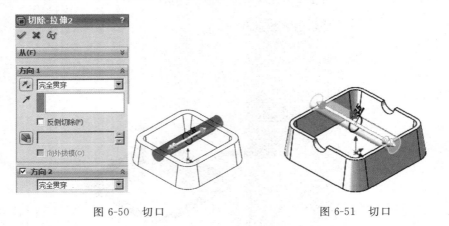，出现【切除-拉伸】属性管理器。

① 在【方向 1】组，从【终止条件】列表中选择【完全贯通】选项。

② 选中【方向 2】复选框，从【终止条件】列表中选择【完全贯通】选项。

如图 6-50 所示，单击【确定】按钮。

（3）同样方法切另一组口，如图 6-51 所示。

图 6-50　切口　　　　　　　　　　　图 6-51　切口

步骤四：倒圆角。

（1）单击【特征】工具栏上的【圆角】按钮 ，出现【圆角】属性管理器。

① 在【圆角类型】组，单击选中【等半径】单选按钮。

② 在【圆角项目】组，在【半径】文本框输入 5.00mm。

③ 激活【边线、面、特征和环】列表框，在图形区选择倒圆角的边线。

④ 选中【切线延伸】复选框。

如图 6-52 所示，单击【确定】按钮 ，生成圆角。

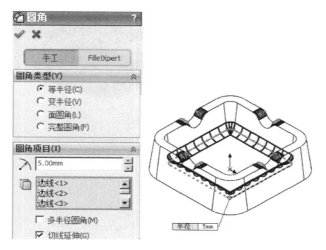

图 6-52 倒圆角

（2）单击【特征】工具栏上的【圆角】按钮 ，出现【圆角】属性管理器。

① 在【圆角类型】组，单击选中【完整圆角】单选按钮。

② 在【圆角项目】组，激活【面组 1】列表，在图形区选择内壁。

③ 激活【中央面组】列表，在图形区选择上面。

④ 激活【面组 2】列表，在图形区选择外面。

如图 6-53 所示，单击【确定】按钮 ，生成圆角。

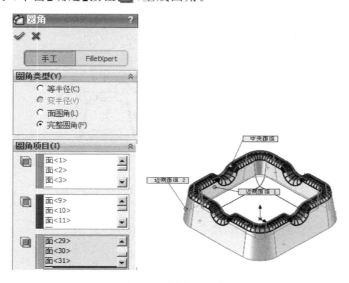

图 6-53 倒完整圆角

步骤五：抽壳。

单击【特征】工具栏上的【抽壳】按钮，出现【抽壳】属性管理器。

① 在【厚度】文本框输入 1.00mm。

② 激活【移除面】列表，在图形区选择开放面。

如图 6-54 所示，单击【确定】按钮，生成壳。

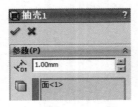

图 6-54　抽壳

步骤六：存盘。

选择【文件】|【保存】命令，保存文件。

**3．步骤点评**

（1）对于步骤三：关于拔模角度。

拔模角度垂直于中性面进行测量。

（2）对于步骤三：关于拔模方向。

中性面为用来决定拔模方向的基准面或面。所选基准面的 $Z$ 轴方向是零件从模具弹出的方向。

（3）对于步骤五：关于抽壳。

抽壳前对边缘加入圆角而且圆角半径大于壁厚，零件抽壳后形成的内圆角就会自动形成圆角，内壁圆角的半径等于圆角半径减去壁厚。利用这个优势可省去烦琐的零件内部创建圆角的工作。

**注意**：如果壁厚大于圆角半径，内圆角将会是尖角。

### 6.3.4　随堂练习

运用拔模、抽壳特征建立如图 6-55 所示的模型。

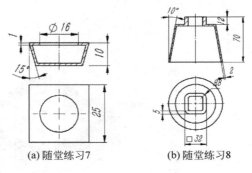

(a) 随堂练习7　　　　(b) 随堂练习8

图 6-55　随堂练习图

# 6.4 创建简单孔与异型孔

本节知识点：
（1）创建简单孔的方法；
（2）创建异型孔的方法。

## 6.4.1 简单直孔

简单直孔可在模型上生成各种类型的孔特征。在平面上放置孔并设定深度，可以通过以后标注尺寸来指定它的位置。

建议：

一般最好在设计阶段将结束时生成孔。这样可以避免因疏忽而将材料添加到现有的孔内。此外，如果准备生成不需要其他参数的简单直孔，应使用简单直孔。

## 6.4.2 异型孔向导

异型孔向导可以按照不同的标准快速建立各种复杂的异型孔，如柱形沉头孔、锥形沉头孔、螺纹孔或管螺纹孔等。

可使用异形孔向导生成基准面上的孔，以及在平面和非平面上生成孔。平面上的孔可生成一个与特征成一角度的孔。

## 6.4.3 简单孔与异型孔应用实例

建立如图 6-56 所示的支座模型。

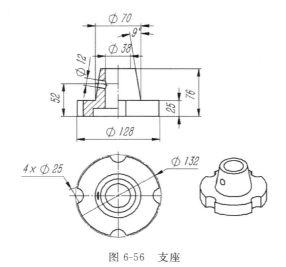

图 6-56 支座

**1. 关于本零件设计理念的考虑**

（1）零件拔模角度为 9°。

（2）$\phi$25mm 孔圆周均布。

建模步骤见图 6-57。

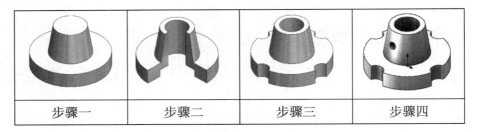

| 步骤一 | 步骤二 | 步骤三 | 步骤四 |

图 6-57　建模步骤

**2. 操作步骤**

步骤一：新建文件，创建毛坯。

（1）新建文件"支座. sldprt"。

（2）在上视基准面绘制草图，如图 6-58 所示。

（3）单击【特征】工具栏上的【拉伸凸台/基体】按钮 ，出现【凸台-拉伸】属性管理器。

① 在【方向 1】组，从【终止条件】列表中选择【给定深度】选项。

② 在【深度】文本框输入 25.00mm。

如图 6-59 所示，单击【确定】按钮 。

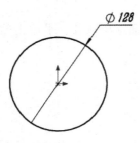

图 6-58　绘制草图　　　　　　　　　　　　图 6-59　拉伸凸台

（4）在上表面绘制草图，如图 6-60 所示。

（5）单击【特征】工具栏上的【拉伸凸台/基体】按钮 ，出现【凸台-拉伸】属性管理器。

① 在【方向 1】组，从【终止条件】列表中选择【给定深度】选项。

② 在【深度】文本框输入 51.00mm。

③ 打开【拔模开关】，在【拔模角度】文本框输入 9.00 度。

如图 6-61 所示，单击【确定】按钮 。

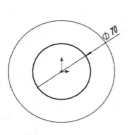

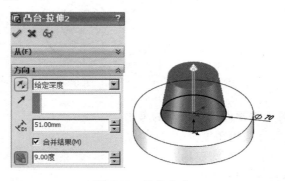

图 6-60　绘制草图　　　　　　　　　　　　图 6-61　拉伸凸台

步骤二：打异形孔。

（1）单击【特征】工具栏上的【异形孔向导】按钮 🔘，出现【异形孔向导】属性管理器，打开【类型】选项卡。

① 在【孔类型】组，单击【柱形沉头孔】按钮。

② 在【标准】列表中选择 Gb 选项。

③ 在【类型】列表中选择【六角头螺栓 C 级 GB/T 5780】选项。

④ 在【孔规格】组，在【大小】列表中选择 M36 选项。

⑤ 在【配合】列表中选择【正常】选项。

⑥ 单击选中【显示自定义大小】复选按钮。

⑦ 在【通孔直径】文本框输入 38.000mm。

⑧ 在【柱形沉头孔直径】文本框输入 76.000mm。

⑨ 在【柱形沉头孔深度】文本框输入 12.500mm。

如图 6-62 所示。

（2）打开【位置】选项卡，在支座底面设定孔的圆心位置，如图 6-63 所示。

（3）在 FeatureManager 设计树中展开刚建立的孔特征，选中【3D 草图】在快捷工具栏中单击【编辑草图】按钮 ✎，进入【草图】环境，设定孔的圆心位置，如图 6-64 所示，单击【结束草图】按钮 ↪，退出【草图】环境。

步骤三：打简单孔。

（1）选择【插入】|【特征】|【孔】|【简单孔】命令，出现【孔】对话框。

图 6-62　【异形孔向导】应用

图 6-63　确定孔位置

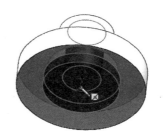

图 6-64　孔定位

① 在支座表面为孔中心选择一位置，如图 6-65 所示。

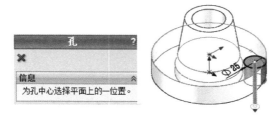

图 6-65　为孔中心选择一位置

② 在【方向 1】组，从【终止条件】列表中选择【完全贯穿】选项。

③ 在【孔直径】文本框输入 25.00mm。

如图 6-66 所示，单击【确定】按钮☑，建立孔特征。

④ 在 FeatureManager 设计树中单击刚建立的孔特征，在快捷工具栏中单击【编辑草图】按钮，进入【草图】环境，设定孔的圆心位置，如图 6-67 所示，单击【结束草图】按钮，退出【草图】环境。

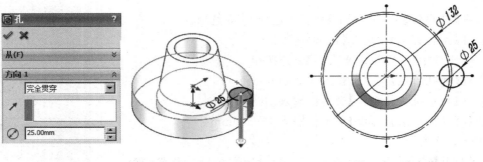

图 6-66　建立孔特征　　　　　　　　　　　　图 6-67　孔定位

(2) 单击【特征】工具栏上的【圆周阵列】按钮，出现【圆周阵列】属性管理器。

① 在【参数】组，激活【阵列轴】列表，在图形区选择外圆面。

② 在【实例】文本框输入 4。

③ 选中【等间距】复选框。

④ 在【要阵列的特征】组，激活【要阵列的特征】列表，在 FeatureManager 设计树中选择【孔 1】，如图 6-68 所示，单击【确定】按钮☑。

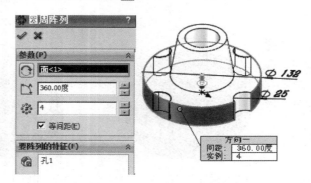

图 6-68　圆周阵列孔

步骤四：打侧孔。

(1) 单击【参考几何体】工具栏上的【基准面】按钮，出现【基准面】属性管理器。

① 在【第一参考】组，激活【第一参考】，在图形区选择上表面。

② 在【偏移距离】文本框输入 52.00mm。

如图 6-69 所示，建立基准面 1。

(2) 单击【特征】工具栏上的【异形孔向导】按钮，出现【异形孔向导】属性管理器，打开【类型】选项卡。

① 在【孔类型】组，单击【孔】按钮。

② 在【标准】列表中选择 Gb 选项。

③ 在【类型】列表中选择【螺纹钻孔】选项。

④ 在【孔规格】组，在【大小】列表中选择 M8 选项。

⑤ 单击选中【显示自定义大小】复选按钮，在【直径】文本框输入 12.000mm。

⑥ 在【终止条件】组，从【终止条件】列表中选择【成形到下一面】选项。

如图 6-70 所示。

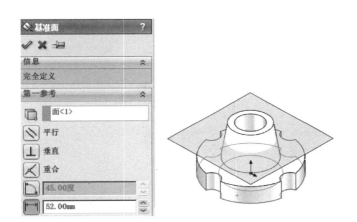

图 6-69　建立基准面　　　　　　　　　　图 6-70　【异形孔向导】应用

（3）打开【位置】选项卡，在支座侧面设定孔的圆心位置，如图 6-71 所示。

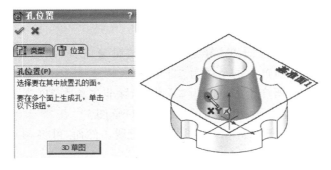

图 6-71　在支座侧面设定孔的圆心位置

（4）在 FeatureManager 设计树中展开刚建立的孔特征，选中【3D 草图】，在快捷工具栏中单击【编辑草图】按钮 ，进入【草图】环境。

① 单击【添加几何关系】按钮 ┴ ,激活【所选实体】列表,选择圆心点与基准面 1,单击【在平面上】按钮 ◈ ,如图 6-72 所示,单击【确定】按钮 ✅ 。

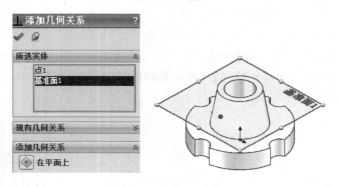

图 6-72　定位圆心点

② 单击【添加几何关系】按钮 ┴ ,激活【所选实体】列表,选择圆心点与右视基准面,单击【平面上关系】按钮 ◈ ,如图 6-73 所示,单击【确定】按钮 ✅ 。

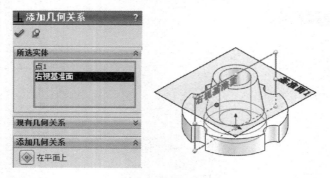

图 6-73　定位圆心点

③ 单击【结束草图】按钮 ⤾ ,退出【草图】环境。

步骤五:存盘。

选择【文件】|【保存】命令,保存文件。

**3. 步骤点评**

对于步骤二和步骤四:关于异形孔定位。

(1) 可在单击【特征】工具栏上的【异型孔向导】按钮 ⌖ 之前(预选)或之后(后选)选取面。

(2) 如果预选了平面,所产生的草图为 2D 草图。

(3) 如果后选了平面,所产生的草图为 2D 草图,除非先单击 3D 草图。

(4) 如果预选或后选非平面,所产生的草图是 3D 草图。

(5) 与 2D 草图不一样,不能将 3D 草图约束到直线。然而,可将 3D 草图约束到面。

### 6.4.5　随堂练习

运用孔特征建立如图 6-74 所示的模型。

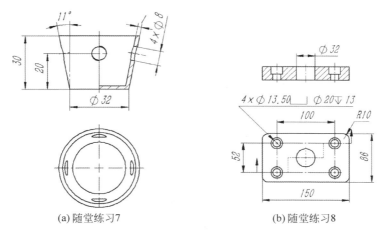

(a) 随堂练习7　　　　　　　　　(b) 随堂练习8

图 6-74　随堂练习图

# 6.5　创建筋

本节知识点：

创建筋的方法。

## 6.5.1　筋

所谓筋即指在零件上增加强度的部分。生成筋特征前，必须先绘制一个与零件相交的草图，该草图既可以是开环的也可以是闭环的。

生成筋特征：

（1）在与基体零件基准面等距的基准面上生成一个草图。

（2）单击【特征】工具栏上的【筋】按钮，出现【筋】属性管理器。

（3）在【筋】属性管理器中，设定属性管理器选项。

（4）单击【确定】按钮，生成筋。

**1. 筋的厚度方向**

筋的厚度方向有三种形式，分别为第一边、两侧和第二边，如图 6-75 所示。

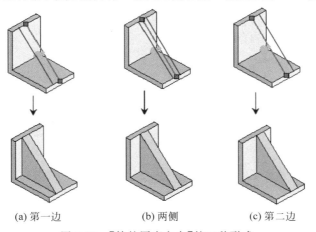

(a) 第一边　　　　　(b) 两侧　　　　　(c) 第二边

图 6-75　【筋的厚度方向】的三种形式

**2. 筋拉伸方向**

筋的拉伸方向可以分为平行于草图及垂直于草图两种，如图 6-76 所示。

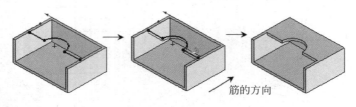

筋的方向

(a) 筋的拉伸方向平行于草图

筋的方向

(b) 筋的拉伸方向垂直于草图

图 6-76　【筋的拉伸方向】的两种形式

**3. 筋的延伸方向**

当筋沿草图的垂直方向拉伸时，如果草图未完全与实体边线接触，系统会自动将草图延伸至实体边。

（1）线性，如图 6-77 所示。

单击【特征】工具栏上的【筋】按钮，出现【筋】属性管理器。

① 在【参数】组，设置【筋的厚度方向】为【两侧】。

② 在【筋厚度】文本框输入 2.00mm。

③ 设置【拉伸方向】为【垂直于草图】。

④ 选择【类型】为【线性】。

（2）自然，如图 6-78 所示。

单击【特征】工具栏上的【筋】按钮，出现【筋】属性管理器。

① 在【参数】组，设置【筋的厚度方向】为【两侧】。

② 在【筋厚度】文本框输入 2.00mm。

③ 设置【拉伸方向】为【垂直于草图】。

④ 选择【类型】为【自然】。

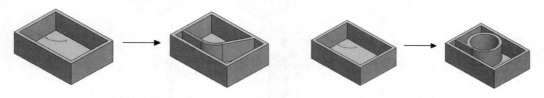

图 6-77　线性延伸　　　　　　　　　　　　图 6-78　自然延伸

## 6.5.2　筋应用实例

建立如图 6-79 所示的底座模型。

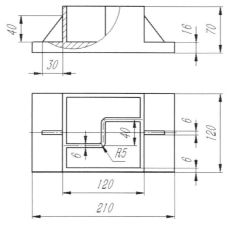

图 6-79　底座

## 1．关于本零件设计理念的考虑

（1）零件成对称。

（2）上端面采用面圆角。

（3）采用抽壳，壳体厚度为 1mm。

建模步骤见图 6-80。

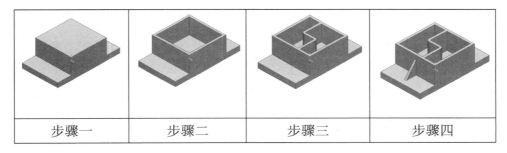

| 步骤一 | 步骤二 | 步骤三 | 步骤四 |
| --- | --- | --- | --- |

图 6-80　建模步骤

## 2．操作步骤

步骤一：新建文件，创建毛坯。

（1）新建文件"底座.sldprt"。

（2）在前视基准面绘制草图，如图 6-81 所示。

（3）单击【特征】工具栏上的【拉伸凸台/基体】按钮 ，出现【凸台-拉伸】属性管理器。

　① 在【方向 1】组，从【终止条件】列表中选择【给定深度】选项。

　② 在【深度】文本框输入 16.00mm。

如图 6-82 所示，单击【确定】按钮 。

（4）在底面绘制草图，如图 6-83 所示。

（5）单击【特征】工具栏上的【拉伸凸台/基体】按钮 ，出现【凸台-拉伸】属性管理器。

　① 在【方向 1】组，从【终止条件】列表中选择【给定深度】选项。

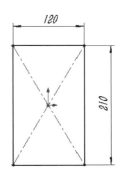

图 6-81　绘制草图

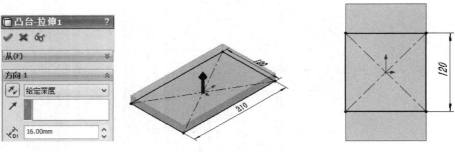

图 6-82　拉伸凸台　　　　　　　　　　　　　图 6-83　绘制草图

② 在【深度】文本框输入 70.00mm。

如图 6-84 所示，单击【确定】按钮 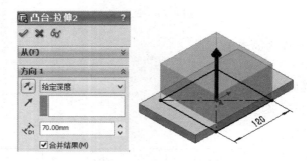。

图 6-84　拉伸凸台

**步骤二：抽壳。**

单击【特征】工具栏上的【抽壳】按钮 ，出现【抽壳】属性管理器。

① 在【参数】组，在【厚度】文本框输入 6.00mm。

② 激活【移除面】列表框，在图形区选择上表面作为开放面。

③ 在【多厚度设定】组，在【多厚度】文本框输入 16.00mm。

④ 激活【多厚度面】列表，在图形区选择底面。

如图 6-85 所示，单击【确定】按钮 ，创建多厚度实体生成壳。

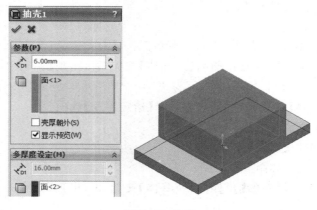

图 6-85　抽壳

步骤三：建立筋板。

（1）在上表面绘制草图，如图 6-86 所示。

（2）单击【特征】工具栏上的【筋】按钮，出现【筋】属性管理器。

① 在【参数】组，设置【筋的厚度方向】为【两侧】。

② 在【筋厚度】文本框输入 6.00mm。

③ 设置【拉伸方向】为【垂直于草图】。

④ 选择【类型】为【自然】。

如图 6-87 所示，单击【确定】按钮。

（3）在右视基准面绘制草图，如图 6-88 所示。

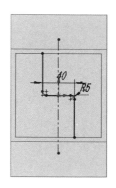

图 6-86　绘制草图

图 6-87　创建筋

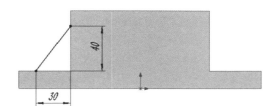

图 6-88　绘制草图

（4）单击【特征】工具栏上的【筋】按钮，出现【筋】属性管理器。

① 在【参数】组，设置【筋的厚度方向】为【两侧】。

② 在【筋厚度】文本框输入 6.00mm。

③ 设置【拉伸方向】为【平行于草图】。

④ 选择【类型】为【自然】。

如图 6-89 所示，单击【确定】按钮。

步骤四：建立镜向。

单击【特征】工具栏上的【镜向】按钮，出现【镜向】属性管理器。

① 在【镜向面/基准面】组，激活【镜向面/基准面】列表，选择【前视基准面】。

② 在【要镜向的特征】组，激活【要镜向的特征】列表，在图形区选择【筋 2】。

如图 6-90 所示，单击【确定】按钮。

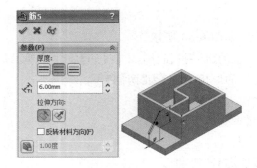

图 6-89　创建筋

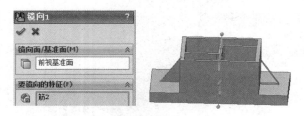

图 6-90　镜向筋

步骤五：存盘。

选择【文件】|【保存】命令,保存文件。

### 3. 步骤点评

对于步骤三：关于筋的草图。

筋的草图可以简单,也可以复杂;既可以简单到只有一条直线来形成筋的中心,也可以复杂到详细描述筋的外形轮廓。根据所绘制筋草图的不同,所创建的筋特征既可以垂直于草图平面,也可以平行于草图平面拉伸。

## 6.5.3　随堂练习

运用筋特征建立如图 6-91 所示的模型。

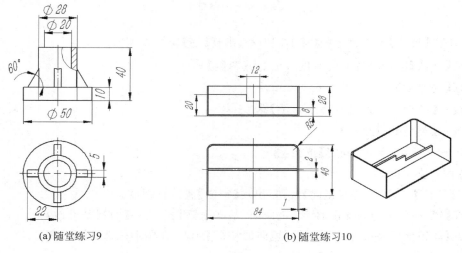

(a) 随堂练习9　　　　　　　　　　　　　(b) 随堂练习10

图 6-91　随堂练习图

# 6.6　包覆

本节知识点：
包覆的使用方法。

## 6.6.1　包覆概述

包覆特征的功能是将草图包覆到平面或非平面上。
生成包覆特征：
（1）在 FeatureManager 设计树中选取要包覆的草图。
（2）单击【特征】工具栏上的【包覆】按钮，出现【包覆】属性管理器。
（3）在【包覆】属性管理器中，设定属性管理器选项。
（4）单击【确定】按钮☑，生成包覆特征。
包覆的类型有三种：浮雕、蚀雕、刻划。
（1）浮雕：在面上生成一突起特征。
（2）蚀雕：在面上生成一缩进特征。
（3）刻划：在面上生成一草图轮廓印记。

## 6.6.2　包覆应用实例

设计如图 6-92 所示的柱形凸轮。

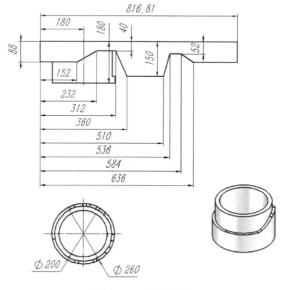

图 6-92　柱形凸轮

**1. 关于本零件设计理念的考虑**
（1）模型凸轮路径可以采用包覆命令实现。
（2）凸轮倒圆角 $R30\text{mm}$。

建模步骤见图 6-93。

**2. 操作步骤**

步骤一：新建文件，创建毛坯。

(1) 新建文件"圆柱凸轮.sldprt"。

(2) 在上视基准面绘制草图，如图 6-94 所示。

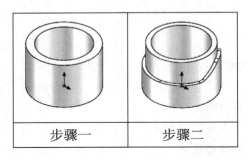

| 步骤一 | 步骤二 |
|---|---|

图 6-93　建模步骤

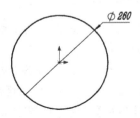

图 6-94　绘制草图

(3) 单击【特征】工具栏上的【拉伸凸台/基体】按钮，出现【凸台-拉伸】属性管理器。

① 在【方向 1】组，从【终止条件】列表中选择【给定深度】选项。

② 在【深度】文本框输入 180.00mm。

③ 选中【薄壁特征】复选框。

④ 从【类型】列表中选择【单向】选项。

⑤ 在【厚度】文本框输入 30.00mm。

如图 6-95 所示，单击【确定】按钮。

图 6-95　建立基体特征

步骤二：包覆建立凸轮。

(1) 在前视基准面绘制草图，如图 6-96 所示。

(2) 单击【包覆】按钮，出现【包覆】对话框。

① 在【包覆参数】组，单击选中【蚀雕】单选按钮。

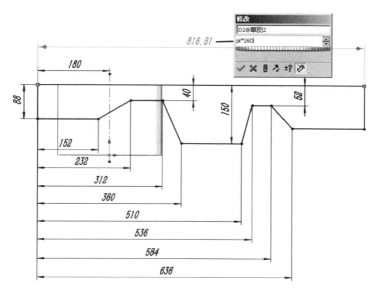

图 6-96 绘制草图

② 激活【包覆草图的面】列表,在图形区选择面。

③ 在【深度】文本框输入 12.00mm。

④ 在【源草图】组,激活【源草图】,在 FeatureManager 设计树中选择草图 2。

如图 6-97 所示,单击【确定】 按钮。

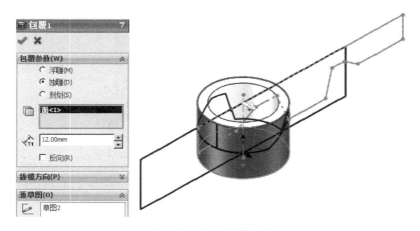

图 6-97 建立包覆特征

(3) 单击【圆角】按钮 ,出现【圆角】对话框。

① 在【圆角类型】组,单击选中【等半径】单选按钮。

② 在【圆角项目】组,在【半径】文本框输入 30.00mm。

③ 激活【边线、面、特征和环】列表,在图形区选择要倒角的边线。

如图 6-98 所示,单击【确定】按钮 。

步骤三:存盘。

选择【文件】|【保存】命令,保存文件。

图 6-98    倒圆角

**3. 步骤点评**

对于步骤二：关于草图尺寸。

尺寸 pi * 260 为圆周的周长，其中 pi 代表圆周率，* 为乘号。

### 6.6.3    随堂练习

运用包覆特征建立如图 6-99 所示的模型。

(a) 随堂练习11            (b) 随堂练习12

图 6-99    随堂练习图

## 6.7    创建阵列与镜向

本节知识点：

(1) 创建阵列的方法；

(2) 创建镜向的方法。

### 6.7.1    线性阵列

生成线性阵列特征：

(1) 单击【特征】工具栏上的【线性阵列】按钮，出现【线性阵列】属性管理器。

（2）在【线性阵列】属性管理器中，设定属性管理器选项。

（3）单击【确定】按钮✅，生成包覆特征。

**1. 剔除阵列实例**

单击【特征】工具栏上的【线性阵列】按钮▦，出现【线性阵列】属性管理器。

① 在【方向 1】组，激活【阵列方向＜边线 1＞】列表，在图形区选择水平边线为方向 1。

② 在【间距】文本框输入 18.00mm。

③ 在【实例】文本框输入 3。

④ 在【方向 2】组，激活【阵列方向＜边线 2＞】列表，在图形区选择竖直边线为方向 1。

⑤ 在【间距】文本框输入 24.00mm。

⑥ 在【实例】文本框输入 4。

⑦ 在【要阵列的特征】组，激活【要阵列的特征】列表，在 FeatureManager 设计树中选择【切除-拉伸 1】。

⑧ 在【可跳过的实例】组，激活【可跳过的实例】列表，在图形区选择要跳过的实例(3,3)。

如图 6-100 所示，单击【确定】按钮✅。

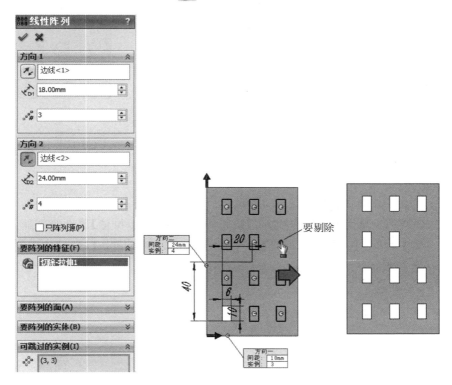

图 6-100　剔除阵列实例

**2. 只阵列源**

单击【特征】工具栏上的【线性阵列】按钮▦，出现【线性阵列】属性管理器。

① 在【方向 1】组，激活【阵列方向＜边线 1＞】列表，在图形区选择水平边线为方向 1。

② 在【间距】文本框输入 18.00mm。

③ 在【实例】文本框输入 3。

④ 在【方向 2】组,激活【阵列方向<边线 2>】列表,在图形区选择竖直边线为方向 1。

⑤ 在【间距】文本框输入 24.00mm。

⑥ 在【实例】文本框输入 4。

⑦ 在【要阵列的特征】组,激活【要阵列的特征】列表,在 FeatureManager 设计树中选择【切除-拉伸 1】。

⑧ 选中【只阵列源】复选框。

如图 6-101 所示,单击【确定】按钮 ✔ 。

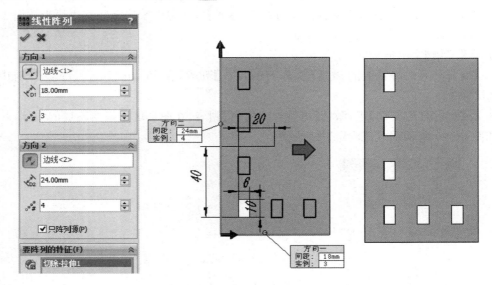

图 6-101　只阵列源

### 3. 随形变化

(1) 在上表面绘制草图,如图 6-102 所示。

(2) 单击【特征】工具栏上的【拉伸切除】按钮 🔳,出现【切除-拉伸】属性管理器,在【方向 1】组,在【终止条件】列表中选择【完全贯穿】选项,如图 6-103 所示,单击【确定】按钮 ✔ 。

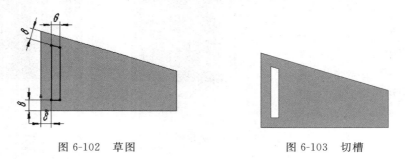

图 6-102　草图　　　　　　　　　图 6-103　切槽

(3) 单击【特征】工具栏上的【线性阵列】按钮 🔡,出现【线性阵列】属性管理器。

① 在【方向 1】组,激活【阵列方向<边线 1>】列表,在图形区选择水平边线为方向 1。

② 在【间距】文本框输入 18.00mm。

③ 在【实例】文本框输入 5。

④ 在【要阵列的特征】组,激活【要阵列的特征】列表,在 FeatureManager 设计树中选择

【切除-拉伸 1】。

　　⑤ 在【选项】组，选中【随形变化】复选框。

　　如图 6-104 所示，单击【确定】按钮 ✅ 。

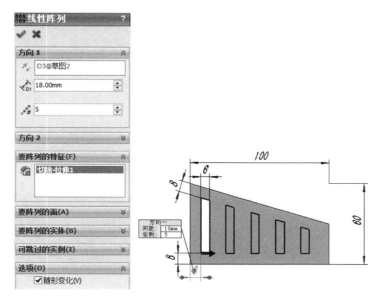

图 6-104　随形变化

#### 4．几何体阵列

单击【特征】工具栏上的【线性阵列】按钮 ，出现【线性阵列】属性管理器。

　　① 在【方向 1】组，激活【阵列方向<边线 1>】列表，在图形区选择水平边线为方向 1。

　　② 在【间距】文本框输入 18.00mm。

　　③ 在【实例】文本框输入 5。

　　④ 在【要阵列的特征】组，激活【要阵列的特征】列表，在 FeatureManager 设计树中选择【凸台-拉伸 2】。

　　⑤ 在【选项】组，选中【几何体阵列】复选框。

　　⑥ 在【选项】组，取消选中【几何体阵列】复选框。

　　如图 6-105 所示，单击【确定】按钮 ✅ 。

## 6.7.2　表格驱动的阵列

　　生成表格驱动的阵列特征：

　　(1) 单击【参考几何体】工具栏上的【坐标系】按钮 ，出现【坐标系】属性管理器。

　　① 激活【原点】列表，在图形区选择原点。

　　② 激活【Z 轴方向参考】列表，在图形区选择 Z 轴方向，单击【反向】按钮。

　　结果如图 6-106 所示。

　　(2) 选择【插入】|【阵列/镜向】|【表格驱动的阵列】命令，出现【由表格驱动的阵列】对话框。

　　① 激活【坐标系】列表，在 FeatureManager 设计树中选择【坐标系 1】。

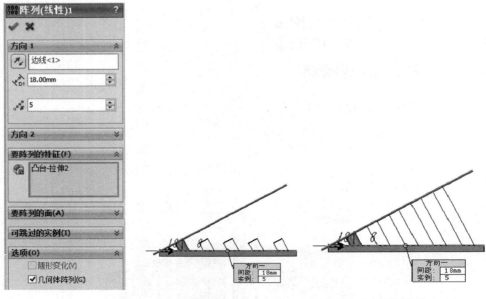

图 6-105　几何体阵列

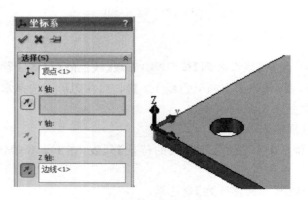

图 6-106　建立参考坐标系

② 激活【要复制的特征】列表,在 FeatureManager 设计树中选择【切除-拉伸 1】。

③ 然后按各个特征的顺序输入坐标值。

如图 6-107 所示,单击【确定】按钮 ☑,生成表格驱动的阵列。

### 6.7.3　由草图驱动的阵列

生成草图驱动的阵列特征:

选择【插入】|【阵列/镜向】|【草图驱动的阵列】命令,出现【由草图驱动的阵列】属性管理器。

① 在【选择】组,激活【参考草图】列表,在 FeatureManager 设计树中选择【草图 3】。

② 在【要阵列的特征】组,激活【要阵列的特征】列表,在 FeatureManager 设计树中选择【切除-拉伸 1】。

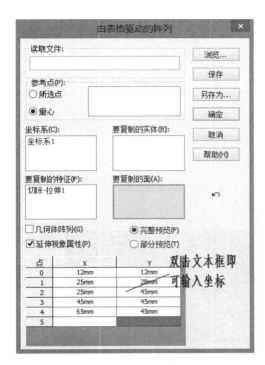

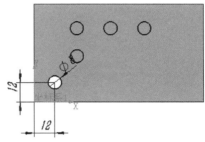

图 6-107 【由表格驱动的阵列】对话框

如图 6-108 所示，单击【确定】按钮 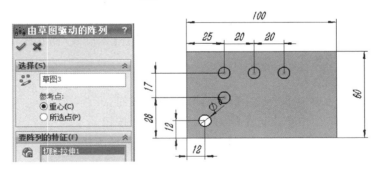。

图 6-108 由草图驱动的阵列

## 6.7.4 曲线驱动的阵列

生成曲线驱动的阵列特征：

（1）选择【插入】|【阵列/镜向】|【曲线驱动的阵列】命令，出现【曲线驱动的阵列】属性管理器。

① 在【方向 1】组，激活【阵列方向】列表，在图形区选择【样条曲线 1】。

② 在【实例】文本框输入 8。

③ 选中【等间距】复选框。

④ 在【曲线方法】选项中单击选中【转换曲线】单选按钮。

⑤ 在【对齐方法】选项中单击选中【与曲线相切】单选按钮。

⑥ 在【要阵列的特征】组，激活【要阵列的特征】列表，在 FeatureManager 设计树中选择【切除-拉伸 1】。

如图 6-109 所示，单击【确定】按钮，生成曲线驱动的阵列。

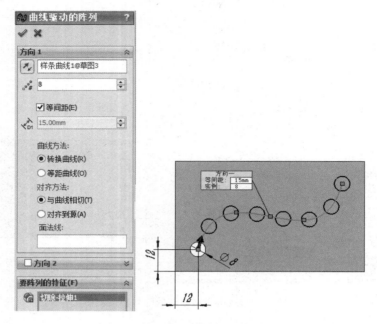

图 6-109 应用曲线驱动的阵列

（2）选择【插入】|【阵列/镜向】|【曲线驱动的阵列】命令，出现【曲线阵列】属性管理器。

① 在【方向 1】组，激活【阵列方向】列表，在图形区选择【螺旋线/涡状线 1】。

② 在【实例】文本框输入 8。

③ 选中【等间距】复选框。

④ 在【曲线方法】选项中单击选中【转换曲线】单选按钮。

⑤ 在【对齐方法】选项中单击选中【与曲线相切】单选按钮。

⑥ 激活【选择第三条曲线所在的面】列表，在图形区选择圆柱外表面。

⑦ 在【要阵列的特征】组，激活【要阵列的特征】列表，在 FeatureManager 设计树中选择【凸台-拉伸 2】。

如图 6-110 所示，单击【确定】按钮，生成曲线驱动的阵列。

### 6.7.5 镜向

镜向特征是指将一个或多个特征沿指定的平面复制，生成平面另一侧的特征。镜向所生成的特征是与源特征相关的，源特征的修改会影响到镜向的特征。

（1）镜向特征，如图 6-111 所示。

单击【特征】工具栏上的【镜向】按钮，出现【镜向】属性管理器。

① 在【镜向面/基准面】组，激活【镜向面/基准面】列表，选择"前端面"。

② 在【要镜向的特征】组，激活【要镜向的特征】列表，在 FeatureManager 设计树中选择【切除-拉伸 1】。

图 6-110　应用曲线驱动的阵列

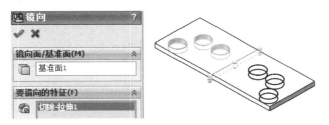

图 6-111　特征镜向

（2）镜向实体，如图 6-112 所示。

单击【特征】工具栏上的【镜向】按钮，出现【镜向】属性管理器。

① 在【镜向面/基准面】组，激活【镜向面/基准面】列表，选择"前端面"。

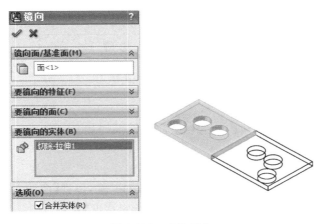

图 6-112　实体镜向

② 在【要镜向的特征】组，激活【要镜向的实体】列表，在 FeatureManager 设计树中选择【切除-拉伸 1】。

### 6.7.6 阵列与镜向应用实例

创建盖板，如图 6-113 所示。

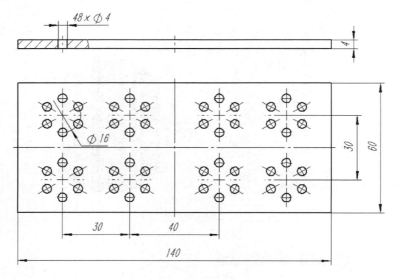

图 6-113 盖板

**1. 关于本零件设计理念的考虑**

(1) 零件成对称。

(2) 采用圆周阵列、线性阵列和镜像。

(3) 板厚 4mm，孔直径 4mm。

建模步骤见图 6-114。

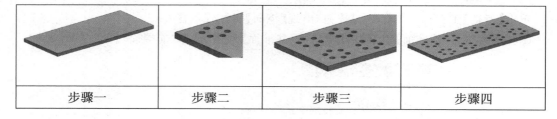

| 步骤一 | 步骤二 | 步骤三 | 步骤四 |

图 6-114 建模步骤

**2. 操作步骤**

步骤一：新建文件，创建毛坯。

(1) 新建文件"盖板.sldprt"。

(2) 在上视基准面绘制草图，如图 6-115 所示。

(3) 单击【特征】工具栏上的【拉伸凸台/基体】按钮 ，出现【凸台-拉伸】属性管理器。

① 在【方向 1】组，从【终止条件】列表中选择【给定深度】选项。

② 在【深度】文本框输入 4.00mm。

如图 6-116 所示,单击【确定】按钮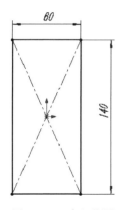。

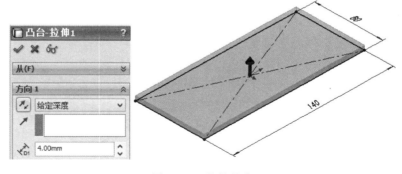

图 6-115 建立草图          图 6-116 拉伸凸台

步骤二:建立圆周阵列。

(1) 单击【参考几何体】工具栏上的【基准面】按钮,出现【基准面】属性管理器。

① 在【第一参考】组,激活【第一参考】,在图形区选择前表面。

② 在【偏移距离】文本框输入 15.00mm。

如图 6-117 所示,建立基准面 1。

图 6-117 建立基准面 1

(2) 单击【参考几何体】工具栏上的【基准面】按钮,出现【基准面】属性管理器。

① 在【第一参考】组,激活【第一参考】,在图形区选择前视基准面。

② 在【偏移距离】文本框输入 50.00mm。

如图 6-118 所示,建立基准面 2。

(3) 单击【参考几何体】工具栏上的【基准轴】按钮,出现【基准轴】属性管理器。

① 单击【两平面】。

② 选择基准面 1 和基准面 2。

如图 6-119 所示,建立基准轴。

(4) 选择【插入】|【特征】|【孔】|【简单孔】命令,出现【孔】对话框。

① 在图形区中选择盖板的上表面作为放置平面。

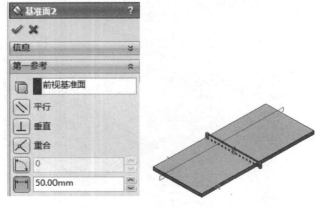

图 6-118　建立基准面 2

图 6-119　建立基准轴

② 在【方向 1】组，从【终止条件】列表中选择【完全贯穿】选项。

③ 在【直径】文本框输入 4.00mm，单击【确定】按钮 ✅。

④ 在 FeatureManager 设计树中单击刚建立的孔特征，从快捷工具栏中单击【编辑草图】按钮 ✏，进入【草图】环境，设定孔的圆心位置，如图 6-120 所示，单击【结束草图】按钮 ↩，退出【草图】环境。

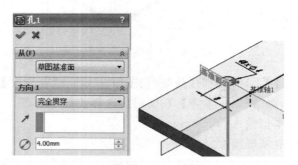

图 6-120　打孔

（5）单击【特征】工具栏上的【圆周阵列】按钮 ✿，出现【圆周阵列】属性管理器。

① 在【参数】组，激活【阵列轴】列表，在图形区选择基准轴。

② 在【实例】文本框输入 6。

③ 选中【等间距】复选框。

④ 在【要阵列的特征】组,激活【要阵列的特征】列表,在 FeatureManager 设计树中选择【孔 1】,如图 6-121 所示,单击【确定】按钮。

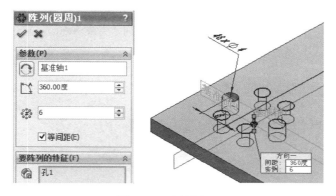

图 6-121　圆周阵列

步骤三：线性阵列。

单击【特征】工具栏上的【线性阵列】按钮，出现【线性阵列】属性管理器。

① 在【方向 1】组,激活【阵列方向＜边线 1＞】列表,在图形区选择水平边线为方向 1。

② 在【间距】文本框输入 30.00mm。

③ 在【实例】文本框输入 2。

④ 在【方向 2】组,激活【阵列方向＜边线 2＞】列表,在图形区选择竖直边线为方向 1。

⑤ 在【间距】文本框输入 30.00mm。

⑥ 在【实例】文本框输入 2。

⑦ 在【要阵列的特征】组,激活【要阵列的特征】列表,在 FeatureManager 设计树中选择【阵列(圆周)1】。

如图 6-122 所示,单击【确定】按钮。

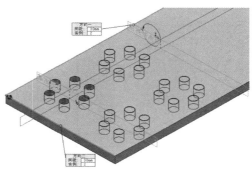

图 6-122　线性阵列

步骤四：镜向。

单击【特征】工具栏上的【镜向】按钮，出现【镜向】属性管理器。

① 在【镜向面/基准面】组，激活【镜向面】列表，在 FeatureManager 设计树中选择【前视基准面】。

② 在【要镜向的特征】组，激活【要镜向的特征】列表，在 FeatureManager 设计树中选择【阵列(线性)1】，如图 6-123 所示，单击【确定】按钮。

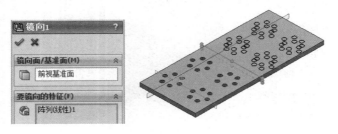

图 6-123　镜向

步骤五：存盘。

选择【文件】|【保存】命令，保存文件。

**3. 步骤点评**

（1）对于步骤二：关于圆周阵列的阵列轴。

对于圆周阵列的阵列轴，可以使用临时轴、基准轴、圆柱面和边线等。

（2）对于步骤三：关于线性阵列的阵列方向。

对于线性阵列的阵列方向，可以使用草图、基准轴、临时轴、模型边线等。

## 6.7.7　随堂练习

运用阵列特征建立如图 6-124 所示的模型。

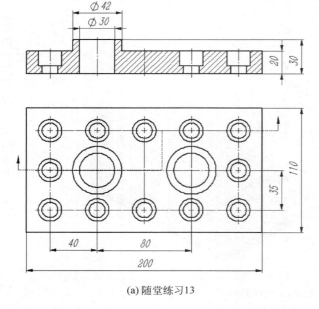

(a) 随堂练习13

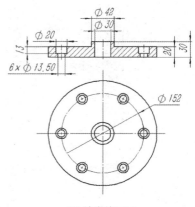

(b) 随堂练习14

图 6-124　随堂练习图

# 6.8 上机练习

建立如图 6-125 所示的模型。

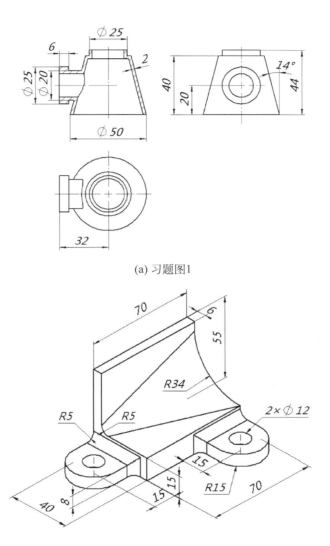

(a) 习题图1

(b) 习题图2

图 6-125 上机练习图

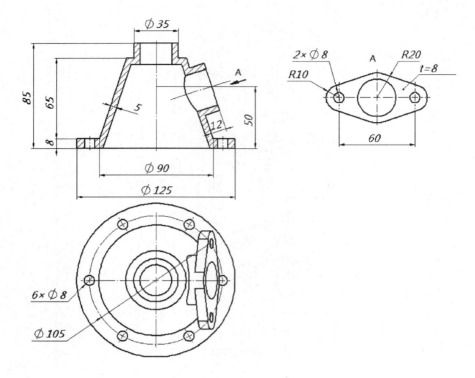

(c) 习题图3

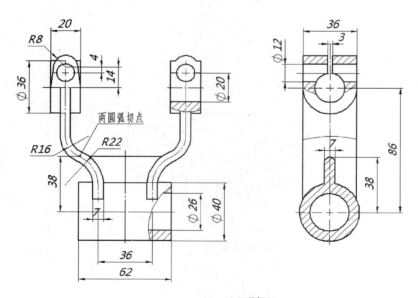

(d) 习题图4

图 6-125 （续）

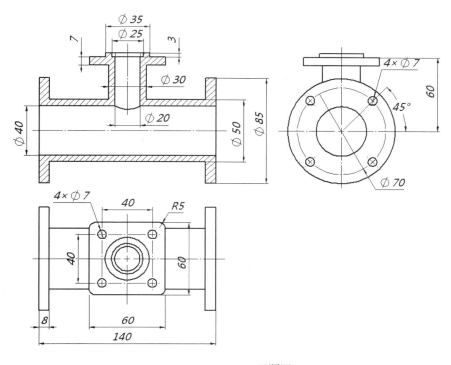

(e) 习题图5

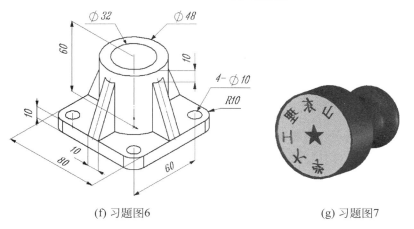

(f) 习题图6

(g) 习题图7

图 6-125 （续）

# 第**7**章

# 系列化零件设计

SolidWorks 不仅提供了强大的造型功能,而且提供了实用性很强的产品设计系列化功能,包括方程式和数值连接、配置、系列零件设计表等。通过方程式方式可以控制特征间的数据关系;通过配置可以在同一个文件中同时反映产品零件的多种特征构成和尺寸规格;采用 Excel 表格建立系列零件设计表方式能够反映零件的尺寸规格和特征构成,表中的实例将成为零件中的配置。

## 7.1  使用方程式

本节知识点:
(1) 修改尺寸名称;
(2) 建立方程式的方法。

### 7.1.1  方程式

很多时候需要在参数之间创建关联,可是这个关联却无法通过使用几何关系或常规的建模技术来实现。例如,可以使用方程式创建模型中尺寸之间的数学关系。

**1. 创建方程式的准备**
(1) 尺寸改名;
(2) 确定因变量与自变量的关系;
(3) 确定由哪个尺寸来驱动设计。

**2. 方程式形式**
SolidWorks 中方程式的形式为:因变量＝自变量。例如,在方程式 $A=B$ 中,系统由尺寸 $B$ 求解尺寸 $A$,用户可以直接编辑尺寸 $B$ 并进行修改。一旦方程式写好并用到模型中,就不能直接修改尺寸 $A$,系统只能按照方程式控制尺寸 $A$ 的值。

### 7.1.2  方程式应用实例

建立如图 7-1 所示的法兰。

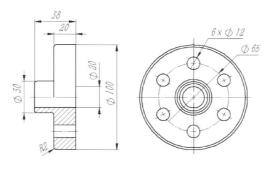

图 7-1　法兰

**1．关于本零件设计理念的考虑**

（1）阵列的孔等距分布。

（2）圆角为 $R6$。

（3）孔的中心线直径与法兰的外径和套筒的内径有以下数学关系：

阵列位于法兰的外径和套筒的内径中间，即 $\phi 65 = (\phi 100 + \phi 30)/2$。

（4）孔的数量与法兰的外径有以下数学关系：

孔阵列的实例数为圆环外径除以 16，然后取整，即 $6 = \mathrm{int}(100/16)$。

**2．操作步骤**

步骤一：新建文件，创建毛坯。

（1）新建文件"法兰.sldprt"。

（2）在上视基准面绘制草图，如图 7-2 所示。

（3）单击【特征】工具栏上的【拉伸凸台/基体】按钮 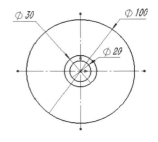，出现
【凸台-拉伸】属性管理器。

① 在【方向 1】组，从【终止条件】列表中选择【给定深度】选项。

② 在【深度】文本框输入 20.00mm。

③ 在【所选轮廓】组，激活【所选轮廓】列表，在图形区选择轮廓。

如图 7-3 所示，单击【确定】按钮 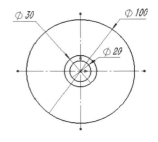。

图 7-2　建立草图

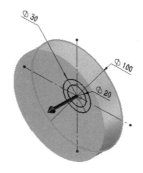

图 7-3　拉伸建模

（4）单击【特征】工具栏上的【拉伸凸台/基体】按钮 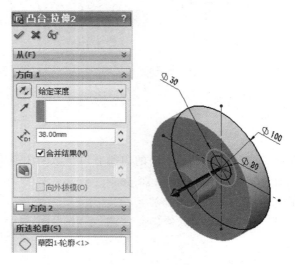，出现【凸台-拉伸】属性管理器。

① 在【方向 1】组，从【终止条件】列表中选择【给定深度】选项。

② 在【深度】文本框输入 38.00mm。

③ 在【所选轮廓】组，激活【所选轮廓】列表，在图形区选择轮廓。

如图 7-4 所示，单击【确定】按钮 。

图 7-4　拉伸建模

（5）单击【特征】工具栏上的【拉伸切除】按钮 ，出现【凸台-拉伸】属性管理器。

① 在【方向 1】组，从【终止条件】列表中选择【完全贯穿】选项。

② 在【所选轮廓】组，激活【所选轮廓】列表，在图形区选择轮廓。

如图 7-5 所示，单击【确定】按钮 。

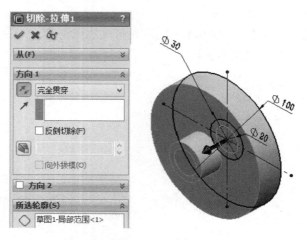

图 7-5　拉伸切除

（6）在上表面绘制草图，如图 7-6 所示。

（7）单击【特征】工具栏上的【拉伸切除】按钮 ，出现【凸台-拉伸】属性管理器，在【方向 1】组，从【终止条件】列表中选择【完全贯穿】选项，如图 7-7 所示，单击【确定】按钮 。

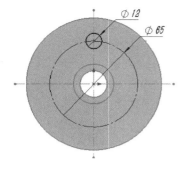

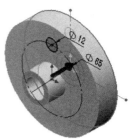

图 7-6　建立草图　　　　　　　　　　　　　图 7-7　拉伸切除

（8）单击【特征】工具栏上的【圆周阵列】按钮🎯，出现【圆周阵列】属性管理器。

① 在【参数】组，激活【阵列轴】列表，从图形区选择小圆柱外表面。

② 在【实例】文本框输入 6。

③ 选中【等间距】复选框。

④ 在【要阵列的特征】组，激活【要阵列的特征】列表，在 FeatureManager 设计树中选择【切除-拉伸 2】。

如图 7-8 所示，单击【确定】按钮✅。

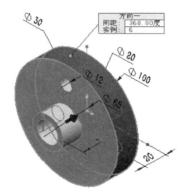

图 7-8　圆周阵列

（9）单击【特征】工具栏上的【圆角】按钮🔘，出现【圆角】属性管理器。

① 在【圆角类型】组，单击选中【等半径】单选按钮。

② 在【圆角项目】组，在【半径】文本框输入 2.0mm。

③ 激活【边线、面、特征和环】列表，在图形区选择需要的圆角边线。

如图 7-9 所示，单击【确定】按钮✅，生成圆角。

步骤二：修改尺寸名称。

（1）在 FeatureManager 设计树中右击【注解】，从快捷菜单中选择【显示注解】和【显示特征尺寸】命令，如图 7-10 所示。

（2）单击尺寸 $\phi100mm$，出现【尺寸】属性管理器，切换到【数值】选项卡，在【主要值】选项组中的名称栏中将名称改为 outD，如图 7-11 所示，单击【确定】按钮✅。

（3）单击尺寸 $\phi30mm$，出现【尺寸】属性管理器，切换到【数值】选项卡，在【主要值】组，在【名称】文本框将名称改为 inD，如图 7-12 所示，单击【确定】按钮✅。

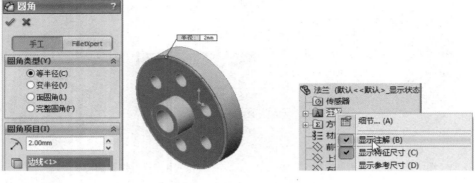

图 7-9   生成圆角               图 7-10   设置显示

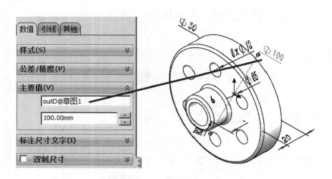

图 7-11   修改尺寸名称

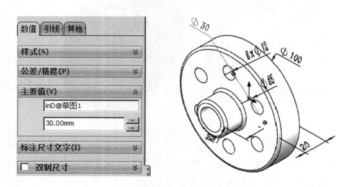

图 7-12   修改尺寸名称

（4）单击尺寸 $\phi$65mm，出现【尺寸】属性管理器，切换到【数值】选项卡，在【主要值】组，在【名称】文本框将名称改为 midD，如图 7-13 所示，单击【确定】按钮 ✓。

（5）单击实例数 6，出现【尺寸】属性管理器，切换到【数值】选项卡，在【主要值】组，在【名称】文本框将名称改为 n，如图 7-14 所示，单击【确定】按钮 ✓。

步骤三：建立方程式。

选择【工具】|【方程式】命令，出现【方程式、整体变量、及尺寸】对话框。

（1）激活【名称】列表，在图形区域单击 midD 尺寸，"midD@草图 2"被添加到列表。

（2）激活【数值/方程式】列表。

① 输入"＝("。

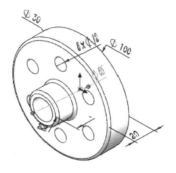

图 7-13 修改尺寸名称

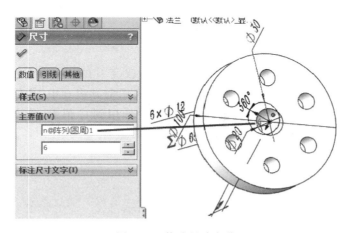

图 7-14 修改尺寸名称

② 在图形区域中单击 outD 尺寸,"outD@草图 1"被添加到列表。

③ 输入"+"。

④ 在图形区域中单击 inD 尺寸,"inD@草图 1"被添加到列表。

⑤ 输入")/2",如图 7-15 所示。

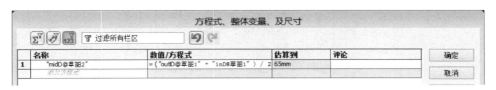

图 7-15 建立方程式 1

(3) 激活【名称】列表,在图形区域单击 n 尺寸,"n@阵列(圆周)1"被添加到列表。

(4) 激活【数值/方程式】列表。

① 输入"=int("。

② 在图形区域中单击 outD 尺寸,"outD@草图 1"被添加到列表。

③ 输入"/16)",如图 7-16 所示。

(5) 单击【确定】按钮,完成方程式添加。

步骤四:存盘。

选择【文件】|【保存】命令,保存文件。

| | 名称 | 数值/方程式 | 估算到 | 评论 |
|---|---|---|---|---|
| 1 | "midD@草图2" | = ( "outD@草图1" + "inD@草图1" ) / 2 | 65mm | |
| 2 | "n@阵列(圆周)1" | = int ( "outD@草图1" / 16 ) | 6 | |

图 7-16    建立方程式 2

**3. 步骤点评**

（1）对于步骤二：关于尺寸名称。

系统为尺寸创建的默认名称含义模糊，为了便于其他设计人员更容易理解方程式并知道方程式控制的是什么参数，用户应该把尺寸改为更有逻辑并容易明白的名字。

尺寸名称组成由名称@草图名或名称@特征名，其中名称可以改变。

（2）对于步骤三：关于方程式的编写顺序。

方程式是根据它们在列表中的先后顺序求解的。

列出三个方程式：$A=B$、$C=D$、$D=B/2$，来看看改变 $B$ 的值会发生什么变化。首先系统会算出一个新的 $A$ 值，第二个方程式没有变化。在第三个方程式中，$B$ 值的变化会产生一个新的 $D$ 值，然而只有到底二次重建时，新的 $D$ 值才会作用到 $C$ 值上，将方程式重新排列就能解决这个问题。正确的顺序是：$A=B$、$D=B/2$、$C=D$。

## 7.1.3    随堂练习

建立如图 7-17 所示的垫板。

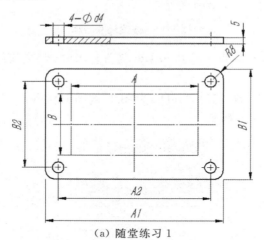

（a）随堂练习 1

| $A$ | 100,120,150,180,200 |
|---|---|
| $A1$ | $A1=A+(G\sim6)d4$ |
| $A2$ | $A2=(A+A1)/2$ |
| $B$ | 50,60,75,90,100 |
| $B1$ | $B1+B+(5\sim6)d4$ |
| $B2$ | $B2=(B+B1)/2$ |
| $d4$ | $d4=(M6\sim M8)$ |

（b）随堂练习 2

图 7-17    随堂练习

## 7.2　配置

本节知识点：
（1）配置的概念；
（2）特征压缩。

### 7.2.1　配置概述

配置可以在单一的文件中对零件或装配体生成多个设计变化。配置提供了简便的方法来开发与管理一组有着不同尺寸、零部件或其他参数的模型。要生成一个配置，先指定名称与属性，然后再根据需要来修改模型以生成不同的设计变化。

配置的应用：

（1）在零件文件中，配置可以生成具有不同尺寸、特征和属性（包括自定义属性）的零件系列。

（2）在装配体文件中，配置可以通过压缩零部件来生成简化的设计。使用不同的零部件配置、不同的装配体特征参数、不同的尺寸或配置特定的自定义属性来生成装配体系列。

（3）在工程图文档中，可以显示在零件和装配体文档中所生成的配置的视图。

用户可以手动建立配置，或者使用系列零件设计表同时建立多个配置。系列零件设计表提供了一种简便的方法，可在简单易用的工作表中建立和管理配置。该方法可以在零件和装配体文件中使用系列零件设计表，而且可以在工程图中显示系列零件设计表。

### 7.2.2　配置应用实例

建立如图 7-18 所示的紧定螺钉。

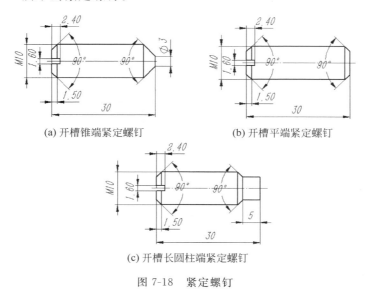

(a) 开槽锥端紧定螺钉　　　　　　(b) 开槽平端紧定螺钉

(c) 开槽长圆柱端紧定螺钉

图 7-18　紧定螺钉

**1. 关于本零件设计理念的考虑**

（1）建立紧定螺钉模型，修改默认配置为开槽长圆柱端紧定螺钉配置。

（2）建立开槽锥端紧定螺钉配置，修改尺寸配置、压缩特征配置。

（3）建立开槽锥端紧定螺钉，修改尺寸配置。

**2. 操作步骤**

步骤一：新建文件，创建毛坯。

新建文件"紧定螺钉.sldprt"。

步骤二：建立开槽长圆柱端紧定螺钉配置。

（1）打开【配置管理器】，右击【默认】，选择【属性】命令，如图 7-19 所示。

（2）出现【配置属性】属性管理器，在【配置名称】文本框输入"开槽长圆柱端紧定螺钉"，在【说明】文本框输入 GB75，如图 7-20 所示，单击【确定】按钮✓。

（3）打开设计树，在上视基准面绘制草图，如图 7-21 所示。

  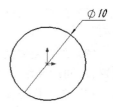

图 7-19　修改默认配置属性　　图 7-20　修改默认配置为开槽锥端　　图 7-21　建立草图
紧定螺钉配置

（4）单击【特征】工具栏上的【拉伸凸台/基体】按钮，出现【凸台-拉伸】属性管理器。

① 在【方向 1】组，从【终止条件】列表中选择【给定深度】选项。

② 在【深度】文本框输入 25.00mm。

如图 7-22 所示，单击【确定】按钮✓。

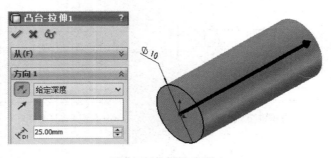

图 7-22　拉伸建模

（5）单击【特征】工具栏上的【倒角】按钮，出现【倒角】属性管理器。

① 激活【边线、面或顶点】列表，在图形区选择实体的边线。

② 单击选中【角度距离】单选按钮。

③ 在【距离】文本框输入 1.50mm，在【角度】文本框输入 45.00 度。

如图 7-23 所示，单击【确定】按钮✓。

（6）用同样的方法，建立右端倒角，如图 7-24 所示。

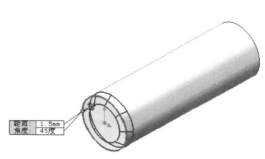

图 7-23　左端倒角

（7）在右端面绘制草图，如图 7-25 所示。

（8）单击【特征】工具栏上的【拉伸切除】按钮 ，出现【拉伸-切除】属性管理器。

① 在【方向 1】组，从【终止条件】列表中选择【给定深度】选项。

② 在【深度】文本框输入 2.40mm。

③ 选中【薄壁特征】复选框。

④ 从【类型】列表中选择【两侧对称】选项。

⑤ 在【厚度】文本框输入 1.60mm。

如图 7-26 所示，单击【确定】按钮。

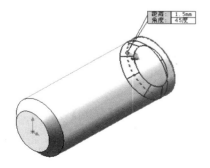

图 7-24　右端倒角

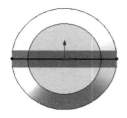

图 7-25　绘制草图

图 7-26　开槽

（9）在右端面绘制草图，如图 7-27 所示。

（10）单击【特征】工具栏上的【拉伸凸台/基体】按钮 ，出现【凸台-拉伸】属性管理器。

① 在【方向 1】组，从【终止条件】列表中选择【给定深度】选项。

② 在【深度】文本框输入 5.00mm。

如图 7-28 所示，单击【确定】按钮✅。

图 7-27 建立草图

图 7-28 拉伸建模

(11) 保存，完成开槽长圆柱端紧定螺钉。

步骤三：建立开槽平端紧定螺钉配置。

(1) 打开【配置管理器】，右击【紧定螺钉配置】，选择【添加配置】命令，如图 7-29 所示。

(2) 打开【配置属性】属性管理器，在【配置名称】文本框输入"开槽平端紧定螺钉"，在【说明】文本框输入 GB73，如图 7-30 所示，单击【确定】按钮✅。

图 7-29 添加配置

图 7-30 新建开槽平端紧定螺钉配置

(3) 修改尺寸的配置。

在图形区域双击凸台-拉伸 1 特征，并双击显示的尺寸 25.00mm，出现【修改】对话框。

① 在【尺寸】文本框输入 30mm。

② 单击【此配置】下拉按钮，从快捷菜单中选择【此配置】选项，只对该配置修改尺寸。

③ 单击【重建模型】按钮🔘，重新建模，单击【确定】✅按钮，完成修改，如图 7-31 所示。

图 7-31 修改尺寸的配置

（4）压缩特征的配置。

在设计树中右击【凸台-拉伸 2】，从快捷菜单中选择【压缩】命令，压缩特征【凸台-拉伸 2】，如图 7-32 所示。

（5）保存，开槽平端紧定螺钉。

步骤四：建立开槽锥端紧定螺钉配置。

（1）打开【配置管理器】，右击【紧定螺钉配置】，选择【添加配置】命令，打开【配置属性】属性管理器，在【配置名称】文本框输入"开槽锥端紧定螺钉"，在【说明】文本框输入 GB71，如图 7-33 所示，单击【确定】按钮 ✅。

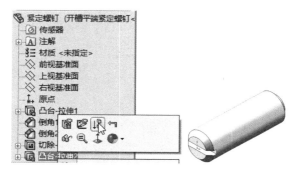

图 7-32　压缩特征

图 7-33　新建开槽锥端紧定螺钉配置

（2）修改尺寸的配置。

在图形区域双击倒角 2 特征，并双击显示的尺寸 1.50mm，出现【修改】界面。

① 在【尺寸】文本框输入 3.50mm。

② 单击【此配置】下拉按钮，从快捷菜单中选择【此配置】选项，只对该配置修改尺寸。

③ 单击【重建模型】按钮 ⑧，重新建模，然后单击【确定】✅ 按钮，完成修改，如图 7-34 所示。

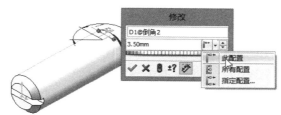

图 7-34　修改尺寸的配置

（3）保存，完成开槽锥端紧定螺钉。

步骤五：验证。

打开【配置管理器】，分别双击各配置，观察设计树和零件的变化，如图 7-35 所示。

(a) 开槽长圆柱端紧定螺钉　　(b) 平槽平端紧定螺钉　　(c) 开槽锥端紧定螺钉

图 7-35　观察设计树和零件变化

**3. 步骤点评**

对于步骤三：关于压缩。

压缩用于临时删除有关特征。当一个特征被压缩后，系统会当它不存在。

### 7.2.3 随堂练习

建立如图 7-36 所示的键。

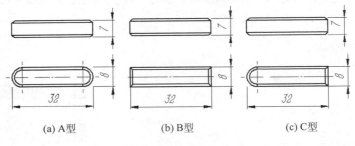

(a) A型          (b) B型          (c) C型

图 7-36  随堂练习图

# 7.3 系列零件设计

本节知识点：

系列零件设计。

### 7.3.1 系列零件设计概述

当系列零件很多的时候（如标准件库）可以利用 Microsoft Excel 软件定义 Excel 表对配置进行驱动，利用表格中的数据可以自动生成配置时，SolidWorks 称之为"系列零件设计表"。

设计表参数介绍如下。

(1) 尺寸：这是最常用的参数，用于控制配置中特征的尺寸。

① 参数格式：dim@feature，其中 dim 表示尺寸名称，feature 表示特征名称。

② 举例：D1@拉伸 1。

③ 参数值：必须指定有效的数值。

(2) 特征状态：用于控制配置中特征的压缩状态。

① 参数格式：$状态@feature，其中 feature 表示特征名称。

② 举例：$状态@切除-拉伸 1，$状态@线光源 2。

③ 参数值：只有两个值可供选择，压缩（缩写 S）和解压缩（缩写 U）。

(3) 备注：控制配置的［备注］内容，添加到配置属性的备注栏。

① 参数格式：$备注。

② 参数值：任何字符串。

(4) 零件编号：控制显示在材料明细表中的名称。

① 参数格式：$零件号。

② 参数值：如果该值为 $D，表示为使用文件名称；如果该值为 $C，表示使用配置名称；如果为其他字符串，则为用户指定名称。

（5）零件的自定义属性：控制配置中用户建立的自定义属性。

① 参数格式：$属性@name，其中 name 表示自定义属性的名称。

② 举例：$属性@material，$属性@零件号，$属性@description。

③ 参数值：任意字符串。

（6）颜色：控制配置的颜色，可以单独为不同配置指定不同颜色。

① 参数格式：$颜色。

② 参数值：32 位颜色值，如 0（黑色）、255（红色）、16 777 215（白色）。

（7）用户自定义注释：为用户辨别设计表内容和用于其他用途，该参数只用于显示，不参与模型计算。

① 参数格式：$用户注释。

② 参数值：任意字符串。

## 7.3.2 系列零件设计实例

建立如图 7-37 所示的六角螺母。

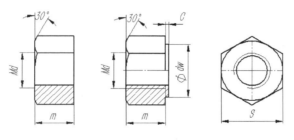

(a) 六角螺母C级        (b) 六角螺母A级

图 7-37 六角螺母

**1. 要求**

六角螺规格尺寸见表 7-1。

表 7-1 六角螺母规格尺寸

| 螺纹规格 $D$ | $S$ | $m$ | $C$ | dw |
|---|---|---|---|---|
| M6 | 10 | 6.4 | 0.5 | 8.9 |
| M8 | 13 | 7.9 | 0.6 | 11.6 |
| M10 | 16 | 9.5 | 0.6 | 14.6 |
| M12 | 18 | 12.2 | 0.6 | 16.6 |
| M16 | 24 | 15.9 | 0.8 | 22.5 |

**2. 操作步骤**

步骤一：新建文件，创建毛坯。

（1）新建文件"六角螺母.sldprt"。

（2）在前视基准面绘制草图，如图 7-38 所示。

（3）单击【特征】工具栏上的【拉伸凸台/基体】按钮，出现【凸台-拉伸】属性管理器。

① 在【方向 1】组，从【终止条件】列表中选择【给定深度】选项。

② 在【深度】文本框输入 6.40mm。

③ 在【所选轮廓】组,激活【所选轮廓】列表,在图形区选择轮廓。

如图 7-39 所示,单击【确定】按钮 。

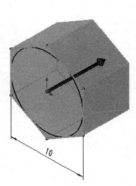

图 7-38  绘制草图　　　　　　　　　　　　图 7-39  拉伸建模

(4) 单击【特征】工具栏上的【拉伸凸台/基体】按钮 ▣,出现【凸台-拉伸】属性管理器。

① 在【方向 1】组,从【终止条件】列表中选择【给定深度】选项。

② 在【深度】文本框输入 6.40mm。

③ 单击【拔模开/关】按钮 ▣,在【拔模角度】文本框输入 60.00 度。

④ 取消勾选【合并结果】复选框。

⑤ 在【所选轮廓】组,激活【所选轮廓】列表,在图形区选择轮廓。

如图 7-40 所示,单击【确定】按钮 ▣。

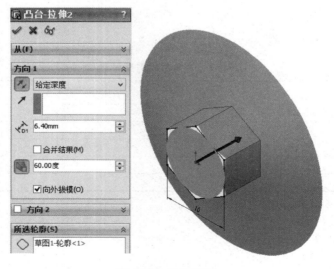

图 7-40  拉伸建模

(5) 选择【插入】|【特征】|【组合】命令,出现【组合】属性管理器。

① 在【操作类型】组,单击选中【共同】单选按钮。

② 在【要组合的实体】组，激活【要组合的实体】列表，在图形区选择凸台-拉伸 1 和凸台-拉伸 2。

如图 7-41 所示，单击【确定】按钮 ✅。

（6）在底面绘制草图，如图 7-42 所示。

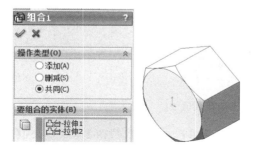

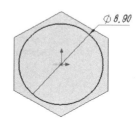

图 7-41　求交操作　　　　　　　　　　　图 7-42　绘制草图

（7）单击【特征】工具栏上的【拉伸凸台/基体】按钮 ，出现【凸台-拉伸】属性管理器。

① 在【方向 1】组，从【终止条件】列表中选择【给定深度】选项。

② 在【深度】文本框输入 0.50mm。

③ 在【所选轮廓】组，激活【所选轮廓】列表，在图形区选择轮廓。

如图 7-43 所示，单击【确定】按钮 ✅。

（8）选择【插入】|【特征】|【孔】|【简单孔】命令，出现【孔】对话框。

① 在图形区中选择凸台的顶端平面作为放置平面。

② 在【方向 1】组，从【终止条件】列表中选择【完全贯穿】选项。

③ 在【直径】文本框输入 6.00mm，单击【确定】按钮 ✅。

④ 在 FeatureManager 设计树中单击刚建立的孔特征，从快捷工具栏中单击【编辑草图】按钮 ，进入【草图】环境，设定孔的圆心位置，如图 7-44 所示，单击【结束草图】按钮 ，退出【草图】环境。

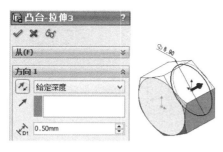

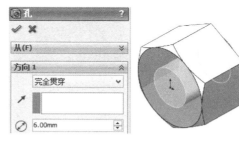

图 7-43　拉伸凸台　　　　　　　　　　　图 7-44　绘制草图

步骤二：建立尺寸链接。

（1）在 FeatureManager 设计树中右击【注解】，从快捷菜单中选择【显示注解】和【显示特征尺寸】命令。

（2）右键单击凸台-拉伸 1 尺寸 6.40，从快捷菜单选择【链接数值】命令，出现【共享数值】对话框，在【名称】文本框输入 m，如图 7-45 所示，单击【确定】按钮。

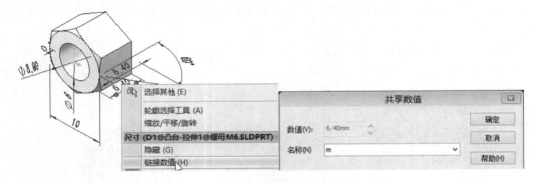

图 7-45　链接数值

（3）右键单击凸台-拉伸 2 尺寸 6.40，从快捷菜单选择【链接数值】命令，出现【共享数值】对话框，在【名称】列表中选择 m，单击【确定】按钮，建立尺寸链接，如图 7-46 所示。

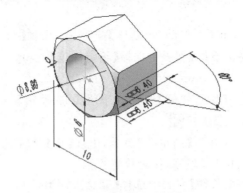

图 7-46　建立尺寸链接

步骤三：修改尺寸名称。

（1）单击尺寸 10mm，出现【尺寸】属性管理器，切换到【数值】选项卡，在【主要值】组，在【名称】文本框输入 S@草图 1，如图 7-47 所示，单击【确定】按钮 ✓。

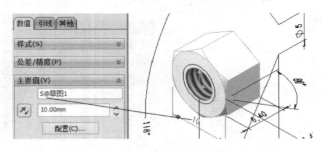

图 7-47　修改尺寸名称

（2）按同样的方法依照表 7-2 修改以下尺寸。

表 7-2　修改尺寸名称

| 原草图尺寸名称 | D1@草图 3 | D1@凸台-拉伸 1 | D1@凸台-拉伸 3 | D1@草图 2 |
| --- | --- | --- | --- | --- |
| 修改后尺寸名称 | D@草图 3 | m@凸台-拉伸 1 | c@凸台-拉伸 3 | dw@草图 2 |

步骤四：新建系列零件设计表。

（1）新建 Excel 文件。

打开 Microsoft Excel 软件，新建一个 Excel 文件，另存为"六角螺母．xlsx"文件。

（2）设置表头，如图 7-48 所示。

| | A | B | C | D | E | F | G |
|---|---|---|---|---|---|---|---|
| 1 | 规格 | D@草图3 | S@草图1 | m@凸台-拉伸1 | c@凸台-拉伸3 | dw@草图2 | $状态@凸台-拉伸3 |
| 2 | | | | | | | |
| 3 | | | | | | | |

图 7-48　表头

（3）将表 7-1 的内容输入六角螺母．xlsx，如图 7-49 所示。

| | A | B | C | D | E | F | G |
|---|---|---|---|---|---|---|---|
| 1 | 规格 | D@草图3 | S@草图1 | m@凸台-拉伸1 | c@凸台-拉伸3 | dw@草图2 | $状态@凸台-拉伸3 |
| 2 | M6A级 | 6 | 10 | 6.4 | 0.5 | 8.9 | U |
| 3 | M6C级 | 6 | 10 | 6.4 | 0.5 | 8.9 | S |
| 4 | M8A级 | 8 | 13 | 7.9 | 0.6 | 11.6 | U |
| 5 | M8C级 | 8 | 13 | 7.9 | 0.6 | 11.6 | S |
| 6 | M10A级 | 10 | 16 | 9.5 | 0.6 | 14.6 | U |
| 7 | M10C级 | 10 | 16 | 9.5 | 0.6 | 14.6 | S |
| 8 | M12A级 | 12 | 18 | 12.2 | 0.6 | 16.6 | U |
| 9 | M12C级 | 12 | 18 | 12.2 | 0.6 | 16.6 | S |
| 10 | M16A级 | 16 | 24 | 15.9 | 0.8 | 22.5 | U |
| 11 | M16C级 | 16 | 24 | 15.9 | 0.8 | 22.5 | S |

图 7-49　内容

步骤五：插入系列零件设计表。

（1）选择【插入】|【表格】|【设计表】命令，出现【系列零件设计表】属性管理器。

① 在【源】组，单击选中【来自文件】单选按钮。

② 单击【浏览】按钮，出现【打开】对话框，选择"六角螺母．xls"文件，单击【打开】按钮，单击【确定】按钮 ✅ ，如图 7-50 所示。

③ 在绘图区出现 Excel 工作表。

④ 在 Excel 表以外的区域，单击鼠标，退出 Excel 编辑，系统提示生成的系列零件的数量和名称，单击【确定】按钮，完成操作。

（2）显示配置。

打开【配置管理器】，进入配置管理状态，分别双击各配置，观察模型变化，如图 7-51 所示。

图 7-50　【系列零件设计表】属性管理器

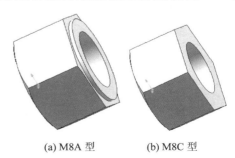

(a) M8A 型　　　(b) M8C 型

图 7-51　模型变化情况

**3. 步骤点评**

（1）对于步骤二：关于链接数值。

如果两个数值间存在"相等"关系，可以使用链接数值方法实现。

（2）对于步骤三：关于修改尺寸名称。

修改的尺寸名称必须与系列零件设计表中的尺寸名称一致，否则生成配置失败。

### 7.3.3 随堂练习

建立如图 7-52 所示的键。

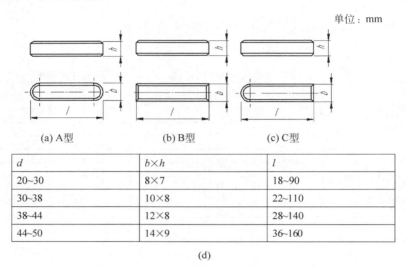

| $d$ | $b \times h$ | $l$ |
|---|---|---|
| 20~30 | 8×7 | 18~90 |
| 30~38 | 10×8 | 22~110 |
| 38~44 | 12×8 | 28~140 |
| 44~50 | 14×9 | 36~160 |

(d)

图 7-52　随堂练习图

## 7.4 上机练习

（1）建立小圆螺母零件库，如图 7-53 所示。

（2）建立垫图零件图，如图 7-54 所示

（3）建立轴承压盖零件库，如图 7-55 所示。

（4）建立挡圈零件库，如图 7-56 所示。

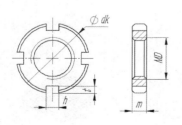

单位：mm

| $D$ | dk | $m$ | $h$ | $t$ |
|---|---|---|---|---|
| 10 | 20 | 6 | 4.3 | 2.6 |
| 12 | 22 | | | |
| 16 | 28 | | | |
| 20 | 32 | | 5.3 | 3.1 |
| 24 | 38 | 8 | | |

注：倒角 0.5 × 45°

图 7-53　建立小圆螺母零件库

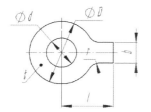

| 公制螺纹 | 单舌垫圈 | | | | | |
|---|---|---|---|---|---|---|
| | $d$ | $D$ | $t$ | $L$ | $b$ | $r$ |
| 6 | 6.5 | 18 | 0.5 | 15 | 6 | 3 |
| 10 | 10.5 | 26 | 0.8 | 22 | 9 | 5 |
| 16 | 17 | 38 | 1.2 | 32 | 12 | 6 |
| 20 | 21 | 45 | 1.2 | 36 | 15 | 8 |

图 7-54   建立垫圈零件库

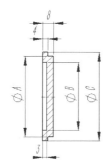

| | $A$ | $B$ | $C$ |
|---|---|---|---|
| 1 | 62 | 52 | 68 |
| 2 | 47 | 37 | 52 |
| 3 | 30 | 20 | 35 |

图 7-55   建立轴承压盖零件库

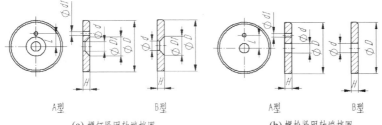

(a) 螺钉紧固轴端挡圈          (b) 螺栓紧固轴端挡圈

| 轴径≤ | $D$ | $H$ | $L$ | $d$ | $d1$ |
|---|---|---|---|---|---|
| 20 | 28 | 4 | 7.5 | 5.5 | 2.1 |
| 22 | 30 | 4 | 7.5 | | |
| 25 | 32 | 5 | 10 | 6.6 | 3.2 |
| 28 | 35 | 5 | 10 | | |

(c)

图 7-56   建立挡圈零件库

# 第 8 章

# 装 配 建 模

---

装配过程就是在装配中建立各部件之间的链接关系。它通过一定的配对关联条件在部件之间建立相应的约束关系,从而确定部件在整体装配中的位置。在装配中,部件的几何实体是被装配引用,而不是被复制的,整个装配部件都保持关联性,不管如何编辑部件,如果其中的部件被修改,则引用它的装配部件会自动更新,以反映部件的变化。在装配中可以采用自顶向下或自底向上的装配方法或混合使用上述两种方法。

## 8.1 从底向上设计方法

本节知识点:
(1) 装配体 FeatureManager;
(2) 在装配中定位组件。

### 8.1.1 术语定义

装配引入了一些新术语,其中部分术语定义如下:
(1) 装配。
一个装配是多个零部件或子装配的引用实体的集合。任何一个装配是一个包含零部件对象的.sldasm 文件。
(2) 零部件。
零部件是装配中引用的模型文件,它可以是零件也可以是一个由其他零件组成的子装配。需要注意的是,零件是被装配件引用的,而并没有被复制,如果删除了零件的模型文件,装配将无法检索到零件。
(3) 子装配。
子装配本身也是装配,它拥有零件构成装配关系,而在高一级装配中的表现为零件。子装配是一个相对的概念,任何一个装配可在更高级的装配中用作子装配。例如汽车发动机是装配,但同时也可作为汽车装配中的零件。
(4) 激活零件。
激活零件是指用户当前进行编辑或建立的几何体零件。当装配中的零件被激活时,即可对此零件进行修改,同时显示装配中的其他零件以便作为参考。当装配本身被激活时,可以对装配进行编辑。

装配、子装配、零件之间的相互关系如图 8-1 所示。

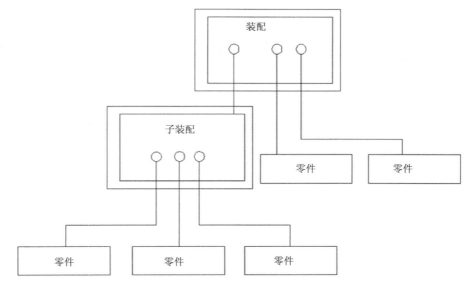

图 8-1　装配关系示意

## 8.1.2　零件装配的基本步骤和流程

**1. 零件装配基本步骤**

(1) 启动 SolidWorks,进入零件装配模式。

(2) 在零件装配模式中,单击【装配体】工具栏上的【插入零部件】按钮,调入欲装配的主体零件到设计窗口中;然后用同样的方法调入欲装配的另一个零件到设计窗口中。

(3) 根据装配体的要求定义零件之间的装配关系。

(4) 再次执行(2)和(3),直到全部装配完成。

(5) 如果装配满意,则存盘退出。如果不满意,则对装配关系进行修改操作。

**2. 零件装配基本流程**

零件装配的基本过程,如图 8-2 所示。

## 8.1.3　装配体 FeatureManager 设计树

装配体设计是将各种零件模型插入装配体文件中,利用配合方式来限制各个零件的相对位置,使其构成一个部件。

装配体中的零部件信息可以通过查看 FeatureManager 设计树来获知,如图 8-3 所示。

(1) 装配体的模型空间。

① 顶层装配体(第一项):总装配体的名称。

② 各种文件夹,例如:注解 A 和配合 |||。

③ 装配体基准面和原点。

④ 零部件(子装配体和单个零件)。

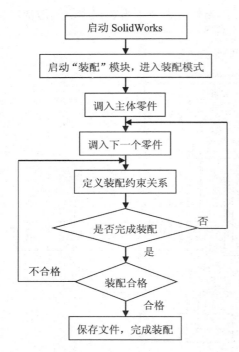

图 8-2 零件装配基本流程

图 8-3 装配体 FeatureManager 设计树

⑤ 装配体特征(切除或孔)或零部件阵列。

（2）零部件图标。

① 零件图标 ：单独的零件。

② 装配体图标 ：相对于本层装配体,设计树中显示的装配体图标称为“子装配体”。

③ 灵活子装配体图标 ：子装配体是灵活的。

（3）数量信息。

在装配体中,每个零部件名称有个后缀<n>,这是系统自动给出的零部件识别号,一般来说不允许用户更改。

（4）零件参考的配置信息：在零部件名称后面( )内表示使用中的零部件配置名称。

（5）状态信息。

在装配体中,零部件名称有个前缀,此前缀提供了有关该零部件与其他零部件关系的状态信息。这些前缀如下：(－)表示欠定义；(＋)表示过定义；(固定)表示零部件被固定；(?)表示无解；另外零部件前无前缀表示零部件完全定义。

（6）配合信息："配合"文件夹中 列出了当前装配体中建立的所有配合关系,如图 8-4 所示。

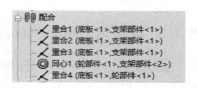

图 8-4 配合文件夹

## 8.1.4 配合和自由度

在装配体环境下,可以把各个零部件进行配合约束以限定其自由度,并同时完成产品的组装过程。在自底向上的装配体建模过程中,用户主要的操作包括两大部分：添加零部件和添加配合关系。

**1. 零件在装配体中的自由度**

零件在三维空间中具有 6 个自由度,这 6 个自由度分别为

(1) $X$ 轴向的移动和绕 $X$ 轴的旋转;

(2) $Y$ 轴向的移动和绕 $Y$ 轴的旋转;

(3) $Z$ 轴向的移动和绕 $Z$ 轴的旋转。

因此,零件在装配体中是否可以运动以及如何运动,取决于零件在装配体中自由度被约束的情况。

**2. 固定的零件**

默认情况下,在装配体中的第一个零件为固定状态,即该零件在空间中不允许移动。一般说来,第一个零件在装配体中的固定位置应该是"零件的原点和装配体的原点重合,使三个对应的基准面相互重合",这对于处理其他零件和配合关系有很大的方便。其他的零件与被"固定"的零件添加配合关系,从而约束了其他零件的自由度。

**3. 移动或旋转零部件**

插入装配体中的零件只能在未限定自由度的方向上移动或旋转;如果零件没有添加任何配合关系,也没有被设定为"固定"状态,零件在空间中可以被自由移动或旋转。

(1) 自由移动或旋转。

默认情况下,用户可以直接拖动图形区域的零部件进行移动或旋转。

① 按住鼠标左键,拖动零部件可以在自由度范围移动零部件;

② 按住鼠标右键,拖动零部件可以在自由度范围旋转零部件。

(2) 以三重轴移动。

"以三重轴移动"命令,可以更好地帮助用户更有目的性地移动或旋转零部件。如图 8-5 所示,右击"小球头"零件的任意一个表面,从快捷菜单中选择【以三重轴移动】命令。

三重轴出现在零部件的中心上,用户可以通过以下方式移动或旋转零部件:

① 按住鼠标左键,在相应轴线上拖动,可以沿相应轴线移动零部件;

② 按住鼠标左键,在相应旋转圈上拖动,可以绕相应轴线旋转零部件。

图 8-5　以三重轴移动零件

**4. 配合和配合实体**

SolidWorks 提供了大量使用的配合关系,以帮助用户确定零件之间的位置关系。这些配合关系根据用户的不同要求,可以分为三大类:标准配合关系、高级配合关系和机械配合关系。

用户可以使用装配体模型中基准面、草图,以及零部件中的实体建立配合关系,主要包括:

(1) 模型的面:圆柱面或平面;

(2) 模型的边线和模型点;

(3) 参考几何体:基准面、基准轴、临时轴、原点;

(4) 草图实体:点、线段或圆弧。

SolidWorks 中提供的标准配合方式如下。

(1)【重合】。将所选择的面、边线及基准面(它们之间相互组合或与单一顶点组合)进行

定位以使之共享同一无限长的直线,如图 8-6 所示。

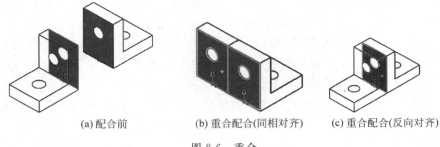

(a) 配合前　　　　　　　(b) 重合配合(同相对齐)　　　(c) 重合配合(反向对齐)

图 8-6　重合

(2)【平行】。定位所选的项目使之保持相同的方向,并且彼此间保持相同的距离,如图 8-7 所示。

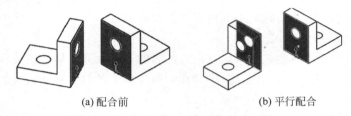

(a) 配合前　　　　　　　　(b) 平行配合

图 8-7　平行

(3)【垂直】。将所选项目以 90°相互垂直定位,如图 8-8 所示。

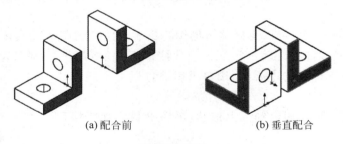

(a) 配合前　　　　　　　(b) 垂直配合

图 8-8　垂直

(4)【相切】。将所选的项目放置到相切配合中(至少有一个选择项目必须为圆柱面、圆锥面或球面),如图 8-9 所示。

(5)【同轴心】。将所选的项目定位于共享同一中心点,如图 8-10 所示。

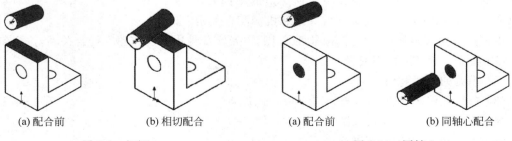

(a) 配合前　　　　(b) 相切配合　　　　(a) 配合前　　　　(b) 同轴心配合

图 8-9　相切　　　　　　　　　　　图 8-10　同轴心

（6）【距离】。将所选的项目以彼此间指定的距离定位，如图 8-11 所示。

（7）【角度】。将所选项目以彼此间指定的角度定位，如图 8-12 所示。

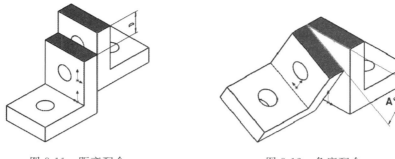

图 8-11　距离配合　　　　　　　　　　　图 8-12　角度配合

## 8.1.5　从底向上设计方法建立装配实例

### 1. 要求

利用装配模板建立一新装配，添加组件，建立约束，如图 8-13 所示。

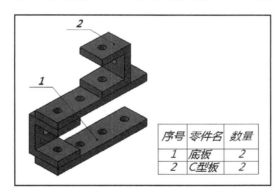

| 序号 | 零件名 | 数量 |
| --- | --- | --- |
| 1 | 底板 | 2 |
| 2 | C型板 | 2 |

图 8-13　从底向上设计装配组件

### 2. 操作步骤

步骤一：创建装配体。

单击【标准】工具栏上的【新建】按钮 □，出现【新建 SolidWorks 文件】对话框，选择 gb_assembly 图标，如图 8-14 所示，单击【确定】按钮，进入装配体窗口。

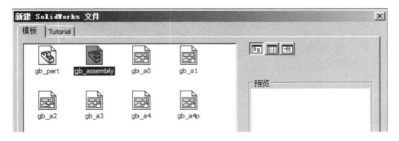

图 8-14　【新建 SolidWorks 文件】对话框

步骤二：选择插入零部件。

出现【插入零部件】属性管理器，选中【生成新装配体时开始指令】和【图形预览】复选框，如图 8-15 所示。

单击【浏览】按钮，出现【打开】对话框，选择要插入的零件"底板"，如图 8-16 所示，单击【打开】按钮。

图 8-15  【插入零部件】
          属性管理器

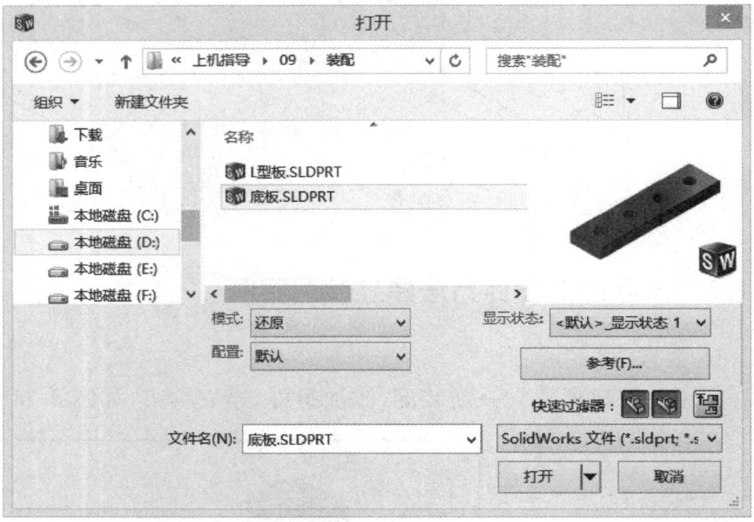

图 8-16  【打开】对话框

步骤三：确定插入零件在装配体中的位置。

将鼠标移至绘图区时，此时在图形区中的鼠标指针变成 ，将鼠标移动到原点附近，指针形状变成如图 8-17 所示的形状，在图形区域中单击鼠标放置零部件。

图 8-17  固定零件的光标

基体零件的原点与装配体原点重合，在 FeatureManager 设计树中的"支架"之前标识"固定"，说明该零件是装配体中的固定零件，如图 8-18 所示。

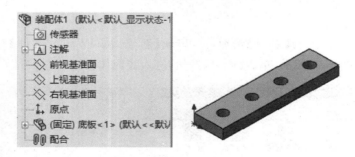

图 8-18  插入固定零件

步骤四：插入"C 型板"。

（1）单击【装配体】工具栏上的【插入零部件】按钮 ，出现【插入零部件】属性管理器。选择"C 型板"，放置在适当位置，如图 8-19 所示。

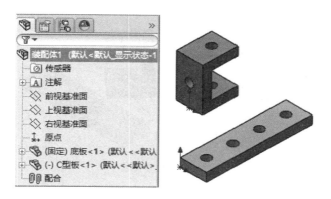

图 8-19 插入"C 型板"

（2）添加配合。

单击【装配体】工具栏上的【配合】按钮，出现【配合】属性管理器。

① 在【配合选择】组，激活【要配合的实体】列表，在图形区选择"底板"孔和"C 型板"孔。

② 在【标准配合】组，单击【同轴心】按钮 ◎ 。

如图 8-20 所示，单击【确定】按钮 ，添加同轴心配合。

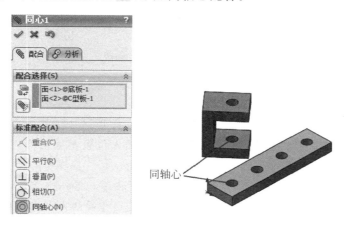

图 8-20 同轴心配合

③ 在【配合选择】组，激活【要配合的实体】列表，在图形区"底板"上表面和"C 型板"下表面。

④ 在【标准配合】组，单击【重合】按钮 。

如图 8-21 所示，单击【确定】按钮 ，添加重合配合。

⑤ 在【配合选择】组，激活【要配合的实体】列表，在图形区"底板"前表面和"C 型板"前表面。

⑥ 在【标准配合】组，单击【重合】按钮 。

如图 8-22 所示，单击【确定】按钮 ，添加重合配合。

⑦ 单击【确定】按钮 ，完成配合，如图 8-23 所示。

步骤五：添加其他组件。

按上述方法添加其他部件，完成约束。

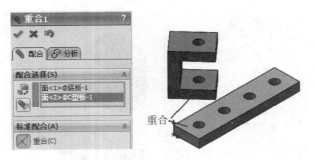

图 8-21  重合配合

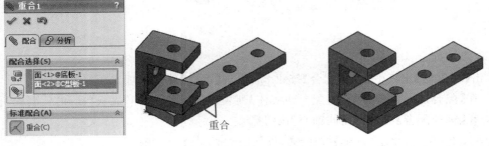

图 8-22  重合配合          图 8-23  完成配合

步骤六：保存装配。

单击【标准】工具栏上的【保存】按钮 💾，保存为"装配"。

**3. 步骤点评**

对于步骤一：关于插入零部件。

（1）如果所插入的零部件不是第一个零件，此时在图形区中的鼠标指针变成 🔖，在装配体窗口图形区域中，单击要放置零部件的位置。如果插入位置不太恰当，选择零部件，按住鼠标左键，将其拖动到恰当位置。

**注意**：与在装配体中插入第一个零件正相反，用户在添加第一个零件以后，再次添加零件时，应注意避免不要使零件"固定"。最好的操作方式是选中要添加的零件后，直接在图形区域的空白位置单击鼠标。

避免以下两个操作：

① 直接单击【确定】按钮。

② 在装配体的原点上单击鼠标。

（2）在 FeatureManager 设计树中右击零件名，从快捷菜单中选择【浮动】命令，则可移动零件。

### 8.1.6  高级配合

高级配合关系，用于建立特定需求的配合关系。

**1. 对称、极限配合**

对称配合强制使两个相似的实体相对于零部件的基准面、平面或装配体的基准面对称。限制配合可以让零件在距离和角度配合的数值范围内移动。

（1）对称配合

单击【装配体】工具栏上的【配合】按钮 🔗，出现【配合】属性管理器。

① 在【配合选择】组,激活【要配合的实体】列表,在图形区域中选择两个"滚柱端面"。

② 激活【对称基准面】列表,在图形区域中选择"右视基准面"。

③ 在【高级配合】组,单击【对称】按钮 ☑ 。

如图 8-24 所示,单击【确定】按钮 ✔ ,完成对称配合。

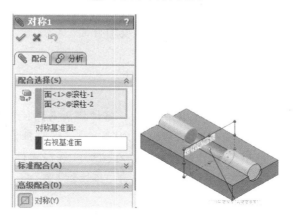

图 8-24　对称配合

（2）极限配合。

单击【装配体】工具栏上的【配合】按钮 ⬙ ,出现【配合】属性管理器。

① 在【配合选择】组,激活【要配合的实体】列表,在图形区域中选择两个"滚柱端面"。

② 在【高级配合】组,单击【距离】按钮 ⊟ 。

③ 在【最大值】文本框输入 65.00mm。

④ 在【最小值】文本框输入 5.00mm。

如图 8-25 所示,单击【确定】按钮 ✔ ,完成操作。

图 8-25　限制配合

**2. 宽度配合**

宽度配合使薄片处于凹槽宽度的中心。薄片参考可以包括：两个平行面、两个不平行面，一个圆柱面或轴。凹槽宽度参考可以包括：两个平行面、一个不平行面。

单击【装配体】工具栏上的【配合】按钮 ，出现【配合】属性管理器。

① 在【配合选择】组，激活【要配合的实体】列表，在图形区域中选择"底座"绞配合面。

② 激活【薄片选择】列表，在图形区选择"杆"绞配合面。

③ 在【高级配合】组，单击【宽度】按钮 。

如图 8-26 所示，单击【确定】按钮 ，完成操作。

**3. 路径配合**

路径配合是将零部件上所选的点约束到路径。零件将沿着路径纵倾、偏转和摇摆。

单击【装配体】工具栏上的【配合】按钮 ，出现【配合】属性管理器。

① 在【配合选择】组，激活【零部件顶点】列表，在图形区选择零件的一个点。

② 激活【路径选择】列表，在图形区选择路径的一条边线。

③ 在【高级配合】组，单击【路径】按钮 。

如图 8-27 所示，单击【确定】按钮 。

图 8-26　宽度配合　　　　　　　　　　　图 8-27　路径配合

**4. 线性配合**

线性配合是在一个零部件的平移和另一个零部件的平移之间建立几何关系。

单击【装配体】工具栏上的【配合】按钮 ，出现【配合】属性管理器。

① 在【配合选择】组，激活【要配合的实体】列表，在图形区选择"滑块-1"的边线。

② 激活【要配合的实体】，图形区选择"滑块-2"的边线。

③ 在【高级配合】组，单击【线性/线性耦合】按钮 。

④ 在【比率】文本框输入线性比 1.00mm：2.00mm。

⑤ 选中【反向】复选框。

如图 8-28 所示，单击【确定】按钮 ✔。

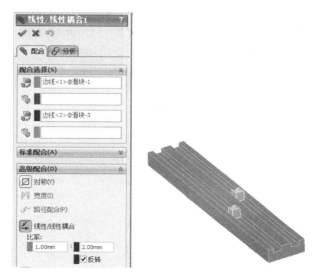

图 8-28　线性配合

## 8.1.7　机械配合

使用机械配合关系完成特定需求。

### 1. 凸轮配合

凸轮推杆配合是一个相切或重合配合类型。允许将圆柱、基准面或点与一系列相切的拉伸曲面相配合。凸轮轮廓采用直线、圆弧、以及样条曲线制作，保持相切并形成一个闭合的环。

单击【装配体】工具栏上的【配合】按钮 ◍，出现【配合】属性管理器。

① 在【配合选择】组，激活【要配合的实体】列表，在图形区域中选择"凸轮面"。

② 激活【凸轮推杆】列表，在图形区域中选择"推杆前端"。

③ 在【机械配合】组，单击【凸轮】按钮 ◯。

如图 8-29 所示，单击【确定】按钮 ✔，完成操作。

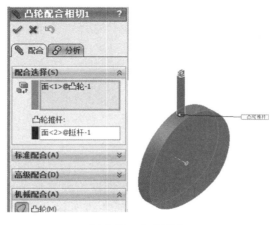

图 8-29　凸轮配合

**2. 齿轮配合**

齿轮配合会强迫两个零部件绕所选轴相对旋转。齿轮配合的有效旋转轴包括圆柱面、圆锥面、轴和线性边线。

单击【装配体】工具栏上的【配合】按钮 ，出现【配合】属性管理器。

① 在【配合选择】组，激活【要配合的实体】列表，在图形区域中选择两个"齿轮"的分度圆。

② 在【机械配合】选项组中，单击【齿轮】按钮。

③ 在【比率】文本框输入线性比 29mm：23mm。

如图 8-30 所示，单击【确定】按钮，完成操作。

图 8-30　齿轮配合

**3. 齿条和小齿轮配合**

通过齿条和小齿轮配合，某个零部件（齿条）的线性平移会引起另一个部件（小齿轮）做圆周旋转，反之亦然。用户可以配合任何两个零部件以进化此类相对运动。这些零部件不需要齿轮，在配合选择下：为齿条选择线性边线、草图直线、中心线，轴或圆柱；为小齿轮/齿轮选择圆柱面、圆弧或圆弧边线、草图圆或圆弧、轴或旋转曲面。

单击【装配体】工具栏上的【配合】按钮，出现【配合】属性管理器。

① 在【配合选择】组，激活【齿条】列表，在图形区选择齿条实体的边线。

② 激活【齿条】列表，选择小齿轮分度圆。

③ 在【机械配合】组，单击【齿条小齿轮】按钮。

④ 单击选中【齿条行程/转数】单选按钮。

⑤ 在【齿条行程/转数】文本框输入 50mm。

如图 8-31 所示，单击【确定】按钮，完成操作。

**4. 螺旋配合**

螺旋配合将两个零部件约束为同心，在一个零部件的旋转和另一个零部件的平移之间添加纵倾几何关系。一个零部件沿轴方向的平移会根据纵倾几何关系引起另一个零部件的旋转。同样，一个零部件的旋转可以引起另一个零部件的平移，如图 8-32 所示为螺旋配合属性管理器。

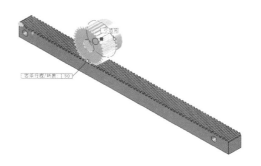

图 8-31　齿条小齿轮配合

单击【装配体】工具栏上的【配合】按钮 ，出现【配合】属性管理器。

① 在【配合选择】组，激活【要配合的实体】列表，在图形区选择丝杠和移动体。

② 在【机械配合】组，单击【螺旋】按钮 。

③ 单击选中【圈数/mm】单选按钮，在【距离/圈数】文本框输入 1。

如图 8-32 所示，单击【确定】按钮 ，完成操作。

图 8-32　螺旋配合

**5．万向节配合**

在万向节配合，一个零部件(输出轴)绕自身轴的旋转是由另一个零部件(输入轴)绕其轴的旋转驱动的。

单击【装配体】工具栏上的【配合】按钮 ，出现【配合】属性管理器。

① 在【配合选择】组,激活【要配合的实体】列表,在图形区选择要配合的实体。

② 选中【定义连接点】复选框。

③ 激活【万向节点】列表,在图形区域内输入万向节点。

④ 在【机械配合】组,单击【万向节】按钮 🏠。

如图 8-33 所示,单击【确定】按钮 ✔,完成操作。

图 8-33　万向节配合

## 8.1.8　随堂练习

(1) 完成底板,C 型板建模,如图 8-34 所示。

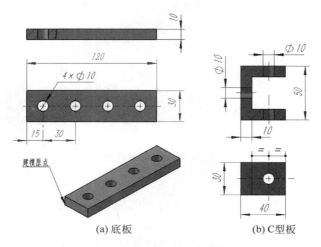

(a) 底板　　　　　　(b) C 型板

图 8-34　底板与 C 型板

（2）完成如图 8-35 所示的装配。

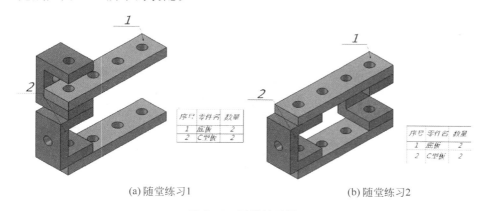

(a) 随堂练习1　　　　　　(b) 随堂练习2

图 8-35　随堂练习图

# 8.2　创建零部件阵列

本节知识点：
（1）线性零部件阵列；
（2）圆周零部件阵列；
（3）特征驱动的阵列。

## 8.2.1　零部件阵列

在装配中，需要在不同的位置装配同样的零部件，如果一个个零部件按照配对条件等装配起来，那么工作量非常大，而且都是重复的劳动。在单个零件设计中有特征阵列的功能，那么在装配的状态中，使用的就是零部件阵列，与特征阵列不同的是，零部件阵列是在装配状态下的阵列零部件。

有三类零部件阵列：线性零部件阵列、圆周零部件阵列和特征驱动阵列。

## 8.2.2　阵列应用实例

**1. 要求**

根据法兰上孔的阵列特征创建螺栓的组件阵列，如图 8-36 所示。

**2. 操作步骤**

步骤一：打开文件。

打开"\阵列\零部件阵列.sldasm"。

步骤二：特征驱动的阵列。

选择【插入】|【零部件阵列】|【特征驱动】命令，出现【特征驱动】属性管理器。

① 在【要阵列的零部件】组，激活【要阵列的零部件】列表，在 FeatureManager 设计树中选择【螺钉】。

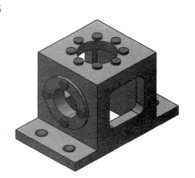

图 8-36　创建组件阵列

② 在【驱动特征】组,激活【驱动特征】列表,在 FeatureManager 设计树中选择【阵列(圆周)2】。

如图 8-37 所示,单击【确定】按钮☑。

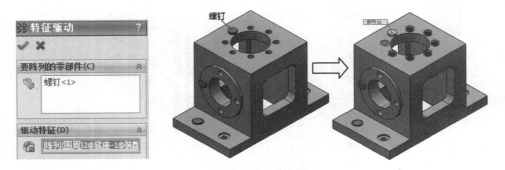

图 8-37    特征驱动的阵列

步骤三:线性零部件阵列。

选择【插入】|【零部件阵列】|【线性阵列】命令,出现【线性阵列】属性管理器。

① 在【方向1】组,激活【阵列方向】列表,在图形区选择水平边线为方向1的参考方向。

② 在【间距】文本框输入170.00mm,在【实例】文本框输入2。

③ 在【方向1】组,激活【阵列方向】列表,在图形区选择垂直边线为方向2的参考方向。

④ 在【间距】文本框输入56.00mm,在【实例】文本框输入2。

⑤ 在【要阵列的零部件】组,激活【要阵列的零部件】列表,在 FeatureManager 设计树中选择【螺钉】。

如图 8-38 所示,单击【确定】按钮☑。

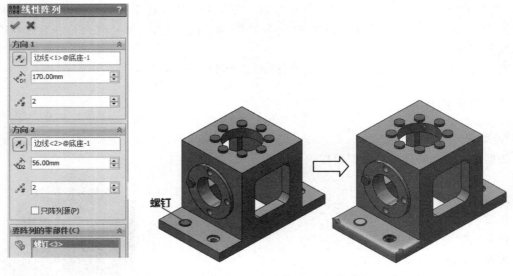

图 8-38    线性阵列

步骤四:圆周零部件阵列。

选择【插入】|【零部件阵列】|【圆周阵列】命令,出现【圆周阵列】属性管理器。

① 在【参数】组,激活【阵列轴】列表,在图形区选择圆形边线。

② 在【角度】文本框输入 360.00 度,在【实例】文本框输入 4。

③ 在【方向 1】组,激活【阵列方向】列表,在图形区选择垂直边线为方向 2 的参考方向。

④ 在【间距】文本框输入 56.00mm,在【实例】文本框输入 2。

⑤ 选中【等间距】复选框。

⑥ 在【要阵列的零部件】组,激活【要阵列的零部件】列表,在 FeatureManager 设计树中选择【螺钉】。

如图 8-39 所示,单击【确定】按钮 ✅ 。

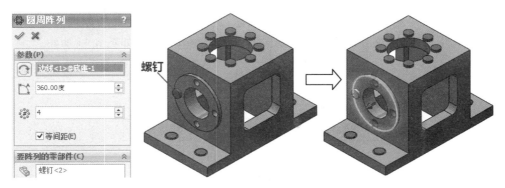

图 8-39 按照轴创建阵列

步骤五:存盘

选择【文件】|【保存】命令,保存文件。

**3. 步骤点评**

对于步骤二:关于阵列方法。

如果零件的建模使用了特征的阵列,在装配中使用特征驱动方式可以快速根据特征阵列的数据进行零部件阵列装配;如果零部件的建模中没有使用阵列,则可以使用其他方式进行自定义的阵列装配。

## 8.2.3 随堂练习

完成如图 8-40 所示的装配。

(a) 随堂练习3　　　　(b) 随堂练习4　　　　(c) 随堂练习5

图 8-40 随堂练习图

# 8.3　自顶向下设计方法

本节知识点：
(1) 从顶向下设计方法；
(2) 在装配中修改模型。

## 8.3.1　组件阵列

在实际的产品开发中，通常都需要先进行概念设计，即先设计产品的原理和结构，然后再进一步设计其中的零件，这种方法称为自顶向下设计(Top-Down)，如图 8-41 所示。

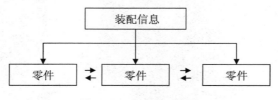

图 8-41　自顶向下设计

在自顶向下设计中，可以使组件中的某一零部件与其他零部件有一定的几何关联性。该技术可以实现零部件间的参数关联建模。也就是说，可以基于一个零部件的几何体或位置去设计另一个零部件，二者存在几何相关性。它们之间的这种引用不是简单的复制关系，当一个零部件发生变化时，另一个基于该零部件的特征所建立的零部件也会相应发生变化，二者是同步的。用这种方法建立关联几何对象可以减少修改设计的成本，并保持设计的一致性。

## 8.3.2　自顶向下设计方法建立装配实例

### 1. 要求

根据已存箱体去相关地建立一个垫片，如图 8-42 所示，要求垫片①来自于箱体中的父面②；若箱体中父面的大小或形状改变时，装配④中的垫片③也相应改变。

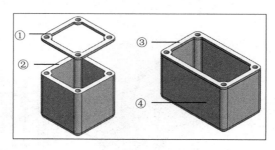

图 8-42　自顶向下设计实例

### 2. 操作步骤

步骤一：新建装配。

单击【标准】工具栏上的【新建】按钮，出现【新建 SolidWorks 文件】对话框，选择 gb_assembly 图标，单击【确定】按钮，进入装配体窗口。

步骤二：添加箱体模型"箱体"。

（1）出现【插入零部件】属性管理器，选中【生成新装配体时开始指令】和【图形预览】复选框，单击【浏览】按钮，出现【打开】对话框，选择要插入的零件"箱体"，单击【打开】按钮。

（2）将鼠标移至绘图区时，此时在图形区中的鼠标指针变成 ，将鼠标移动到原点附近，在图形区域中单击鼠标放置零部件，基体零件的原点与装配体原点重合。

（3）保存装配体为"自顶向下设计"，如图 8-43 所示。

步骤三：新建垫片模型。

（1）单击【标准】工具栏上的【新建】按钮 []，出现【新建 SolidWorks 文件】对话框，选择 gb_part 图标，单击【确定】按钮，进入零件设计环境中。

（2）保存零件为"垫片"。

（3）单击【装配体】工具栏上的【插入零部件】按钮，出现【插入零部件】属性管理器。选择"垫片"，在适当位置单击左键，将空的垫片插入装配体，如图 8-44 所示。

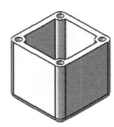

图 8-43　添加第一个零部件 Box

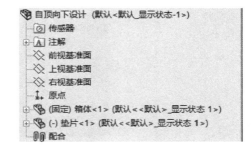

图 8-44　查看设计树

（4）激活零部件。

在设计树中选中第（3）步创建好的零部件"垫片"，单击右键，在快捷菜单中选择【编辑】命令，如图 8-45 所示。

（5）创建特征。

① 选择"箱体"上表面，创建草图，如图 8-46 所示。

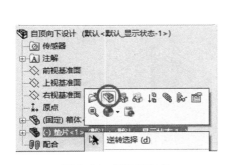

图 8-45　激活零部件

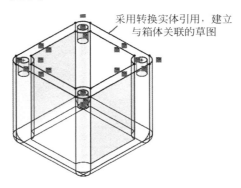

采用转换实体引用，建立与箱体关联的草图

图 8-46　创建相关联草图

② 单击【特征】工具栏上的【拉伸凸台/基体】按钮，出现【凸台-拉伸】属性管理器，在【方向 1】组，从【终止条件】列表中选择【给定深度】选项，在【深度】文本框输入 5.00mm，如图 8-47

所示,单击【确定】按钮☑。

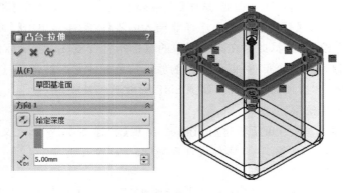

图 8-47　拉伸建模

（6）在设计树中选中第（3）步创建好的零部件"垫片",单击右键,在快捷菜单中选择【编辑装配体:自顶向下设计】命令,返回装配状态,如图 8-48 所示。

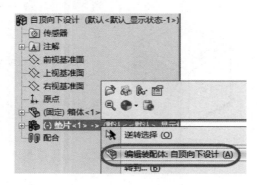

图 8-48　返回装配状态

步骤四:在装配环境下修改零部件。

（1）在设计树中选中零部件"箱体",单击右键,在快捷菜单中选择【编辑】命令。

（2）编辑箱体草图,如图 8-49 所示。

（3）退出草图编辑。

（4）在设计树中选中零部件"箱体",单击右键,在快捷菜单中选择【编辑装配体:自顶向下设计】命令,返回装配状态,如图 8-50 所示。

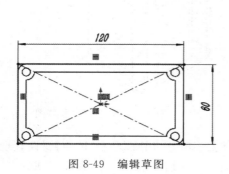

图 8-49　编辑草图　　　　　　　　　　　图 8-50　完成修改

步骤五：存盘。

选择【文件】|【保存】命令，保存文件。

**3. 步骤点评**

对于步骤三：关于零部件的关联。

在绘制草图时，采用转换实体引用建立零部件之间的关联。

### 8.3.3 随堂练习

完成如图 8-51 所示的装配。

(a)随堂练习6              (b)随堂练习7

图 8-51 随堂练习图

# 8.4 上机练习

要求如下：

利用装配模板建立一新装配，添加组件，建立约束，如图 8-52 所示。

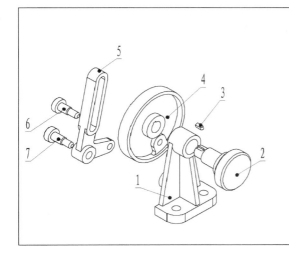

| 7 | Rotating_shaft1 | 1 |
|---|---|---|
| 6 | Rotating_shaft2 | 1 |
| 5 | Swin_arm | 1 |
| 4 | Crank | 1 |
| 3 | Key | 1 |
| 2 | Gear | 1 |
| 1 | Support | 1 |
| 编号 | 零件名称 | 数量 |

图 8-52 练习

利用装配模板建立一新装配，添加组件，建立约束，如图 8-53 所示。

利用装配模板建立一新装配，添加组件，建立约束，如图 8-54 所示。

利用装配模板建立一新装配，添加组件，建立约束，如图 8-55 所示。

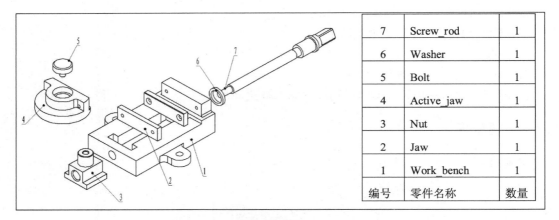

| 7 | Screw_rod | 1 |
|---|---|---|
| 6 | Washer | 1 |
| 5 | Bolt | 1 |
| 4 | Active_jaw | 1 |
| 3 | Nut | 1 |
| 2 | Jaw | 1 |
| 1 | Work_bench | 1 |
| 编号 | 零件名称 | 数量 |

图 8-53　练习

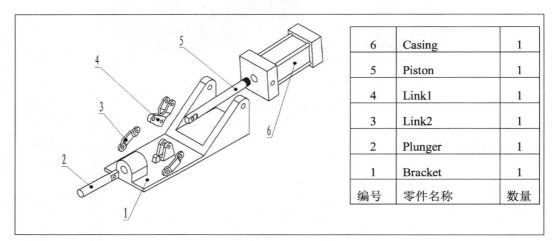

| 6 | Casing | 1 |
|---|---|---|
| 5 | Piston | 1 |
| 4 | Link1 | 1 |
| 3 | Link2 | 1 |
| 2 | Plunger | 1 |
| 1 | Bracket | 1 |
| 编号 | 零件名称 | 数量 |

图 8-54　练习

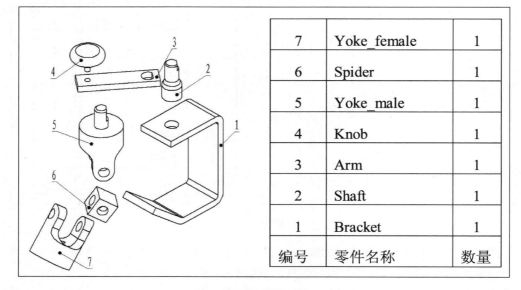

| 7 | Yoke_female | 1 |
|---|---|---|
| 6 | Spider | 1 |
| 5 | Yoke_male | 1 |
| 4 | Knob | 1 |
| 3 | Arm | 1 |
| 2 | Shaft | 1 |
| 1 | Bracket | 1 |
| 编号 | 零件名称 | 数量 |

图 8-55　练习

# 第 9 章

# 工 程 图 的 构 建

---

绘制产品的平面工程图是从模型设计到生产的一个重要环节,也是从概念产品到现实产品的一座桥梁和描述语言。因此,在完成产品的零部件建模、装配建模及其工程分析之后,一般要绘制其平面工程图。

## 9.1 物体外形的表达——视图

本节知识点:
建立基本视图、向视图、局部视图和斜视图的方法。

### 9.1.1 视图

视图通常有基本视图、向视图、局部视图和斜视图。

**1. 基本视图**

表示一个物体可有 6 个基本投射方向,如图 9-1 所示中的 $A$、$B$、$C$、$D$、$E$、$F$ 方向,相应地有 6 个基本投影面垂直于 6 个基本投射方向。物体向基本投影面投射所得视图称为基本视图。

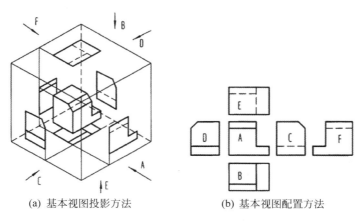

   (a) 基本视图投影方法     (b) 基本视图配置方法

图 9-1   6 个基本视图的形成及投影面的展开方法

画 6 个基本视图时应注意：

（1）6 个基本视图的投影对应关系，符合"长对正、高平齐、宽相等"的投影关系，即主、俯、仰、后视图等长；主、左、右、后视图等高；左、右、俯、仰视图等宽的"三等"关系。

（2）6 个视图的方位对应关系，仍然反映物体的上、下、左、右、前、后的位置关系。尤其注意左、右、俯、仰视图靠近主视图的一侧代表物体的后面，而远离主视图的那侧代表物体的前面，后视图的左侧对应物体右侧。

（3）在同一张图样内按上述关系配置的基本视图，一律不标注视图名称。

（4）在实际制图时，应根据物体的形状和结构特点，按需要选择视图。一般优先选用主、俯、左三个基本视图，然后再考虑其他视图。在完整、清晰地表达物体形状的前提下，使视图数量为最少，力求制图简便。

**2. 向视图**

向视图是可自由配置的视图。

向视图的标注形式如下：

在视图上方标注×（×为大写拉丁字母），在相应视图附近用箭头指明投射方向，并标注相同的字母，如图 9-3 所示。

**3. 局部视图**

如只需表示物体上某一部分的形状时，可不必画出完整的基本视图，而只把该部分局部结构向基本投影面投射即可。这种将物体的某一部分向基本投影面投射所得的视图称为局部视图，如图 9-4 所示。

由于局部视图所表达的只是物体某一部分的形状，故需要画出断裂边界，其断裂边界用波浪线表示（也可用双折线代替波浪线），如图 9-4 中的 A 所示，但应注意以下几点：

（1）波浪线不应与轮廓线重合或在轮廓线的延长线上。

（2）波浪线不应超出物体轮廓线，不应穿空而过。

（3）若表示的局部结构是完整的，且外形轮廓线封闭时，波浪线可省略不画，如图 9-4 中的 B 所示。

画局部视图时，一般在局部视图上方标出视图的名称×，在相应的视图附近用箭头指明投射方向，并注上同样的大写拉丁字母。

**4. 斜视图**

当机件具有倾斜结构时，如图 9-5 所示，在基本视图上就不能反映该部分的实形，同时也不便标注其倾斜结构的尺寸。为此，可设置一个平行于倾斜结构的垂直面（图中为正垂面 P）作为新投影面，将倾斜结构向该投影面投射，即可得到反映其实形的视图。这种将物体向不平行于基本投影面的平面投射所得的视图称为斜视图。

斜视图主要用来表达物体上倾斜部分的实形，故其余部分不必全部画出，断裂边界用波浪线表示，如图 9-5 所示。当所表示的结构是完整的，且外形轮廓线封闭时，波浪线可省略不画。

## 9.1.2　视图应用实例

**1. 要求**

（1）建立基本视图，如图 9-2 所示。

（2）建立向视图，如图 9-3 所示。

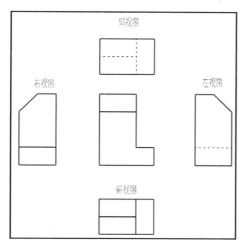

图 9-2 基本视图

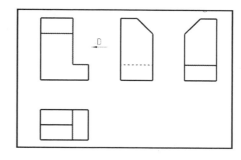

图 9-3 向视图

（3）建立局部视图，如图 9-4 所示。

（4）建立斜视图，如图 9-5 所示。

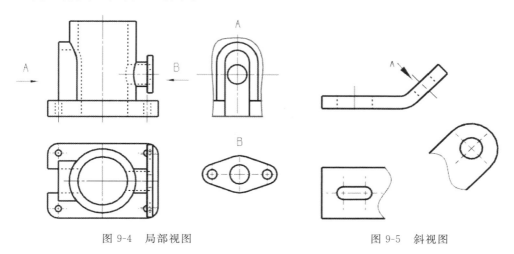

图 9-4 局部视图           图 9-5 斜视图

**2. 操作步骤**

步骤一：建立基本视图。

（1）新建工程图。

单击【标准】工具栏上的【新建】按钮，出现【新建 SolidWorks 文件】对话框，选择 gb_a3 图标，如图 9-6 所示，单击【确定】按钮。

（2）添加基本视图.

单击【视图布局】工具条上的【模型视图】按钮，出现【模型视图】属性管理器。

① 在【要插入的零件/装配体】组，单击【浏览】按钮，出现【打开】对话框，选择【要插入的零件/装配体】为"基本视图"，如图 9-7 所示。

② 在【方向】组，单击【右视】按钮。

③ 在【比例】组，单击选中【使用自定义比例】单选按钮。

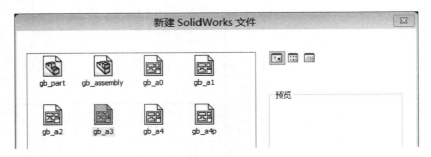

图 9-6 新建 SolidWorks 文件

④ 在【比例】文本框输入线性比 1：2。

⑤ 在图纸区域左上角指定一点，添加【主视图】。

⑥ 向右拖动鼠标，指定一点，添加【左视图】。

⑦ 向左拖动鼠标，指定一点，添加【右视图】。

⑧ 向下垂直拖动鼠标，指定一点，添加【俯视图】。

⑨ 向上垂直拖动鼠标，指定一点，添加【仰视图】。

如图 9-8 所示，单击【确定】按钮 ✅ 。

注：选中【右视图】，按 Del 键删除，选中【仰视图】，按 Del 键删除，为做向视图准备。

图 9-7 选择模型

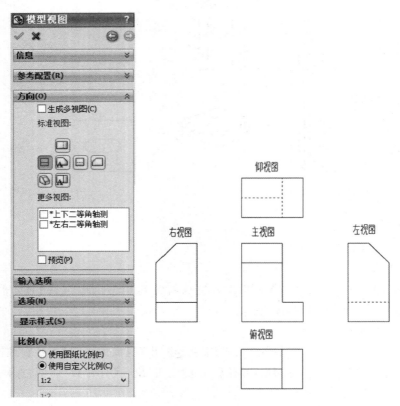

图 9-8 添加基本视图

步骤二：建立向视图。

（1）添加投影视图。

选择主视图，单击【视图布局】工具条上的【投影视图】按钮 。

① 向左拖动鼠标，指定一点，添加【右视图】，单击 Esc 键。

② 选择右视图，将其拖到左边，即为向视图。

如图 9-9 所示，单击【确定】按钮 。

（2）在相应视图附近用箭头指明投射方向。

单击【注释】工具条上的【注释】按钮 **A**，出现【注释】属性管理器。

① 在【引线】组，单击【引线】按钮 ，再单击【引线靠左】按钮 。

② 在图形区选择点，在输入 D。

如图 9-10 所示，单击【确定】按钮 。

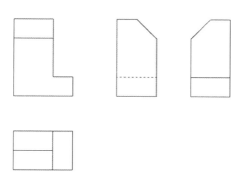

图 9-9 添加投影视图

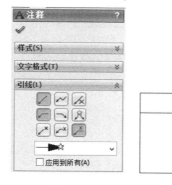

图 9-10 添加方向箭头

（3）视图上方标注。

① 选择字母 D，按下 Ctrl 键，拖动到向视图上方，复制字母 D，出现【注释】属性管理器。

② 在【引线】组，单击【无引线】按钮 ，完成整个向视图绘制，如图 9-11 所示。

步骤三：建立局部视图。

（1）打开"局部视图.slddrw"。

（2）创建右视图中的局部视图。

① 单击【草图工具】工具栏上的【样条曲线】按钮 ，在右视图中绘制曲线，如图 9-12 所示，单击【确定】按钮。

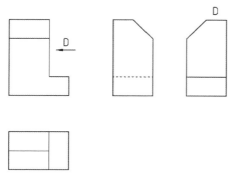

图 9-11 完成整个向视图

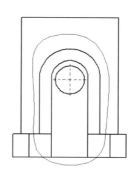

图 9-12 绘制封闭曲线

② 选中曲线,选择【插入】|【工程视图】|【剪裁视图】命令,如图 9-13 所示。

(3) 创建左视图中的局部视图。

① 选中左视图,右键单击,从快捷菜单中选择【隐藏/显示边线】命令 🔁 。

② 选择要隐藏的边线,单击【确定】按钮 ☑ 。

如图 9-14 所示,创建局部视图。

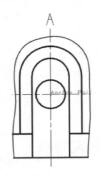

图 9-13　右视图中的局部视图

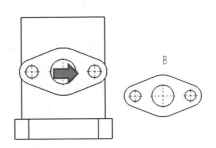

图 9-14　左视图中的局部视图

步骤四:建立斜视图。

(1) 打开"斜视图.slddrw"。

(2) 添加投影视图。

单击【视图布局】工具条上的【辅助视图】按钮 ✍ 。

① 在主视图上选择边。

② 向右下拖动鼠标,指定一点,添加【斜视图】,如图 9-15 所示。

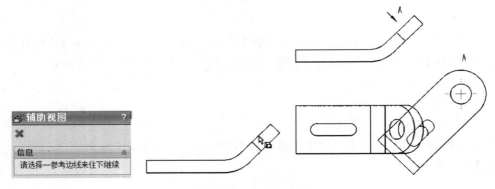

图 9-15　创建局部视图

(3) 创建局部视图。

① 单击【草图工具】工具栏上的【样条曲线】按钮 ∿ ,在斜视图中绘制曲线,如图 9-12 所示,单击【确定】按钮。

② 选中曲线,选择【插入】|【工程视图】|【剪裁视图】命令,如图 9-16 所示。

③ 用同样的办法创建局部视图,如图 9-17 所示。

**2. 步骤点评**

(1) 对于步骤一:关于主视图。

对 GB 标准的图,建议选择右视图作为主视图。

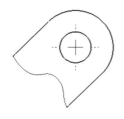

图 9-16　创建局部视图

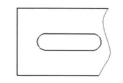

图 9-17　创建局部视图

（2）对于步骤一：关于工程图文件文件名。

工程图文件的扩展名为.slddrw。

### 9.1.3　随堂练习

在 A3 幅面绘制如图 9-18（a）所示立体的基本视图，在 A4 幅面绘制如图 9-18（b）所示的向视图。

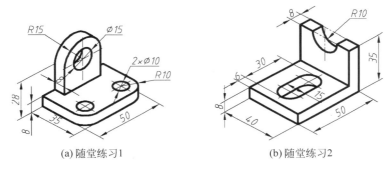

(a) 随堂练习1　　　　　　　　(b) 随堂练习2

图 9-18　随堂练习图

## 9.2　物体内形的表达——剖视图

本节知识点：

（1）创建全剖视图的方法；

（2）创建半剖视图的方法；

（3）创建局部剖视图的方法；

（4）创建阶梯剖视图的方法；

（5）创建旋转剖视图的方法；

（6）编辑装配剖视图的方法。

### 9.2.1　剖视图的种类

#### 1. 全剖视图

用剖切平面，将机件全部剖开后进行投影所得到的剖视图，称为全剖视图（简称全剖视），如图 9-19 所示。全剖视图一般用于表达外部形状比较简单，内部结构比较复杂的机件。

**2. 半剖视图**

当机件具有对称平面时,在垂直于对称平面的投影面上投影得到的视图,可以对称中心线为界,一半画成剖视图,一半画成视图,这样的图形称为半剖视图。

半剖视图既充分地表达了机件的内部结构,又保留了机件的外部形状,因此它具有内外兼顾的特点。但半剖视图只适宜于表达对称的或基本对称的机件,如图 9-20 所示。

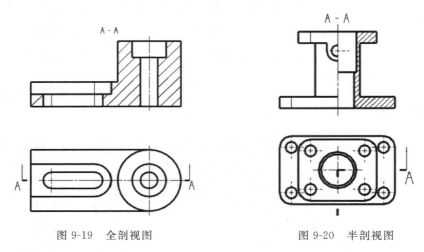

图 9-19　全剖视图　　　　　　　　图 9-20　半剖视图

**3. 局部剖视图**

将机件局部剖开后进行投影得到的剖视图称为局部剖视图。局部剖视图也是在同一视图上同时表达内外形状的方法,并且用波浪线作为剖视图与视图的界线,如图 9-21 所示。

**4. 阶梯剖视图**

用两个或多个互相平行的剖切平面把机件剖开的方法,称为阶梯剖,所画出的剖视图,称为阶梯剖视图。它适宜于表达机件内部结构的中心线排列在两个或多个互相平行的平面内的情况,如图 9-22 所示。

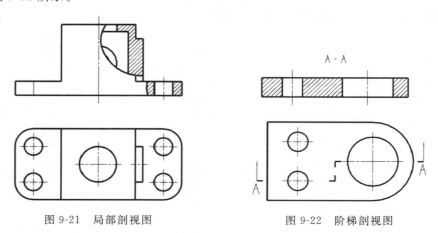

图 9-21　局部剖视图　　　　　　　　图 9-22　阶梯剖视图

**5. 旋转剖视图**

用两个相交的剖切平面(交线垂直于某一基本投影面)剖开机件的方法称为旋转剖,所画出的剖视图,称为旋转剖视图。适用于有明显回转轴线的机件,而轴线恰好是两剖切平面的交线,并且两剖切平面一个为投影面平行面,一个为投影面垂直面,采用这种剖切方法画剖视图

时,先假想按剖切位置剖开机件,然后将被剖切的结构及其有关部分绕剖切平面的交线旋转到
与选定投影面平行后再投射,如图 9-23 所示。

## 9.2.2 剖视图应用实例

**1. 要求**

(1) 建立全剖视图,如图 9-19 所示。

(2) 半剖视图,如图 9-20 所示。

(3) 局部剖视图,如图 9-21 所示。

(4) 阶梯剖视图,如图 9-22 所示。

(5) 旋转剖视图,如图 9-23 所示。

**2. 操作步骤**

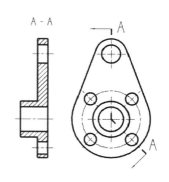

图 9-23 旋转剖视图

步骤一:建立全剖视图。

(1) 打开文件。

打开"全剖视图.slddrw"。

(2) 建立全剖视图。

单击【视图布局】工具条上的【剖面视图】按钮 ,出现【剖面视图】属性管理器。

① 单击【剖面视图】按钮。

② 在【切割线】组,单击【水平】按钮 ,如图 9-24 所示。

③ 定义剖切位置。

移动鼠标到视图,捕捉轮廓线圆心点,如图 9-25 所示。

图 9-24 【剖面视图】属性管理器

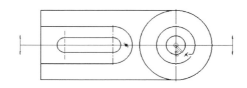

图 9-25 捕捉轮廓线圆心点

④ 确定剖视图的中心。

出现【剖面视图 A-A】属性管理器,移动鼠标到指定位置,如图 9-26 所示。

**说明:**单击【自动反转】按钮,调整方向。

⑤ 单击鼠标,创建全剖视图,如图 9-27 所示。

步骤二:建立半剖视图。

(1) 打开文件。

打开"半剖视图.slddrw"。

(2) 建立半剖视图。

单击【视图布局】工具条上的【剖面视图】按钮 ,出现【剖面视图】属性管理器。

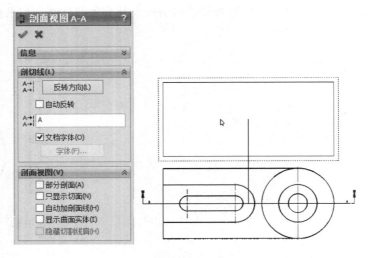

图 9-26　移动鼠标到指定位置

① 单击【半剖面】按钮。

② 在【切割线】组，单击【右侧向上】按钮 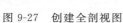，如图 9-28 所示。

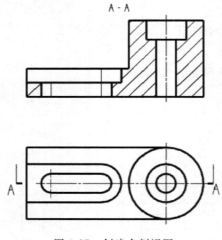

图 9-27　创建全剖视图

图 9-28　【半剖面】属性管理器

③ 定义剖切位置。

移动鼠标到视图，捕捉轮廓线圆心，如图 9-29 所示。

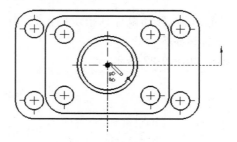

图 9-29　捕捉轮廓线中点

④ 确定剖视图的中心。

出现【剖面视图 A-A】属性管理器,移动鼠标到指定位置,如图 9-30 所示。

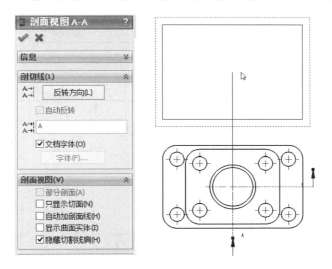

图 9-30　捕捉半剖位置轮廓线中点

说明:单击【自动反转】按钮,调整方向。

⑤ 单击鼠标,创建半剖视图,如图 9-31 所示。

步骤三:局部剖视图。

(1) 打开文件。

打开"局部剖视图.slddrw"。

(2) 建立局部剖视图。

① 单击【草图工具】工具栏上的【样条曲线】按钮 ∿,在主视图中绘制曲线,如图 9-32 所示。

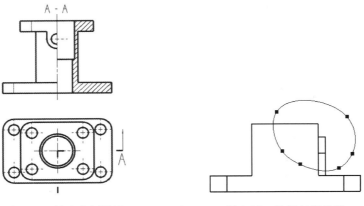

图 9-31　创建半剖视图　　　　　　图 9-32　绘制封闭曲线

② 选中主视图,单击【视图布局】工具条上的【断开的剖视图】按钮 ,出现【断开的剖视图】属性管理器。在俯视图上选择小圆以确定截断线,如图 9-33 所示。

③ 单击【确定】按钮 ,如图 9-34 所示,创建局部剖视图。

④ 按同样的方法创建另一处局部剖视图,如图 9-35 所示。

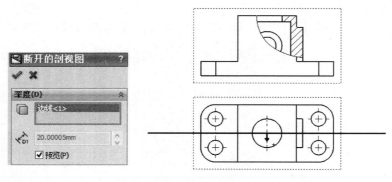

图 9-33　定义基点

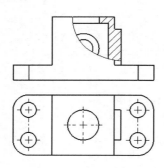

图 9-34　局部剖视图

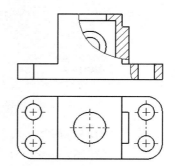

图 9-35　局部剖视图

步骤四：阶梯剖视图。

（1）打开文件。

打开"阶梯剖视图.slddrw"。

（2）建立阶梯剖视图。

单击【视图布局】工具条上的【剖面视图】按钮 ⤵，出现【剖面视图】属性管理器。

① 单击【剖面视图】按钮。

② 在【切割线】组，单击【水平】按钮 ▦，如图 9-36 所示。

③ 定义剖切位置。

移动鼠标到视图，捕捉轮廓线圆心点，如图 9-37 所示。

图 9-36　【剖面视图】属性管理器

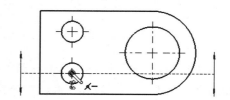

图 9-37　捕捉轮廓线圆心点

④ 出现快捷菜单,单击【单偏移】按钮 🔳,如图 9-38 所示。

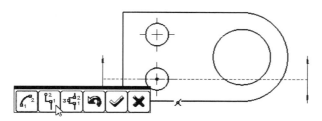

图 9-38　设置偏置

⑤ 确定转折点,如图 9-39 所示。

⑥ 捕捉轮廓线圆心点为第二点,如图 9-40 所示。

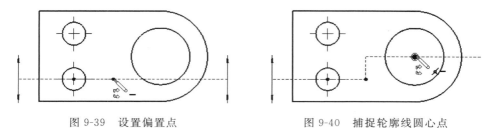

图 9-39　设置偏置点　　　　　　　　图 9-40　捕捉轮廓线圆心点

⑦ 确定剖视图的中心

从快捷菜单中单击【确定】按钮 ✅,出现【剖面视图 A-A】属性管理器,移动鼠标到指定位置,如图 9-41 所示。

说明:单击【自动反转】按钮,调整方向。

⑧ 单击鼠标,创建阶梯剖视图,如图 9-42 所示。

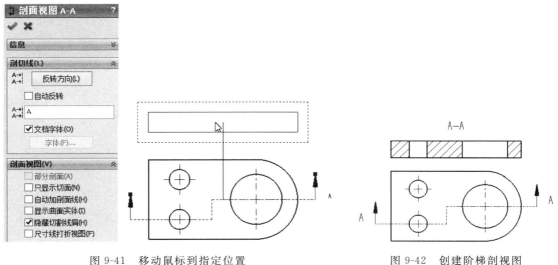

图 9-41　移动鼠标到指定位置　　　　　图 9-42　创建阶梯剖视图

步骤五:旋转剖视图。

(1)打开文件。

打开"旋转剖视图.slddrw"。

（2）建立旋转剖视图。

单击【视图布局】工具条上的【剖面视图】按钮 🔄，出现【剖面视图】属性管理器。

① 单击【剖面视图】按钮。

② 在【切割线】组，单击【对齐】按钮 ，如图 9-43 所示。

③ 定义旋转点。

移动鼠标到视图，捕捉轮廓线圆心点，如图 9-44 所示。

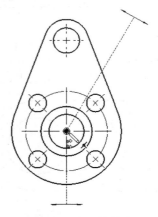

图 9-43　【剖面视图】属性管理器　　　　图 9-44　定义旋转点

④ 定义线段新位置。

移动鼠标到视图，捕捉轮廓线圆心点，如图 9-45 所示。

⑤ 定义线段新位置。

移动鼠标到视图，捕捉轮廓线中点，如图 9-46 所示。

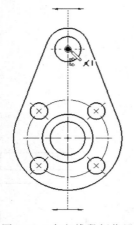

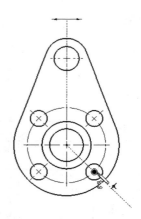

图 9-45　定义线段新位置　　　　　　图 9-46　定义线段新位置

⑥ 出现快捷菜单，从快捷菜单中单击【确定】按钮 ✅，如图 9-47 所示。

图 9-47　快捷菜单

⑦ 确定剖视图的中心。

出现【剖面视图 A-A】属性管理器,移动鼠标到指定位置,如图 9-48 所示。

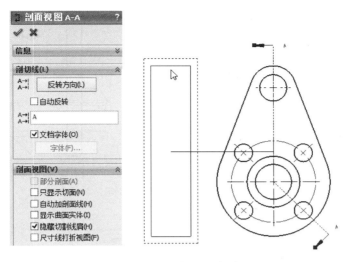

图 9-48　移动鼠标到指定位置

**说明:**单击【自动反转】按钮,调整方向。

⑧ 单击鼠标,创建旋转剖视图,如图 9-49 所示。

步骤六:装配剖视图。

(1)打开文件。

打开"装配剖视图.slddrw"。

(2)建立编辑装配剖视图。

① 单击【草图工具】工具栏上的【边角矩形】按钮 □ ,在主视图中绘制矩形,如图 9-50 所示。

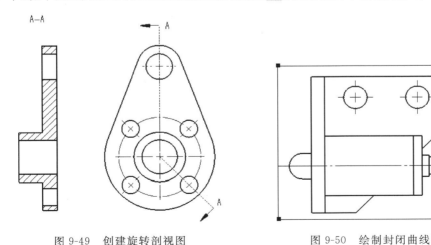

图 9-49　创建旋转剖视图　　　　　　图 9-50　绘制封闭曲线

② 选中主视图,单击【视图布局】工具条上的【断开的剖视图】按钮 ,出现【剖面视图】对话框,在图形区选择不剖切的轴,如图 9-51 所示。

③ 单击【确定】按钮,出现【断开的剖视图】属性管理器。在俯视图上选择轮廓边线以确定截断线,如图 9-52 所示。

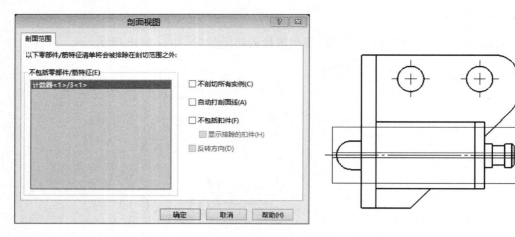

图 9-51　选择不剖切的轴

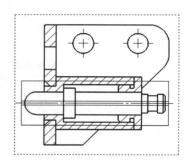

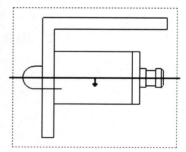

图 9-52　定义剖切点

④ 单击【确定】按钮，完成设置的装配剖视图，如图 9-53 所示。

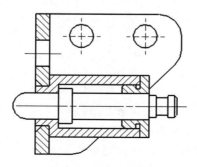

图 9-53　装配剖视图

**3. 步骤点评**

1）对于步骤一：关于切割线操作方式

有以下 4 种切割线操作方式：

（1）竖直 ⬚，如图 9-54 所示。

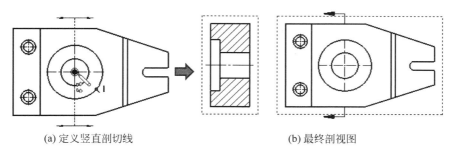

(a) 定义竖直剖切线　　　　　　　(b) 最终剖视图

图 9-54　切割线——竖直剖视图

（2）水平 ⬚，如图 9-55 所示。

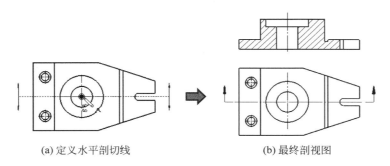

(a) 定义水平剖切线　　　　　　　(b) 最终剖视图

图 9-55　切割线——水平剖视图

（3）辅助 ⬚，如图 9-56 所示。

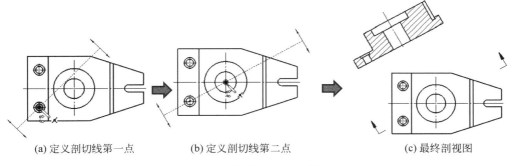

(a) 定义剖切线第一点　　　　(b) 定义剖切线第二点　　　　(c) 最终剖视图

图 9-56　切割线——辅助剖视图

（4）已对齐 ⬚，如图 9-57 所示。

2）对于步骤二：关于半剖面操作方式

有以下 8 种半剖面操作方式，见表 9-1。

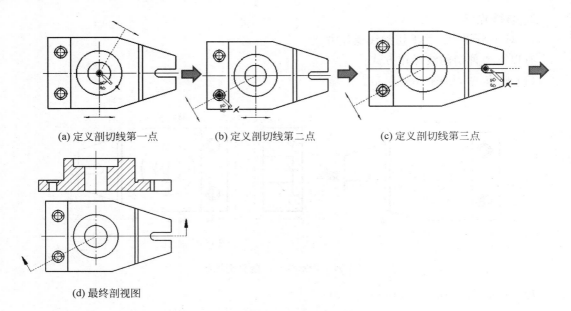

(a) 定义剖切线第一点　　　(b) 定义剖切线第二点　　　(c) 定义剖切线第三点

(d) 最终剖视图

图 9-57　切割线——已对齐剖视图

表 9-1　半剖面操作方式

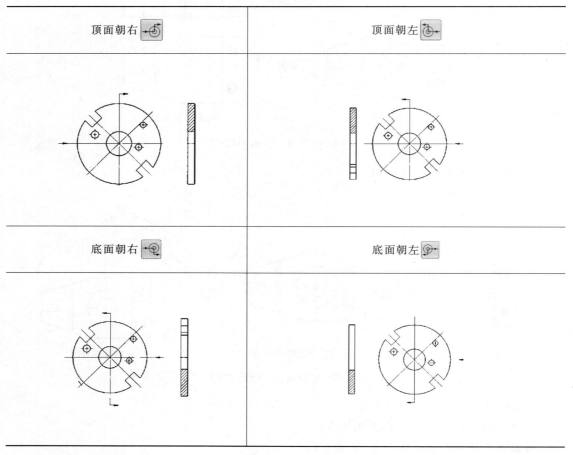

续表

| 左侧朝下 | 右侧朝下 |
|---|---|
| 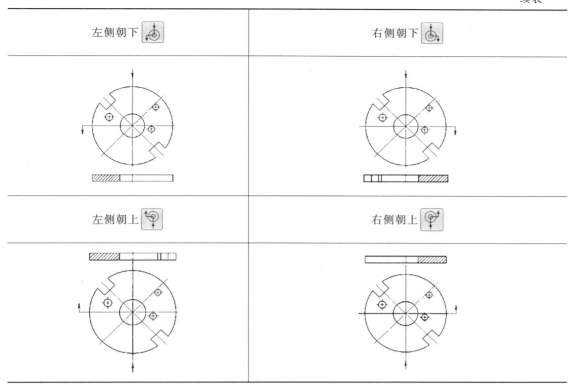 | |
| 左侧朝上 | 右侧朝上 |

3）对于步骤四：关于创建带等距的剖面视图操作方式

有以下三种创建带等距的剖面视图操作方式：

（1）圆弧等距，如图 9-58 所示。

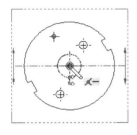

(a) 定位水平剖切线

(b) 添加圆弧等距，开始圆弧等距的剖切线上第一个点

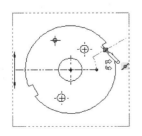

(c) 设置等距角度的几何体上的第二个点

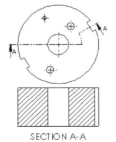

SECTION A-A

(d) 最终剖面视图

图 9-58 创建圆弧等距的剖面视图

（2）单一等距，如图 9-59 所示。

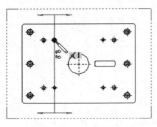

(a) 定位竖直剖切线

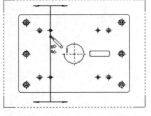

(b) 添加单一等距，开始单一等距的剖切线上第一个点

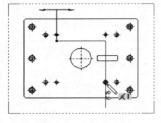

(c) 设置等距深度的几何体上第二个点

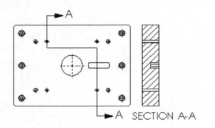

(d) 最终剖面视图

图 9-59　创建单一等距的剖面视图

（3）凹口等距，如图 9-60 所示。

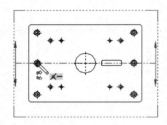

(a) 定位水平剖切线

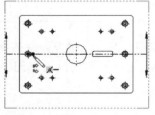

(b) 添加凹口等距，开始凹口等距的剖切线上第一个点

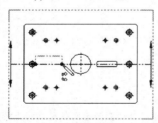

(c) 设置等距长度的剖切线上第二个点

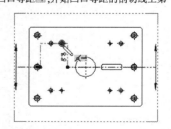

(d) 设置等距深度的几何体上第三个点

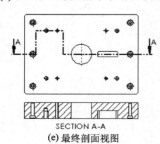

(e) 最终剖面视图

图 9-60　创建凹口等距的剖面视图

## 9.2.3　随堂练习

完成如图 9-61 所示的全剖视图。

完成如图 9-62 所示的半剖视图。

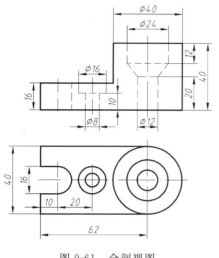

图 9-61　全剖视图

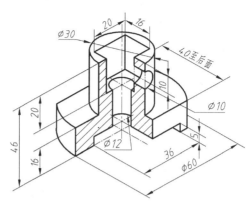

图 9-62　半剖视图

# 9.3　断面图、断裂视图和局部放大视图

本节知识点：

（1）创建移出断面的方法；

（2）创建重合断面的方法；

（3）创建断裂视图的方法；

（4）创建局部放大视图的方法。

## 9.3.1　断面图、断裂视图和局部放大视图概述

### 1．移出断面图

画在视图轮廓之外的断面图称为移出断面图。如图 9-63 所示断面即为移出断面。

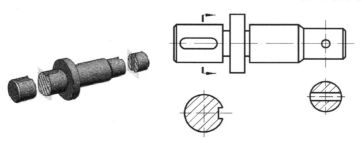

图 9-63　移出断面图

移出断面的画法：

① 移出断面的轮廓线用粗实线画出，断面上画出剖面符号。移出断面应尽量配置在剖切平面的延长线上，必要时也可以画在图纸的适当位置。

② 当剖切平面通过由回转面形成的圆孔、圆锥坑等结构的轴线时，这些结构应按剖视画出，如图 9-64 所示。

③ 当剖切平面通过非回转面，会导致出现完全分离的断面时，这样的结构也应按剖视画出，如图 9-65 所示。

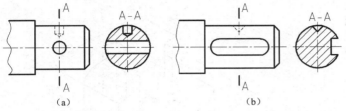
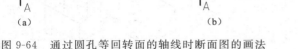
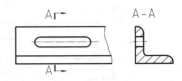

图 9-64　通过圆孔等回转面的轴线时断面图的画法　　　图 9-65　断面分离时的画法

### 2. 重合断面图

画在视图轮廓之内的断面图称为重合断面图。如图 9-66 所示的断面即为重合断面。

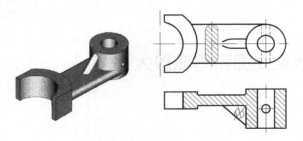

图 9-66　重合断面图

为了使图形清晰，避免与视图中的线条混淆，重合断面的轮廓线用细实线画出。当重合断面的轮廓线与视图的轮廓线重合时，仍按视图的轮廓线画出，不应中断。

### 3. 断裂视图

较长的零件，如轴、杆、型材、连杆等，且沿长度方向的形状一致或按一定规律变化时，可以断开后缩短绘制。

### 4. 局部放大图

机件上某些细小结构在视图中表达得还不够清楚，或不便于标注尺寸时，可将这些部分用大于原图形所采用的比例画出，这种图称为局部放大图，如图 9-67 所示。

局部放大图的标注方法：在视图上画一细实线圆，标明放大部位，在放大图的上方注明所用的比例，即图形大小与实物大小之比（与原图上的比例无关），如果放大图不止一个，还要用罗马数字编号以示区别。

**注意**：局部放大图可画成视图、剖视图、断面图，它与被放大部位的表达方法无关。局部放大图应尽量配置在被放大部位附近。

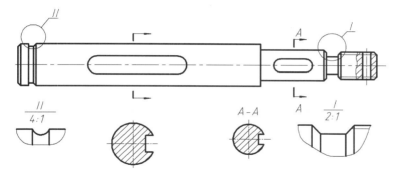

图 9-67　局部放大图

## 9.3.2　断面图、断裂视图和局部放大视图应用实例

### 1. 要求

（1）建立移出断面图，如图 9-68 所示。

（2）建立重合断面，如图 9-69 所示。

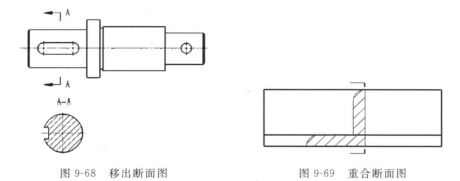

图 9-68　移出断面图　　　　　　　　　图 9-69　重合断面图

（3）建立断裂视图，如图 9-70 所示。

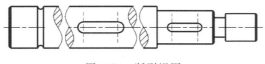

图 9-70　断裂视图

（4）建立局部放大视图，如图 9-71 所示。

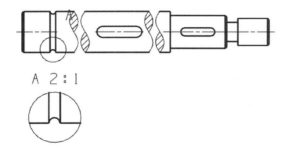

图 9-71　局部放大视图

**2．操作步骤**

步骤一：移出断面。

（1）打开文件。

打开"移出断面．slddrw"。

（2）建立移出断面。

单击【视图布局】工具条上的【剖面视图】按钮 🔁，出现【剖面视图】属性管理器。

① 单击【剖面视图】按钮。

② 在【切割线】组，单击【竖直】按钮 🔁，如图 9-72 所示。

③ 定义剖切位置。

移动鼠标到视图，确定剖切点，如图 9-73 所示。

图 9-72　【剖面视图】属性管理器

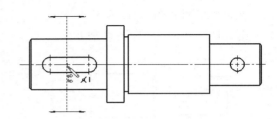

图 9-73　捕捉轮廓线圆心点

④ 确定剖视图的中心。

出现【剖面视图 A-A】属性管理器。在【剖面视图】组，选中【只显示切面】复选框，移动鼠标到指定位置，如图 9-74 所示。

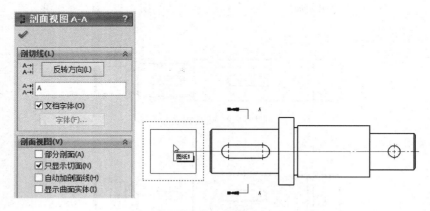

图 9-74　移动鼠标到指定位置

**说明**：单击【自动反转】按钮，调整方向。

⑤ 单击鼠标，创建只显示切面的全剖视图，如图 9-75 所示。

⑥ 右键单击"剖面 A-A"，选择【视图对齐】|【解除对齐关系】命令，将"剖面 A-A"移到键槽下方合适位置，如图 9-76 所示。

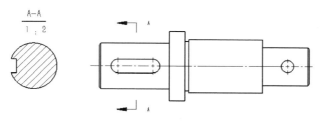

图 9-75　创建全剖视图

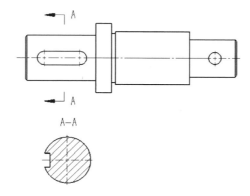

图 9-76　移动剖面视图

步骤二：重合断面。

（1）打开文件。

打开"重合断面.slddrw"。

（2）建立重合断面。

单击【视图布局】工具条上的【剖面视图】按钮 ，出现【剖面视图】属性管理器。

① 单击【剖面视图】按钮。

② 在【切割线】组，单击【竖直】按钮 ，如图 9-77 所示。

③ 定义剖切位置。

移动鼠标到视图，确定剖切点，如图 9-78 所示。

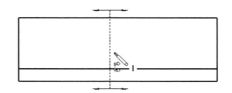

图 9-77　【剖面视图】属性管理器　　　　图 9-78　捕捉轮廓线圆心点

④ 确定剖视图的中心。

出现【剖面视图 A-A】属性管理器，移动鼠标到指定位置，如图 9-79 所示。

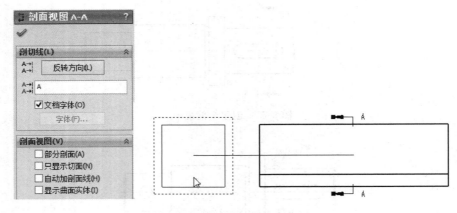

图 9-79　移动鼠标到指定位置

**说明**：单击【自动反转】按钮，调整方向。

⑤ 单击鼠标，创建全剖视图，如图 9-80 所示。

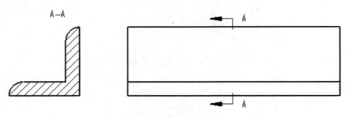

图 9-80　创建全剖视图

⑥ 将"剖面 A-A"移到合适位置，隐藏标记如图 9-81 所示。

**步骤三：断裂视图。**

(1) 打开文件。

打开"断裂视图.slddrw"。

(2) 创建断开视图。

单击【视图布局】工具条上的【断裂视图】按钮 ，出现【断裂视图】属性管理器。

① 单击【添加竖直折断线】按钮 。

② 在【折断线样式】列表中选择【曲线切断】选项，如图 9-82 示。

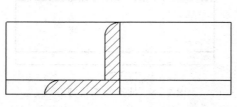

图 9-81　重合端面视图

图 9-82　【断裂视图】属性管理器

③ 选择视图,分别将两条折断线放在相应位置,如图 9-83 所示。

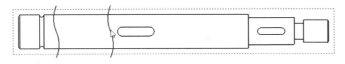

图 9-83　放置折断线

④ 建立断裂视图,如图 9-84 所示。

图 9-84　建立断裂视图

⑤ 按同样的方法建立另一个断裂视图,如图 9-85 所示。

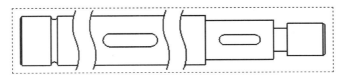

图 9-85　建立断裂视图

### 3. 局部放大视图

(1) 打开文件。

打开"局部放大视图.slddrw"。

(2) 定义局部放大视图。

单击【视图布局】工具条上的【局部视图】按钮 Ⓐ,出现【局部视图】属性管理器。

① 在所需放大区域确定圆心,绘制圆,如图 9-86 所示。

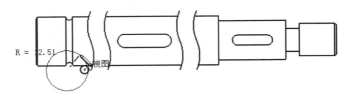

图 9-86　绘制放大区域

② 出现【局部视图】属性管理器。

* 在【比例】组,单击选中【使用自定义比例】单选按钮。
* 选择【比例】为 2∶1。
* 移动到合适位置,单击鼠标,创建局部放大视图,如图 9-87 所示。

### 4. 步骤点评

对于步骤二:关于切面。

选择【只显示切面】:只显示被剖切线切除的面。

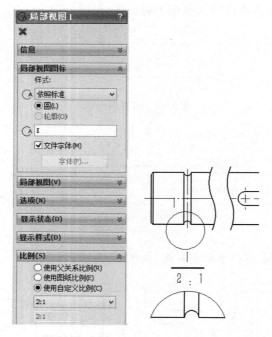

图 9-87　局部放大图

### 9.3.3　随堂练习

完成如图 9-88 所示的工程图。

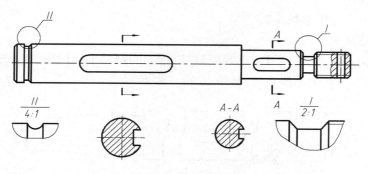

图 9-88　随堂练习图

# 9.4　零件图上的尺寸标注

本节知识点：
（1）创建中心线的方法；
（2）各种类型的尺寸标注的方法。

## 9.4.1　SW 工程图中的尺寸

工程图中的尺寸标注是与模型相关联的，而且模型中的变更会反映到工程图中。

（1）模型尺寸。通常在生成每个零件特征时即生成尺寸,然后将这些尺寸插入各个工程图视图中。在模型中改变尺寸会更新工程图,在工程图中改变插入的尺寸也会改变模型。

（2）参考尺寸。也可以在工程图文件中添加尺寸,但是这些尺寸是参考尺寸,并且是从动尺寸;不能通过编辑参考尺寸的数值来改变模型。然而,当模型的标注尺寸改变时,参考尺寸值也会改变。

## 9.4.2 标注组合体尺寸的方法

标注尺寸时,先对组合体进行形体分析,选定长度、宽度、高度三个方向的尺寸基准,如图 9-89 所示,逐个形体标注其定形尺寸和定位尺寸,再标注总体尺寸,最后检查并进行尺寸调整。

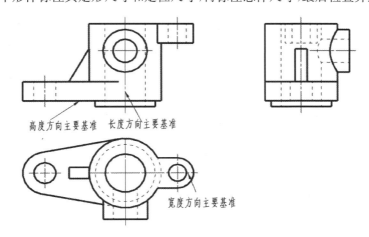

图 9-89 形体分析,确定尺寸基准

## 9.4.3 零件图上的尺寸标注应用实例

### 1. 要求

创建中心线与各种类型的尺寸标注,如图 9-90 所示。

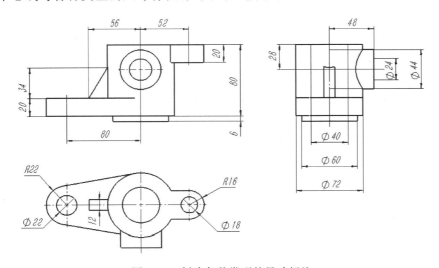

图 9-90 创建各种类型的尺寸标注

**2. 操作步骤**

**步骤一：打开文件，创建中心线。**

(1) 打开"组合体尺寸标注.slddrw"。

(2) 创建中心标记。

单击【注释】工具条上的【中心符号线】按钮 ⊕，出现【中心符号线】属性管理器。

① 在【手工插入选项】组，单击【圆形中心符号线】按钮 ▦。

② 分别在各视图中选择圆。

如图 9-91 所示，单击【确定】按钮 ☑，完成中心标记。

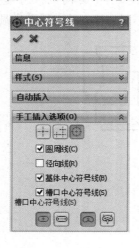
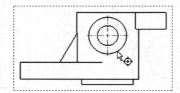
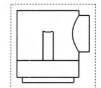
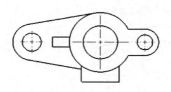

图 9-91    创建中心标记

(3) 创建中心线。

单击【注释】工具条上的【中心线】按钮 ⊞，出现【中心线】属性管理器。分别在各视图中选择两边线，如图 9-92 所示，单击【确定】按钮 ☑，完成中心线。

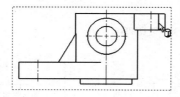

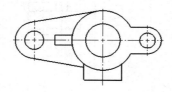

图 9-92    创建中心线

**3. 标注模型尺寸**

单击【注释】工具条上的【模型项目】按钮 ✎，出现【模型项目】属性管理器。

从【来源】列表中选择【整个模型】选项，选中【将项目输入到所有视图】复选框，如图 9-93

所示,单击【确定】按钮 。

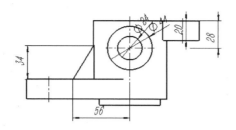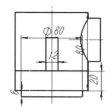

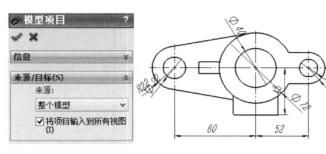

图 9-93 添加模型项目

### 4. 整理尺寸

(1) 移动有关尺寸,整理定形尺寸,如图 9-94 所示。

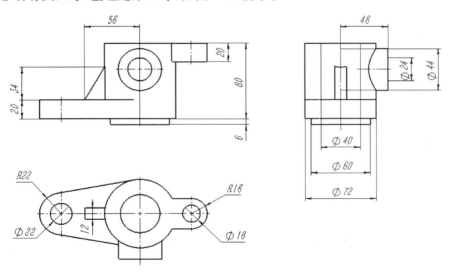

图 9-94 整理定形尺寸

(2) 移动有关尺寸,整理定位尺寸,如图 9-95 所示。

### 5. 步骤点评

(1) 对于步骤三:关于模型尺寸。

工程图中的尺寸标注是与模型相关联的,而且模型中的变更会反映到工程图中。在模型中改变尺寸会更新工程图,在工程图中改变插入的尺寸也会改变模型。根据系统默认,插入的尺寸为黑色。

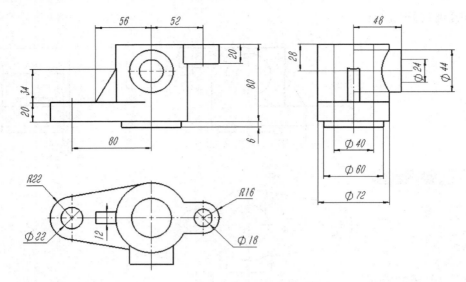

图 9-95   标注定位尺寸,并调整尺寸

(2) 对于步骤四:关于移动模型尺寸。

尺寸一旦在工程图中显示,可以在视图中进行移动或将之移动到另一视图中。

① 要在视图中移动尺寸:拖动该尺寸件到新的位置。

② 要将尺寸切换到视图内具有相同大小的另一特征:选取尺寸然后将箭头控标拖放到另一条边线。该方法只可用于径向、直径和倒角尺寸。

③ 要将尺寸从一个视图移动到另一个视图中:在将该尺寸拖到另一个视图中时,按住 Shift 键。

④ 要将尺寸从一个视图复制到另一个视图中:在将该尺寸拖到另一个视图中时,按住 Ctrl 键。

### 9.4.4   随堂练习

完成如图 9-96 所示的工程图。

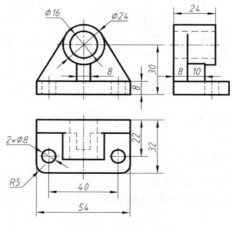

图 9-96   随堂练习图

# 9.5　零件图的技术要求

本节知识点：
(1) 创建拟合符号和公差的方法；
(2) 表面结构标注的方法；
(3) 几何公差标注的方法；
(4) 创建技术要求的方法。

## 9.5.1　零件图的技术要求概述

零件图上的技术要求主要包括：尺寸公差、表面形状和位置公差、表面粗糙度和技术要求。

**1. 极限与配合的标注**

1) 极限与配合在零件图中的标注

在零件图中，线性尺寸的公差有三种标注形式：一是只标注上、下偏差；二是只标注公差带代号；三是既标注公差带代号，又标注上、下偏差，但偏差值用括号括起来。标注极限与配合时应注意以下几点：

(1) 上、下偏差的字高比尺寸数字小一号，且下偏差与尺寸数字在同一水平线上。

(2) 当公差带相对于基本尺寸对称时，即上、下偏差互为相反数时，可采用±加偏差的绝对值的注法，如 $\phi 30\pm0.016$mm（此时偏差和尺寸数字为同字号）。

(3) 上、下偏差的小数位必须相同、对齐，当上偏差或下偏差为零时，用数字 0 标出，如 $\phi$。小数点后末位的 0 一般不必注写，仅当为凑齐上下偏差小数点后的位数时，才用 0 补齐。

2) 极限与配合在装配图中的标注

在装配图上一般只标注配合代号。配合代号用分数形式表示，分子为孔的公差带代号，分母为轴的公差带代号。对于与轴承等标准件相配的孔或轴，则只标注非基准件（配合件）的公差带符号。如轴承内圈孔与轴的配合，只标注轴的公差带代号；外圈的外圆与箱体孔的配合，只标注箱体孔的公差带代号。

**2. 表面形状和位置公差的标注**

形位公差采用代号的形式标注，代号由公差框格和带箭头的指引线组成。

**3. 表面结构要求在图样中的标注方法**

表面结构符号中注写了具体参数代号及数值等要求后即称为表面结构代号。表面结构的要求在图样中的标注就是表面结构代号在图样中的标注，具体注法如下：

(1) 表面结构要求对每一表面一般只注一次，并尽可能注在相应的尺寸及其公差的同一视图上。除非另有说明，所标注的表面结构要求是对完工零件表面的要求。

(2) 表面结构的注写和读取方向与尺寸的注写和读取方向一致。表面结构要求可标注在轮廓线上，其符号应从材料外指向并接触表面。必要时，表面结构也可用带箭头或黑点的指引线引出标注。

(3) 在不致引起误解时，表面结构要求可以标注在给定的尺寸线下。

(4) 表面结构要求可标注在几何公差框格的上方。

(5) 圆柱和棱柱的表面结构要求只标注一次。如果每个棱柱表面有不同的表面结构要求，则应分别单独标注。

### 9.5.2　零件图的技术要求填写实例

**1. 要求**

零件图上的技术要求，如图 9-97 所示。

**2. 操作步骤**

步骤一：打开文件，创建拟合符号和公差。

（1）打开"技术要求. slddrw"。

（2）单击尺寸 $\phi$42，出现【尺寸】属性管理器，打开【数值】选项卡。

① 在【公差/精度】组，从【公差类型】列表中选择【双边】选项。

② 在【最大变量】文本框输入 0.050mm，在【最小变量】文本框输入－0.025mm，如图 9-98 所示。

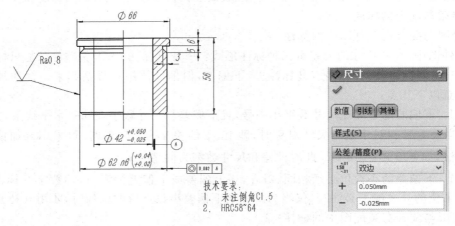

图 9-97　钻套　　　　　　　　　　　　　　　　　图 9-98　双边公差

（3）打开【其他】选项卡，对于【公差字体】设置。

① 取消选中【使用尺寸字体】复选框。

② 单击选中【字体比例】单选按钮，在文本框输入 0.67。

如图 9-99 所示，单击【确定】按钮。

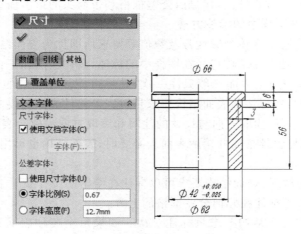

图 9-99　标注公差

（4）单击尺寸 φ62，出现【尺寸】属性管理器，打开【数值】选项卡。

① 在【公差/精度】组，从【公差类型】列表中选择【与公差套合】选项。

② 在【轴套合】列表选择 n6 选项。

③ 选中【显示括号】复选框，如图 9-100 所示。

（5）打开【其他】选项卡，对于【公差字体】设置。

① 取消选中【使用尺寸字体】复选框。

② 单击选中【字体比例】单选按钮，在文本框输入 0.67。

如图 9-101 所示，单击【确定】按钮。

图 9-100  拟合符号和公差          图 9-101  标注符号和公差

步骤二：表面结构标注。

单击【注释】工具条上的【表面粗糙度符号】按钮 √，出现【表面粗糙度】属性管理器。

① 在【符号】组，单击【基本】按钮 √。

② 在【符号布置】组，在【抽样长度】文本框输入 Ra0.8。

③ 在【角度】组，在【角度】文本框输入 0 度。

④ 单击【竖直】按钮 √。

⑤ 在【引线】组，单击【折弯引线】按钮，在图形上选择左边，然后在适当位置拾取一点，定位粗糙度符号，如图 9-102 所示。

步骤三：几何公差。

（1）单击【注释】工具条上的【基准特征】按钮，出现【基准特征】属性管理器。

① 在【标号设定】文本框输入 A。

② 在【引线】组，单击【垂直】按钮。

③ 选择尺寸线，然后确定方向在适当位置拾取一点，向右拖动。

如图 9-103 所示，单击左键。

（2）单击【注释】工具条上的【形位公差】按钮，出现【形位公差】属性管理器。

① 在【引线】组，单击【折弯引线】按钮，出现【属性】对话框。

② 从【符号】列表中选择【同轴度】选项。

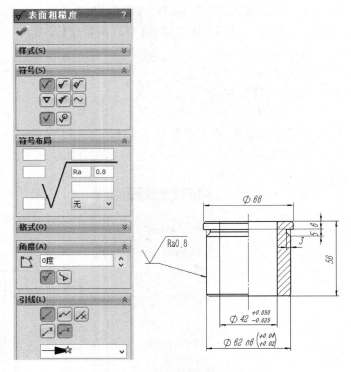

图 9-102　创建表面粗糙度符号

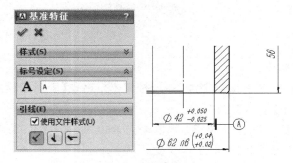

图 9-103　创建基准特征符号

③ 单击【直径】按钮 ⌀ 。

④ 在【公差 1】文本框输入 0.002。

⑤ 从【主要】列表选取 A 选项。

⑥ 在其上面适当位置拾取一点，向右拖动。

如图 9-104 所示，单击左键。

步骤四：技术要求。

单击【注释】工具条上的【注释】按钮 A ，出现【注释】属性管理器。

① 在【引线】组，单击【无引线】按钮 ⌧ 。

② 在适当位置拾取一点作为指定位置，出现【格式化】对话框。

③ 输入"技术要求：(1)未注倒角 C1.5　(2)HRC58～64"。

如图 9-105 所示，单击【确定】按钮 ☑ 。

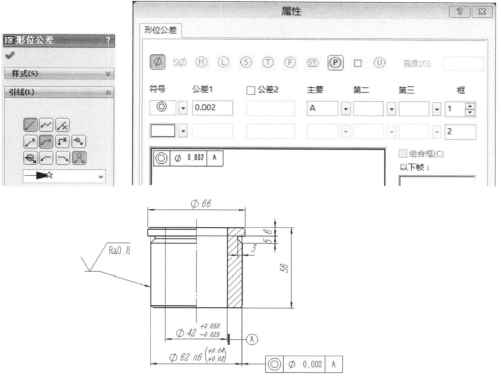

图 9-104 创建特征控制框

图 9-105 技术要求

**3. 步骤点评**

1）对于步骤一：关于公差类型。

可在尺寸值属性管理器中设定公差和精度选项，见表 9-2。

**表 9-2 设定公差和精度选项**

| 项目 | 说明 | 图例 |
|---|---|---|
| 基本 | 沿尺寸文字添加一方框。在形位尺寸与公差中，基本表示尺寸理论上的准确值 | $\phi 18$  $\phi 92$ |
| 双边 | 显示其后跟有单独上和下公差的标称尺寸。在 ➕ 和 ➖ 中为标称尺寸之上和之下的数量设定值 | $\phi 18 \begin{array}{l}+0.005\\-0.002\end{array}$  $\phi 92$ |
| 限制 | 显示尺寸的上限和下限。在 ➕ 和 ➖ 中为标称尺寸之上和之下的数量设定值。公差值添加到标称尺寸或从之扣除 | $\phi \begin{array}{l}18.005\\17.998\end{array}$  $\phi 92$ |
| 对称 | 显示后面跟有公差的标称尺寸。在 ➕ 中为标称尺寸之上和之下的数量设定相同值 | $\phi 18 \pm 0.005$  $\phi 92$ |
| 最小 | 显示标称值并带后缀最小 | $\phi 18$ 最小  $\phi 92$ |
| 最大 | 显示标称值并带后缀最大 | $\phi 18$ 最大  $\phi 92$ |

2）对于步骤一：关于标注配合公差。

标注配合公差步骤如下：

（1）选择需要标尺寸的特征。

（2）出现【尺寸】属性管理器，在【公差与精度】组。

① 单个零件从【公差类型】选择【与公差套合】选项。

② 装配件从【公差类型】选择【套合】选项。

③ 只标注公差从【公差类型】选择【套合（仅对公差）】选项。

（3）选配合方式：如【间隙】、【过渡】、【紧靠】。

（4）根据孔或轴选相应的配合公差带。

### 9.5.3 随堂练习

完成如图 9-106 所示的工程图。

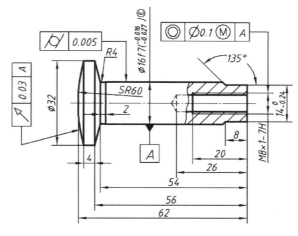

图 9-106　随堂练习图

# 9.6 标题栏、明细表

本节知识点：

（1）填写属性；

（2）导入明细表属性；

（3）自动标注零件序号。

### 9.6.1 装配图中零部件的序号及明细栏

装配图中零部件的序号及明细栏

**1. 一般规定**

（1）装配图中所有零部件都必须编写序号。

（2）装配图中，一个部件可只编写一个序号，同一装配图中，尺寸规格完全相同的零部件，应编写相同的序号。

（3）装配图中的零部件序号应与明细栏中的序号一致，标注一个完整的序号，一般应有三个部分：指引线、水平线（或圆圈）及序号数字，也可以不画水平线或圆圈。

**2. 序号的标注形式**

1) 指引线

指引线用细实线绘制,应自所指部分的可见轮廓内引出,并在可见轮廓内的起始端画一圆点。

2) 水平线或圆圈

水平线或圆圈用细实线绘制,用以注写序号数字。

3) 序号数字

在指引线的水平线上或圆圈内注写序号时,其字高比该装配图中所注尺寸数字高度大一号,也允许大两号,当不画水平线或圆圈,在指引线附近注写序号时,序号字高必须比该装配图中所标注尺寸数字高度大两号。

**3. 序号的编排方法**

序号在装配图周围按水平或垂直方向排列整齐,序号数字可按顺时针或逆时针方向依次增大,以便查找。

在一个视图上无法连续编完全部所需的序号时,可在其他视图上按上述原则继续编写。

**4. 明细栏的填写**

(1) 明细栏直接画在装配图中时,明细栏中的序号应按自下而上的顺序填写,以便发现有漏编的零件时,可继续向上填补。如果是单独附页的明细栏,序号应按自上而下的顺序填写。

(2) 明细栏中的序号应与装配图上的编号一致,即一一对应。

(3) 代号栏用来注写图样中相应组成部分的图样代号或标准号。

## 9.6.2 装配图中零部件的序号及明细栏应用实例

**1. 要求**

(1) 填写标题栏,如图 9-107 所示。

| 标记 | 处数 | 分区 | 更改文件号 | 签名 | 年 月 日 | 阶 段 标 记 | | 质量 | 比例 | Q235A |
|---|---|---|---|---|---|---|---|---|---|---|
| 设计 | 魏峥 | | 标准化 | | | | | 0.162 | 1.2 | 轮 |
| 校核 | | | 工艺 | | | | | | | |
| 主管设计 | | | 审核 | | | | | | | SDUT-01-04 |
| | | | 批准 | | | 共1张 第1张 | | 版本 | | 替代 |

图 9-107 标题栏

(2) 填写明细栏,如图 9-108 所示。

**2. 操作步骤**

步骤一:标题栏。

(1) 打开模型文件

打开"轮. sldprt"。

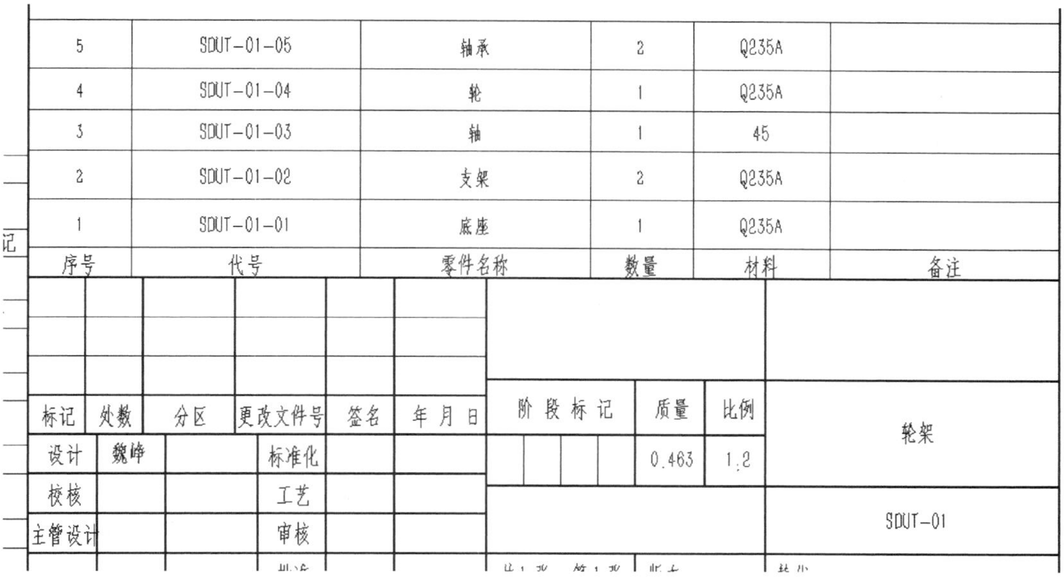

| 5 | SDUT-01-05 | 轴承 | 2 | Q235A | |
| 4 | SDUT-01-04 | 轮 | 1 | Q235A | |
| 3 | SDUT-01-03 | 轴 | 1 | 45 | |
| 2 | SDUT-01-02 | 支架 | 2 | Q235A | |
| 1 | SDUT-01-01 | 底座 | 1 | Q235A | |
| 序号 | 代号 | 零件名称 | 数量 | 材料 | 备注 |

| 标记 | 处数 | 分区 | 更改文件号 | 签名 | 年 月 日 | 阶 段 标 记 | | 质量 | 比例 | 轮架 |
| 设计 | 魏峥 | | 标准化 | | | | | 0.463 | 1:2 | |
| 校核 | | | 工艺 | | | | | | | SDUT-01 |
| 主管设计 | | | 审核 | | | | | | | |

图 9-108 明细栏

（2）创建属性值。

选择【文件】|【属性】命令，出现【属性】对话框。

① 在【材料】行的【数值/文字表达】中输入 Q235A。

② 在【设计】行的【数值/文字表达】中输入"魏峥"。

③ 在【名称】行的【数值/文字表达】中输入"轮"。

④ 在【代号】行的【数值/文字表达】中输入 SDUT-01-04。

如图 9-109 所示，单击【确定】按钮。

图 9-109 填写属性

（3）打开工程图文件。

打开"轮.slddrw"，如图 9-110 所示。

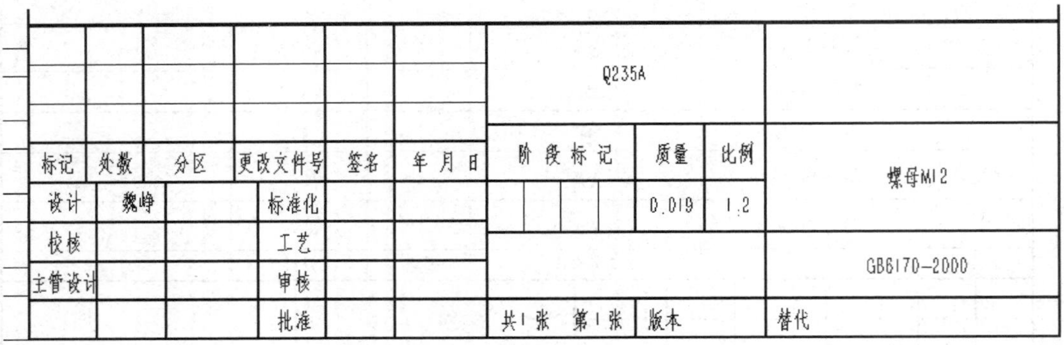

Q235A
标记
处数
分区
更改文件号
签名
年 月 日
阶 段 标 记
质量
比例
螺母M12
设计
魏峥
标准化
0.019
1:2
校核
工艺
主管设计
审核
GB6170-2000
批准
共1张 第1张
版本
替代

图 9-110 填写属性

步骤二：添加序号。

(1) 打开工程图。

打开“轮架.SLDDRW”。

(2) 添加序号。

单击【工程图】工具栏上的【零件序号】按钮，然后单击装配体中的每一个零部件，出现【零件序号】属性管理器，并按项目数自动标记零件序号，如图 9-111 所示，单击【确定】按钮，完成操作。

零件序号
信息
样式(S)
零件序号设定(B)
下划线
2 个字符
填充:
0.000mm
用户定义:
10.160mm
零件序号文字:
项目数
4
5
3
2
1

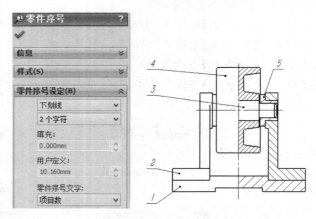

图 9-111 添加零件序号

步骤三：材料明细表。

在企业生产组织过程中，BOM 表是描述产品零件基本管理和生产属性的信息载体。工程图中的材料明细表相当于简化的 BOM 表，通过表格的形式罗列装配体中零部件的各种信息。

(1) 添加零件明细表。

选中视图，单击【注解】工具栏上的【表格】按钮，在下拉图标中选择【零件明细表】，出现【材料明细表】属性管理器。

① 单击【表格模板】按钮，选择【表模板】。

② 在【表格位置】组，选中【附加到定位点】复选框。

③ 在【材料明细表类型】组，单击选中【仅限零件】单选按钮。

如图 9-112 所示,单击【确定】按钮☑,完成操作。

(2) 编辑零件明细表表格格式。

移动鼠标到"材料明细表"左上角,鼠标指针变为 ,单击 ,在【材料明细表】属性管理器。

① 在【表格位置】组,单击【右下】按钮,如图 9-113 所示。

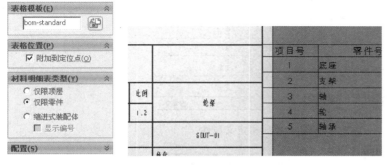

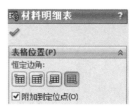

图 9-112 添加"材料明细表"　　　　　　　　　　图 9-113 【表格位置】选项组

② 选中"材料明细表"单元格,出现单元格工具栏,如图 9-114 所示。

图 9-114 "单元格"工具栏

③ 单击【标题栏表格在上】按钮,将标题栏表格设置到下面。

④ 单击【使用文档字体】按钮,出现【字体格式】工具栏。

- 字体选中【汉仪长仿宋体】选项。
- 字号为 12。
- 对齐方式为,如图 9-115 所示。

(3) 设置列属性。

① 设置序号列。

- 双击"项目号"列,修改名称为"序号";
- 右击"序号"单元格,从快捷菜单中选择【格式化】|【列宽】命令,出现【列宽】对话框,在【列宽】文本框输入 18mm,如图 9-116 所示,单击【确定】按钮,完成操作。

图 9-115 字体格式工具栏　　　　　　　　图 9-116 【列宽】对话框

- 右击"序号"单元格,从快捷菜单中选择【格式化】|【锁定列宽】命令。

② 设置代号列。

- 右击"零件号"单元格,从快捷菜单中选择【插入】|【左列】命令,插入单元格左列。

- 从【列类型】列表中选择【自定义属性】选项。
- 在【属性名称】列表中选择【代号】选项,如图 9-117 所示。

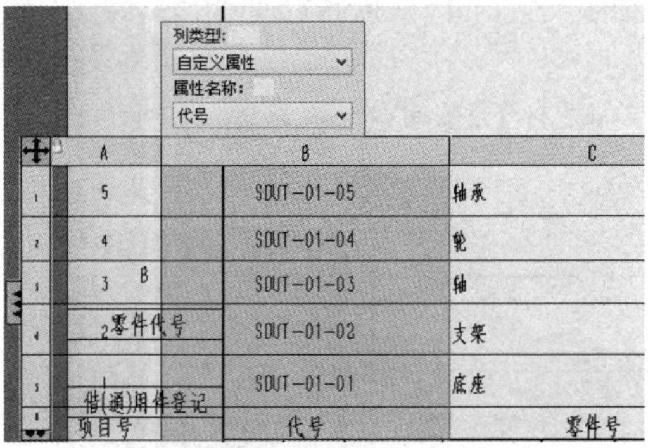

图 9-117    插入单元格定义属性

- 右击"代号"单元格,从快捷菜单中选择【格式化】|【列宽】命令,出现【列宽】对话框,在
【列宽】文本框输入 40mm,单击【确定】按钮。
- 右击"代号"单元格,从快捷菜单中选择【格式化】|【锁定列宽】命令。

③ 设置零件名称列。

- 修改【零件号】列名为【零件名称】。
- 设置单元格列宽为 40mm。
- 锁定列宽。

④ 设置数量列。

- 设置单元格列宽为 18mm。
- 锁定列宽。

⑤ 设置材料列。

- 插入新列。
- 从【列类型】列表中选择【自定义属性】选项。
- 在【属性名称】列表中选择【材料】选项。
- 设置单元格列宽为 24mm。
- 锁定列宽。

⑥ 设置备注列。

- 插入新列。
- 从【列类型】列表中选择【自定义属性】选项。
- 在【属性名称】列表中选择【备注】选项。
- 设置单元格列宽为 40mm。
- 锁定列宽。

如图 9-118 所示,完成明细表定制。

**3. 步骤点评**

对于步骤一:关于明细表模板。

右击材料明细表,从出现的快捷菜单中选择【保存为模板】命令,在出现的【另存为】对话框中,输入"自定义材料明细表. sldbomtbt",单击【保存】按钮 🔚。

| 5 | SDUT-01-05 | 轴承 | 2 | Q235A | |
|---|---|---|---|---|---|
| 4 | SDUT-01-04 | 轮 | 1 | Q235A | |
| 3 | SDUT-01-03 | 轴 | 1 | 45 | |
| 2 | SDUT-01-02 | 支架 | 2 | Q235A | |
| 1 | SDUT-01-01 | 底座 | 1 | Q235A | |
| 序号 | 代号 | 零件名称 | 数量 | 材料 | 备注 |

| 标记 | 处数 | 分区 | 更改文件号 | 签名 | 年 月 日 | 阶段标记 | 质量 | 比例 | 轮架 |
|---|---|---|---|---|---|---|---|---|---|
| 设计 | 魏峥 | | 标准化 | | | | 0.463 | 1:2 | |
| 校核 | | | 工艺 | | | | | | SDUT-01 |
| 主管设计 | | | 审核 | | | | | | |

图 9-118 明细表定制

## 9.6.3 随堂练习

建立螺栓连接装配工程图和螺母零件工程图，完成如图 9-119 所示的明细表，标题栏设置。

| 3 | GB6170.2000 | 螺母M12 | 2 | Q235A | |
|---|---|---|---|---|---|
| 2 | GB/T5780.2000 | 螺栓M12×40 | 2 | Q235A | |
| 1 | SDUT-02-01 | 支承 | 2 | Q235A | |
| 序号 | 代号 | 名称 | 数量 | 材料 | 备注 |

| 标记 | 处数 | 分区 | 更改文件号 | 签名 | 年 月 日 | 阶段标记 | 质量 | 比例 | 链接 |
|---|---|---|---|---|---|---|---|---|---|
| 设计 | | | 标准化 | | | | 0.152 | 1:1 | |
| 校核 | | | 工艺 | | | | | | SDUT-02 |
| 主管设计 | | | 审核 | | | | | | |
| | | | 批准 | | | 共1张 第1张 | 版本 | | 替代 |

B
零件代号
借(通)用件登记
旧底图总号
底图总号
签字
日期

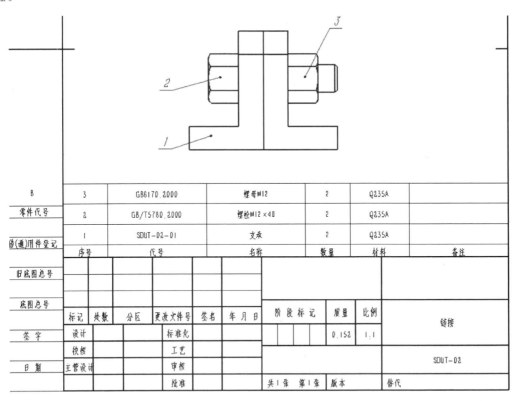

图 9-119 明细表

## 9.7　上机练习

创建模型完成如图 9-120 所示的工程图。

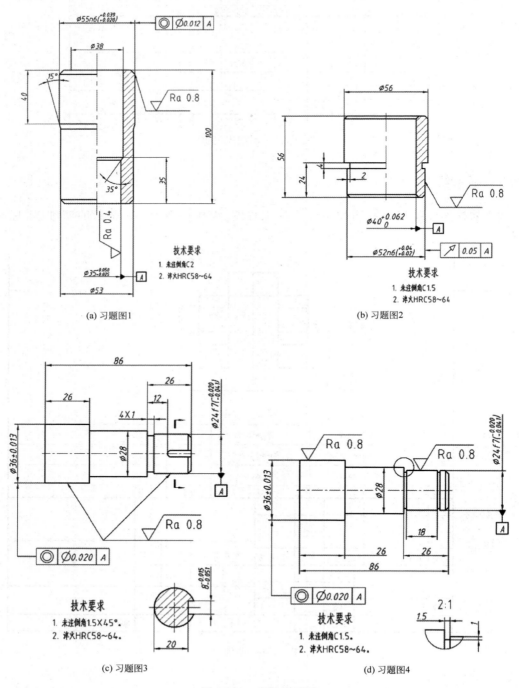

(a) 习题图1　　　　　　　　　　　　　　(b) 习题图2

(c) 习题图3　　　　　　　　　　　　　　(d) 习题图4

图 9-120　上机练习图

# 第 10 章

# 实　　训

## 10.1　实训一　绘制草图

### 10.1.1　实训目的

熟练掌握二维草图的绘制方法与技巧,建立如图 10-1 所示的草图。

### 10.1.2　实训步骤

**1. 草图分析**

1) 尺寸分析

① 尺寸基准如图 10-2(a)所示。

② 定位尺寸如图 10-2(b)所示。

③ 定形尺寸如图 10-2(c)所示。

2) 线段分析

① 已知线段如图 10-3(a)所示。

② 中间线段如图 10-3(b)所示。

③ 连接线段如图 10-3(c)所示。

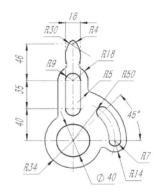

图 10-1　草图

(a)

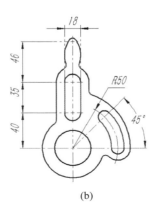

(b)

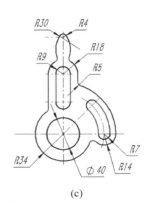

(c)

图 10-2　尺寸分析

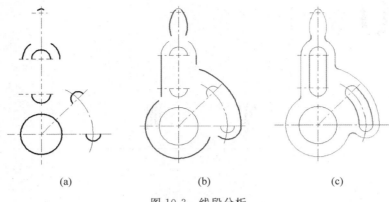

图 10-3　线段分析

**2. 操作步骤**

步骤一：新建文件，选择草图基准面，进入草图绘制

（1）新建文件 knob. sldprt。

（2）在 FeatureManager 设计树中单击【前视基准面】基准面，从快捷工具栏中单击【草图绘制】按钮 ，进入草图绘制环境。

步骤二：绘制草图。

（1）画基准线。

利用【草图】工具栏中的【中心线】 功能创建构造线，接着利用【草图】工具栏中的【添加几何关系】 功能添加几何约束，利用【草图】工具栏中的【智能尺寸】功能添加尺寸约束，如图 10-4 所示。

（2）画已知线段。

利用【草图】工具栏中的圆和圆弧功能，创建基本圆弧轮廓，接着利用【草图】工具栏中的【添加几何关系】功能添加几何约束，利用【草图】工具栏中的【智能尺寸】功能添加尺寸约束，如图 10-5 所示。

（3）明确中间线段的连接关系，画出中间线段。

利用【草图】工具栏中的【圆】功能，创建基本圆弧轮廓，接着利用【草图】工具栏中的【添加几何关系】功能添加几何约束，利用【草图】工具栏中的【智能尺寸】功能添加尺寸约束，如图 10-6 所示。

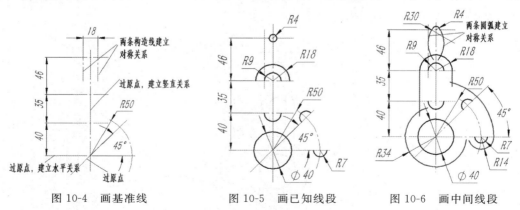

图 10-4　画基准线　　图 10-5　画已知线段　　图 10-6　画中间线段

（4）明确连接线段的连接关系，画出连接线段。

利用【草图】工具栏中的圆、直线和圆角功能创建圆、直线和圆角，接着利用【草图】工具栏中的【添加几何关系】功能添加几何约束,如图 10-7 所示。

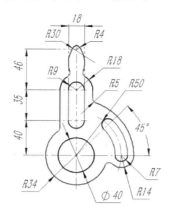

图 10-7　画连接线段

步骤三:结束草图绘制。

单击【结束草图】按钮🕳,退出【草图】环境。

步骤四:存盘。

选择【文件】|【保存】命令,保存文件。

# 10.2　实训二　拉伸操作建模

## 10.2.1　实训目的

应用拉伸操作,创建支架模型,如图 10-8 所示。

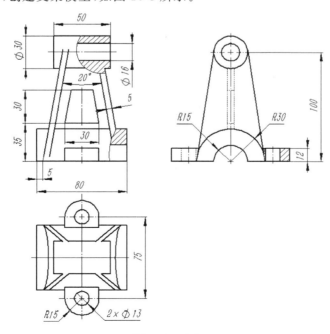

图 10-8　支架

## 10.2.2　实训步骤

### 1. 关于本零件设计理念的考虑

（1）零件对称。

（2）利用桥接连接多个实体。

（3）利用布尔运算设计肋板

建模步骤见图 10-9。

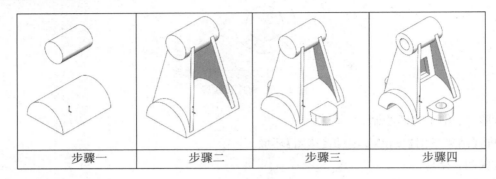

| 步骤一 | 步骤二 | 步骤三 | 步骤四 |

图 10-9　建模步骤

### 2. 操作步骤

步骤一：新建文件，建立两凸台。

（1）新建文件 support. sldprt。

（2）在前视基准面绘制草图，如图 10-10 所示。

（3）单击【特征】工具栏上的【拉伸凸台/基体】按钮 🛅，出现【凸台-拉伸】属性管理器。

① 在【方向 1】组，从【终止条件】列表中选择【两侧对称】选项。

② 在【深度】文本框输入 50.00mm。

③ 在【所选轮廓】组，激活【所选轮廓】列表，在图形区选择拉伸轮廓。

如图 10-11 所示，单击【确定】按钮 ✅。

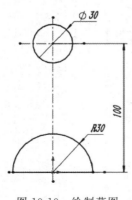

图 10-10　绘制草图

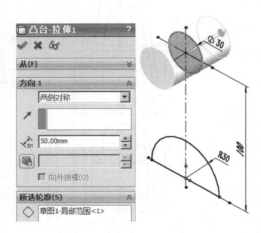

图 10-11　拉伸凸台

（4）单击【特征】工具栏上的【拉伸凸台/基体】按钮，出现【凸台-拉伸】属性管理器。

① 在【方向 1】组，从【终止条件】列表中选择【两侧对称】选项。

② 在【深度】文本框输入 80.00mm。

③ 在【所选轮廓】组，激活【所选轮廓】列表，在图形区选择拉伸轮廓。

如图 10-12 所示，单击【确定】按钮。

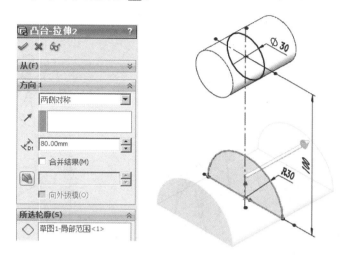

图 10-12　拉伸凸台

步骤二：建立链接。

（1）在右视基准面绘制草图，如图 10-13 所示。

（2）单击【特征】工具栏上的【拉伸凸台/基体】按钮，出现【凸台-拉伸】属性管理器。

① 在【方向 1】组，从【终止条件】列表中选择【两侧对称】选项。

② 在【深度】文本框输入 60.00mm。

③ 取消选中【合并结果】复选按钮。

如图 10-14 所示，单击【确定】按钮。

（3）在前视基准面绘制草图，如图 10-15 所示。

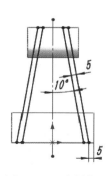

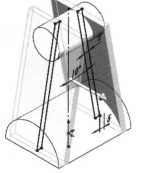
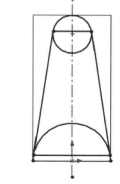

图 10-13　绘制草图　　　　　图 10-14　拉伸凸台　　　　　图 10-15　绘制草图

（4）单击【特征】工具栏上的【拉伸凸台/基体】按钮，出现【凸台-拉伸】属性管理器。

① 在【方向 1】组，从【终止条件】列表中选择【给定深度】选项。

② 在【深度】文本框输入 40.00mm。

③ 取消选中【合并结果】复选按钮。

④ 在【所选轮廓】组，激活【所选轮廓】列表，在图形区选择拉伸轮廓。

如图 10-16 所示，单击【确定】按钮 ✅ 。

（5）用同样的方法完成另一侧，如图 10-17 所示。

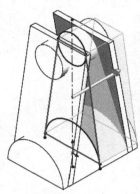
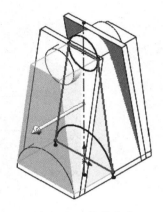

图 10-16　拉伸凸台　　　　　　　　　　　　　　图 10-17　拉伸凸台

（6）选择【插入】|【特征】|【组合】命令，出现【组合】属性管理器。

① 在【操作类型】组，单击【共同】单选按钮。

② 在【要组合的实体】组，激活【实体】实体列表，在图形区选择凸台-拉伸 4 和凸台-拉伸 3[1]。

如图 10-18 所示，单击【确定】按钮 ✅ 。

（7）按同样的方法生成另一侧，如图 10-19 所示。

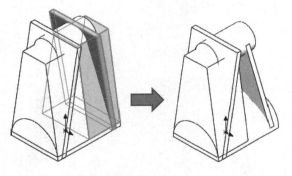

图 10-18　布尔运算　　　　　　　　　　　　　　图 10-19　布尔运算

（8）选择【插入】|【特征】|【组合】命令，出现【组合】属性管理器。

① 在【操作类型】组，单击【添加】单选按钮。

② 在【要组合的实体】组，激活【实体】实体列表，在图形区选择凸台-拉伸 1、凸台-拉伸 2、组合 1 和组合 3。

如图 10-20 所示，单击【确定】按钮 ✅ 。

（9）在前视基准面绘制草图，如图 10-21 所示。

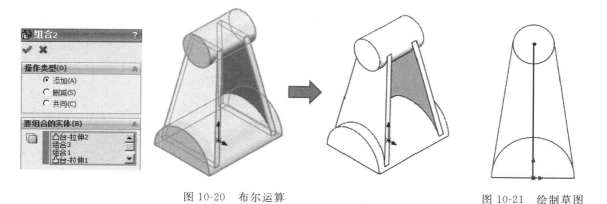

图 10-20　布尔运算　　　　　　　　　　　　　图 10-21　绘制草图

（10）单击【特征】工具栏上的【拉伸凸台/基体】按钮 ，出现【凸台-拉伸】属性管理器。

① 在【方向 1】组，从【终止条件】列表中选择【成形到一面】选项，在图形区选择面。

② 在【方向 2】组，从【终止条件】列表中选择【成形到一面】选项，在图形区选择面。

③ 选中【薄壁特征】复选框。

④ 从【类型】列表中选择【两侧对称】选项。

⑤ 在【深度】文本框输入 6.00mm。

如图 10-22 所示，单击【确定】按钮 。

步骤三：建立底部。

（1）在底面绘制草图，如图 10-23 所示。

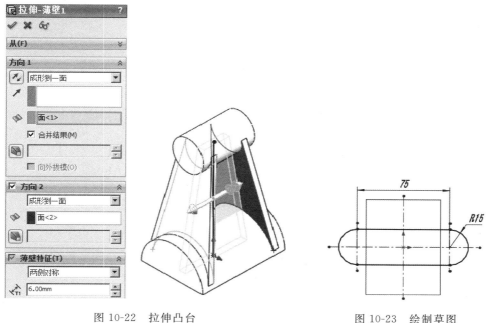

图 10-22　拉伸凸台　　　　　　　　　　　　　图 10-23　绘制草图

（2）单击【特征】工具栏上的【拉伸凸台/基体】按钮 ，出现【凸台-拉伸】属性管理器。

① 在【方向 1】组，从【终止条件】列表中选择【给定深度】选项。

② 在【深度】文本框输入 12.00mm。

如图 10-24 所示，单击【确定】按钮 。

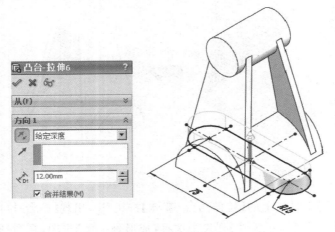

图 10-24　拉伸凸台

步骤四：打孔。

(1) 选择【插入】|【特征】|【孔】|【简单孔】命令，出现【孔】属性管理器。

① 在图形区中选择凸台的顶端平面作为放置平面。

② 在【方向 1】组，从【终止条件】列表中选择【完全贯穿】选项。

③ 在【直径】文本框输入 16.00mm，单击【确定】按钮 。

④ 在 FeatureManager 设计树中单击刚建立的孔特征，在快捷工具栏中单击【编辑草图】按钮 ，进入【草图】环境，设定孔的圆心位置，如图 10-25 所示，单击【结束草图】按钮 ，退出【草图】环境。

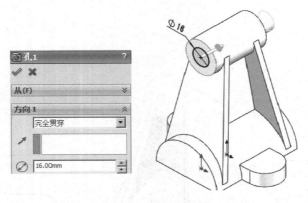

图 10-25　建立孔特征

(2) 按同样的方法打孔 $\phi30$，如图 10-26 所示。

(3) 按同样的方法打孔 $\phi13$，如图 10-27 所示。

(4) 单击【特征】工具栏上的【镜向】按钮，出现【镜向】属性管理器。

① 在【镜向面/基准面】组，激活【镜向面/基准面】列表，在图形区选择【右视基准面】。

② 在【要镜向的特征】组，激活【要镜向的特征】列表，在图形区选择【孔 2】。

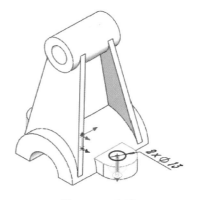

图 10-26   建立孔特征          图 10-27   打孔

如图 10-28 所示，单击【确定】按钮。

（5）在前端面绘制草图，如图 10-29 所示。

图 10-28   镜向孔          图 10-29   绘制草图

（6）单击【特征】工具栏上的【拉伸切除】按钮，出现【切除-拉伸】属性管理器，从【终止条件】列表中选择【完全贯穿】选项，如图 10-30 所示，单击【确定】按钮，完成操作。

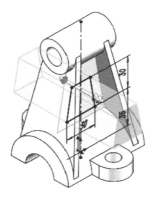

图 10-30   切除拉伸

步骤五：存盘。

选择【文件】|【保存】命令，保存文件。

## 10.3　实训三　建立基准面、基准轴

### 10.3.1　实训目的

　　熟练掌握基准面、基准轴的创建方法，设计如图 10-31 所示的模型。

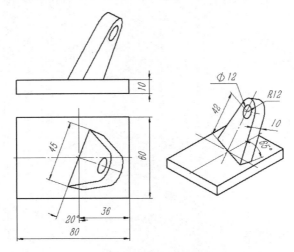

图 10-31　基准面、基准轴应用

### 10.3.2　实训步骤

**1. 关于本零件设计理念的考虑**

（1）底板为对称。

（2）斜块底部中点落在底板中心线上。

建模步骤见图 10-32。

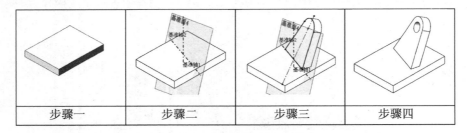

| 步骤一 | 步骤二 | 步骤三 | 步骤四 |

图 10-32　建模步骤

**2. 操作步骤**

步骤一：新建文件，建立毛坯。

（1）新建文件 Relative _Datum_ Axis .sldprt。

（2）在上视基准面绘制草图，如图 10-33 所示。

（3）单击【特征】工具栏上的【拉伸凸台/基体】按钮 🗔，出现【凸台-拉伸】属性管理器。

① 在【方向 1】组，从【终止条件】列表中选择【给定深度】选项。

② 在【深度】文本框输入 10.00mm。

如图 10-34 所示,单击【确定】按钮 。

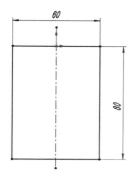

图 10-33　绘制草图

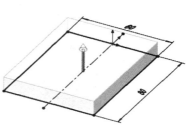

图 10-34　拉伸凸台

步骤二:创建基准面。

(1) 单击【参考几何体】工具栏上的【基准面】按钮 ,出现【基准面】属性管理器。

① 在【第一参考】组,激活【第一参考】,在图形区选择前表面。

② 在【偏移距离】文本框输入 36.00mm。

如图 10-35 所示,单击【确定】按钮 ,建立基准面 1。

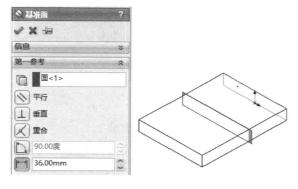

图 10-35　建立基准面 1

(2) 单击【参考几何体】工具栏上的【基准轴】按钮 ,出现【基准轴】属性管理器。

① 单击【两平面】 。

② 选择基准面 1 和右视基准面。

如图 10-36 所示,单击【确定】按钮 ,建立基准轴 1。

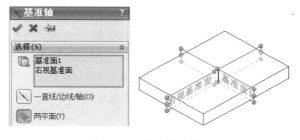

图 10-36　建立基准轴 1

（3）单击【参考几何体】工具栏上的【基准面】按钮 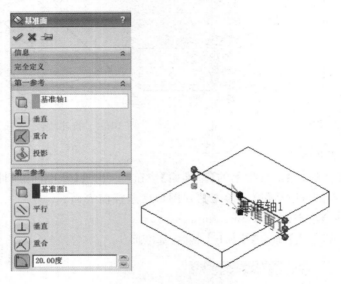，出现【基准面】属性管理器。

① 在【第一参考】组，激活【第一参考】，在图形区选择基准轴 1。

② 在【第二参考】组，激活【第二参考】，在图形区选择基准面 1。

③ 单击【两面夹角】按钮 ，在【角度】文本框输入 20.00 度。

如图 10-37 所示，单击【确定】按钮 ，建立基准面 2。

图 10-37　建立基准面 2

（4）单击【参考几何体】工具栏上的【基准轴】按钮 ，出现【基准轴】属性管理器。

① 单击【两平面】 。

② 选择基准面 2 和块上表面。

如图 10-38 所示，单击【确定】按钮 ，建立基准轴 2。

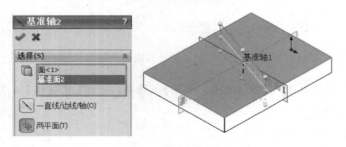

图 10-38　建立基准轴 2

（5）单击【参考几何体】工具栏上的【基准面】按钮 ，出现【基准面】属性管理器。

① 在【第一参考】组，激活【第一参考】，在图形区选择上表面。

② 在【第二参考】组，激活【第二参考】，在图形区选择基准轴 2。

③ 单击【两面夹角】按钮 ，在【角度】文本框输入 65.00 度。

如图 10-39 所示，单击【确定】按钮 ，建立基准面 3。

步骤三：建立斜支承。

（1）在基准面 3 绘制草图，如图 10-40 所示。

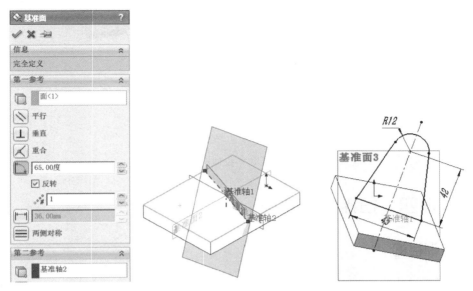

图 10-39 建立基准面 3　　　　　　　　　图 10-40 绘制草图

(2) 单击【特征】工具栏上的【拉伸凸台/基体】按钮 ，出现【凸台-拉伸】属性管理器。

① 在【方向 1】组，从【终止条件】列表中选择【给定深度】选项。

② 在【深度】文本框输入 10.00mm。

如图 10-41 所示，单击【确定】按钮 。

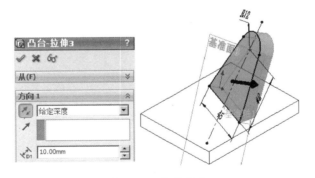

图 10-41 拉伸凸台

步骤四：打孔。

(1) 选择【插入】|【特征】|【孔】|【简单孔】命令，出现【孔】对话框。

① 在图形区中选择凸台的顶端平面作为放置平面。

② 在【方向 1】组，从【终止条件】列表中选择【完全贯穿】选项。

③ 在【直径】文本框输入 12.00mm，单击【确定】按钮 。

④ 在 FeatureManager 设计树中单击刚建立的孔特征，从快捷工具栏中单击【编辑草图】按钮 ，进入【草图】环境，设定孔的圆心位置，如图 10-42 所示，单击【结束草图】按钮 ，退出【草图】环境。

步骤五：存盘。

选择【文件】|【保存】命令，保存文件。

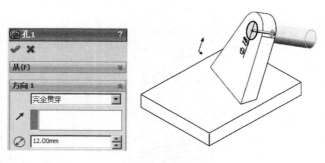

图 10-42　拉伸凸台

# 10.4　实训四　扫描操作建模

## 10.4.1　实训目的

熟练掌握扫描特征的应用,设计如图 10-43 所示的模型。

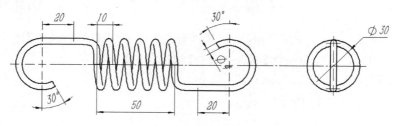

图 10-43　拉伸弹簧

## 10.4.2　建模理念

关于本零件设计理念的考虑:

(1) 拉伸弹簧是由两端拉钩和螺旋弹簧部分组成的。

(2) 利用扫描建模拉伸弹簧。

建模步骤见图 10-44。

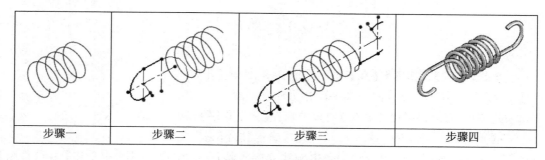

| 步骤一 | 步骤二 | 步骤三 | 步骤四 |
| --- | --- | --- | --- |

图 10-44　建模步骤

## 10.4.3　实训步骤

步骤一:新建文件,建立毛坯。

（1）新建文件"拉伸弹簧.sldprt"。

（2）在前视基准面绘制草图,如图 10-45 所示。

（3）选择【插入】|【曲线】|【螺旋线/涡状线】命令,出现【螺旋线/涡状线】属性管理器。

① 在【定义方式】列表中选择【螺距和圈数】选项。

② 在【参数】组,单击选中【恒定螺距】单选按钮。

③ 在【螺距】文本框输入 10.00mm。

④ 在【圈数】文本框输入 5。

⑤ 在【起始角度】文本框输入 0.00 度。

⑥ 单击选中【顺时针】单选按钮,如图 10-46 所示。

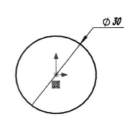

图 10-45　绘制草图

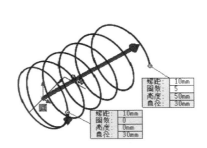

图 10-46　螺旋线曲线

单击【确定】按钮 ✅,生成螺旋线曲线。

步骤二:创建左边挂钩。

（1）建立投影草图 1。

在"前视基准面"上绘制四分之一圆草图,如图 10-47 所示。

（2）建立投影草图 2。

在"上视基准面"上绘制四分之一圆草图,如图 10-48 所示。

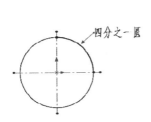

图 10-47　建立"投影曲线"草图 1

图 10-48　建立"投影曲线"草图 2

（3）选择【插入】|【曲线】|【投影曲线】命令,出现【投影曲线】属性管理器。

① 在【投影类型】组,单击选中【草图上草图】单选按钮。

② 在 FeatureManager 设计树中选择【草图 2】和【草图 3】,如图 10-49 所示。

单击【确定】按钮☑,完成投影曲线。

(4) 绘制挂钩。

在【右视基准面】上绘制草图,如图 10-50 所示。

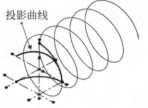
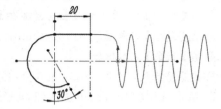

图 10-49　投影曲线　　　　　　　　　　　图 10-50　"左拉钩"草图

步骤三:创建右边挂钩。

(1) 创建基准面。

单击【参考几何体】工具栏上的【基准面】按钮,出现【基准面】属性管理器。

在【选择】选项组中选择【点和平行面】按钮,选取【点】及【前视基准面】,如图 10-51 所示,单击【确定】按钮☑,完成基准面的建立。

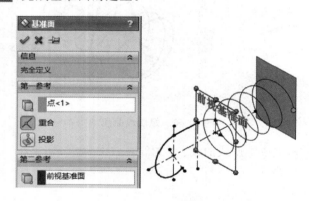

图 10-51　建立基准面

(2) 建立投影草图 1。

在"新建基准面"上绘制四分之一圆草图,如图 10-52 所示。

(3) 建立投影草图 2。

在"上视基准面"上绘制四分之一圆草图,如图 10-53 所示。

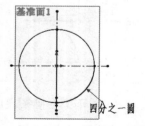
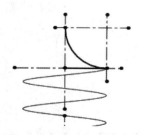

图 10-52　建立"投影曲线"草图 1　　　　　图 10-53　建立"投影曲线"草图 2

（4）选择【插入】|【曲线】|【投影曲线】命令，出现【投影曲线】属性管理器。

① 在【投影类型】组，单击选中【草图上草图】单选按钮。

② 在 FeatureManager 设计树中选择【草图 5】和【草图 6】，如图 10-54 所示。

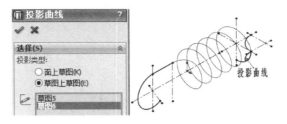

图 10-54 投影曲线

单击【确定】按钮 ✅，完成投影曲线。

（5）绘制挂钩。

在【右视基准面】上绘制草图，如图 10-55 所示。

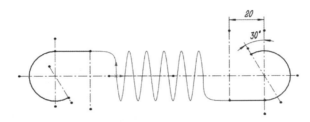

图 10-55 "右拉钩"草图

步骤四：创建拉伸弹簧实体。

（1）选择【插入】|【曲线】|【组合曲线】命令，出现【组合曲线】属性管理器。在 FeatureManager 设计树中选择【草图 4】、【草图 7】、【螺旋线/涡状线 1】、【曲线 1】和【曲线 2】，如图 10-56 所示，单击【确定】按钮 ✅，完成组合曲线。

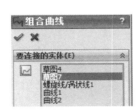
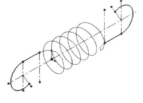

图 10-56 组合曲线

（2）单击【参考几何体】工具栏上的【基准面】按钮 ◈，出现【基准面】属性管理器。

① 在【第一参考】组，激活【第一参考】，在图形区选择端点。

② 在【第二参考】组，激活【第二参考】，在图形区选择路径端，单击【垂直】按钮 ⊥。

如图 10-57 所示，单击【确定】按钮 ✅，建立基准面 2。

（3）在基准面 2 上绘制草图，如图 10-58 所示。

（4）单击【特征】工具栏上的【扫描】按钮 🌀，弹出【扫描】属性管理器。

① 激活【轮廓】列表框，选择【草图 8】。

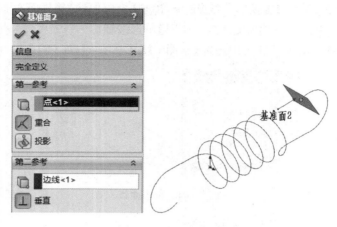

图 10-57    组合曲线

② 激活【路径】列表框,选择【组合曲线 1】。

③ 在【选项】组中,从【方向/扭转控制】列表中选择【随路径变化】选项,如图 10-59 所示。

图 10-58    "轮廓线"草图

图 10-59    "扫描"特征

步骤五:存盘。

选择【文件】|【保存】命令,保存文件。

# 10.5    实训五    放样操作建模

## 10.5.1    实训目的

熟练掌握放样特征的应用,设计如图 10-60 所示的模型。

## 10.5.2    实训步骤

**1. 关于本零件设计理念的考虑**

(1) 零件对称。

(2) 利用放样桥接连接多个实体。

建模步骤见图 10-61。

**2. 操作步骤**

步骤一:新建文件,创建毛坯。

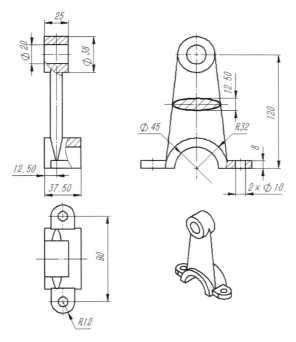

图 10-60   支架

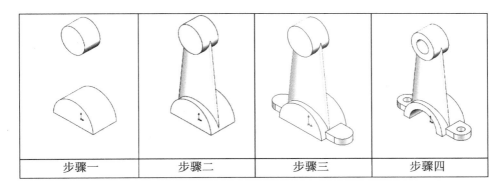

| 步骤一 | 步骤二 | 步骤三 | 步骤四 |

图 10-61   建模步骤

（1）新建文件 support.sldprt。

（2）在前视基准面绘制草图，如图 10-62 所示。

（3）单击【特征】工具栏上的【拉伸凸台/基体】按钮 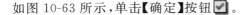，出现【凸台-拉伸】属性管理器。

① 在【方向 1】组，从【终止条件】列表中选择【给定深度】选项。

② 在【深度】文本框输入 12.50mm。

③ 在【方向 2】组，从【终止条件】列表中选择【给定深度】选项。

④ 在【深度】文本框输入 25.00mm。

⑤ 在【所选轮廓组】，激活【所选轮廓组】列表，在图形区域选择拉伸区域。

如图 10-63 所示，单击【确定】按钮 ✅ 。

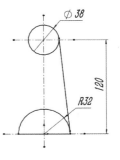

图 10-62   绘制草图

（4）单击【特征】工具栏上的【拉伸凸台/基体】按钮，出现【凸台-拉伸】属性管理器。

① 在【方向 1】组，从【终止条件】列表中选择【两侧对称】选项。

② 在【深度】文本框输入 25.00mm。

③ 在【所选轮廓】组，激活【所选轮廓组】列表，在图形区域选择拉伸区域。

如图 10-64 所示，单击【确定】按钮。

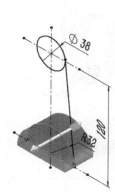

图 10-63　拉伸凸台

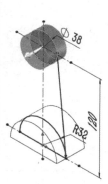

图 10-64　拉伸凸台

步骤二：建立链接筋板。

（1）单击【参考几何体】工具栏上的【基准面】按钮，出现【基准面】属性管理器。

① 在【第一参考】组，激活【第一参考】，在图形区选择点。

② 在【第二参考】组，激活【第二参考】，在图形区选择底面。

如图 10-65 所示，单击【确定】按钮，建立基准面 1。

（2）单击【参考几何体】工具栏上的【基准面】按钮，出现【基准面】属性管理器。

① 在【第一参考】组，激活【第一参考】，在图形区选择点。

② 在【第二参考】组，激活【第二参考】，在图形区选择基准面 1。

如图 10-66 所示，单击【确定】按钮，建立基准面 2。

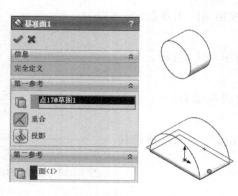

图 10-65　建立基准面 1

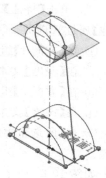

图 10-66　建立基准面 2

（3）在基准面 1 绘制草图，如图 10-67 所示。

（4）在基准面 2 绘制草图，如图 10-68 所示。

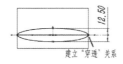

图 10-67 在基准面 1 上绘制草图　　　图 10-68 在基准面 2 上绘制草图

（5）单击【特征】工具栏上的【放样】按钮，出现【放样】属性管理器，在【轮廓】组，激活【轮廓】列表，在图形区域中选择【草图 2】和【草图 3】，如图 10-69 所示，单击【确定】按钮。

步骤三：建立底部支撑。

（1）单击【参考几何体】工具栏上的【基准面】按钮，出现【基准面】属性管理器。

① 在【第一参考】组，激活【第一参考】，在图形区选择前端面。

② 在【第二参考】组，激活【第二参考】，在图形区选择后端面。

如图 10-70 所示，单击【确定】按钮，建立基准面 3。

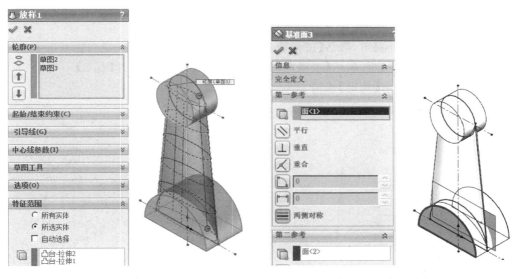

图 10-69 建立肋板　　　　　　图 10-70 建立基准面 3

（2）在底面绘制草图，如图 10-71 所示。

（3）单击【特征】工具栏上的【拉伸凸台/基体】按钮，出现【凸台-拉伸】属性管理器。

① 在【方向 1】组，从【终止条件】列表中选择【给定深度】选项。

② 在【深度】文本框输入 8.00mm。

如图 10-72 所示，单击【确定】按钮。

步骤四：打孔。

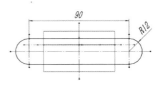

图 10-71 绘制草图

（1）选择【插入】|【特征】|【孔】|【简单孔】命令，出现【孔】属性管理器。

① 在图形区中选择凸台的前端平面作为放置平面。

② 在【方向 1】组，从【终止条件】选择【完全贯穿】选项。

③ 在【直径】文本框输入 45.00mm，单击【确定】按钮 ✓。

④ 在 FeatureManager 设计树中单击刚建立的孔特征，从快捷工具栏中单击【编辑草图】按钮 ✍，进入【草图】环境，设定孔的圆心位置，如图 10-73 所示，单击【结束草图】按钮 ✏，退出【草图】环境。

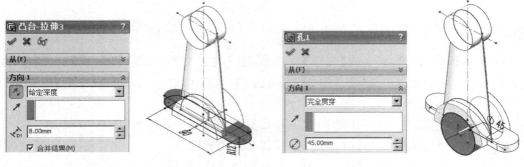

图 10-72　拉伸凸台　　　　　　　　图 10-73　打孔

(2) 按同样的方法建立其余孔，如图 10-74 所示。

(3) 单击【特征】工具栏上的【镜向】按钮，出现【镜向】属性管理器。

① 在【镜向面/基准面】组，激活【镜向面/基准面】列表，在图形区选择右视基准面。

② 在【要镜向的特征】组，激活【要镜向的特征】列表，在图形区选择【孔 3】。

如图 10-75 所示，单击【确定】按钮。

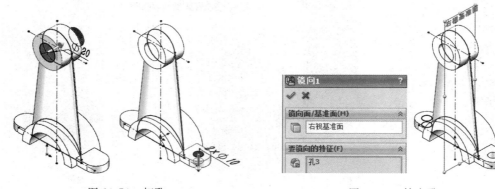

图 10-74　打孔　　　　　　　　　　图 10-75　镜向孔

步骤五：存盘。

选择【文件】|【保存】命令，保存文件。

# 10.6　实训六　附加特征操作建模

## 10.6.1　实训目的

应用附加特征操作，设计如图 10-76 所示的模型。

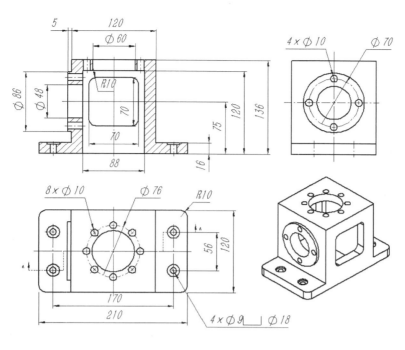

图 10-76 底座

## 10.6.2 实训步骤

### 1. 关于本零件设计理念的考虑

（1）利用基准面，确定三个方向的设计基准。

（2）采用阵列完成系列孔创建。

建模步骤见图 10-77。

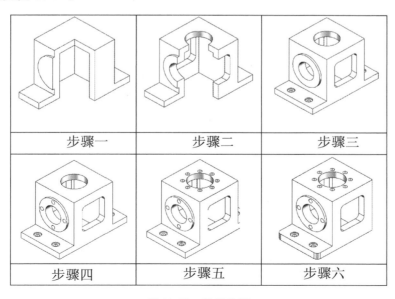

| 步骤一 | 步骤二 | 步骤三 |
| --- | --- | --- |
| 步骤四 | 步骤五 | 步骤六 |

图 10-77 建模步骤

**2. 操作步骤**

步骤一：新建文件，创建毛坯。

（1）新建文件"底座. prt"。

（2）在上视基准面绘制草图，如图 10-78 所示。

（3）单击【特征】工具栏上的【拉伸凸台/基体】按钮 ，出现【凸台-拉伸】属性管理器。

① 在【方向 1】组，从【终止条件】列表中选择【给定深度】选项。

② 在【深度】文本框输入 16.00mm。

如图 10-79 所示，单击【确定】按钮 。

（4）在底面绘制草图，如图 10-80 所示。

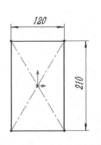

图 10-78　建立草图

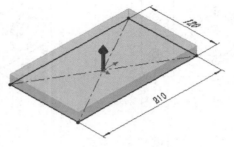

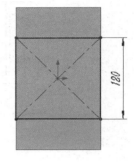

图 10-79　拉伸凸台　　　　　　　　　　　　　　图 10-80　建立草图

（5）单击【特征】工具栏上的【拉伸凸台/基体】按钮 ，出现【凸台-拉伸】属性管理器。

① 在【方向 1】组，从【终止条件】列表中选择【给定深度】选项。

② 在【深度】文本框输入 136.00mm。

如图 10-81 所示，单击【确定】按钮 。

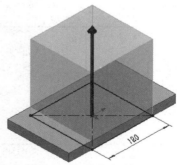

图 10-81　拉伸凸台

（6）单击【特征】工具栏上的【抽壳】按钮 ，出现【抽壳】属性管理器。

① 在【厚度】文本框输入 16.00mm。

② 激活【移除面】列表框，在图形区选择开放面。

如图 10-82 所示，单击【确定】按钮 ，生成壳。

（7）在左端面绘制草图，如图 10-83 所示。

（8）单击【特征】工具栏上的【拉伸凸台/基体】按钮 ，出现【凸台-拉伸】属性管理器。

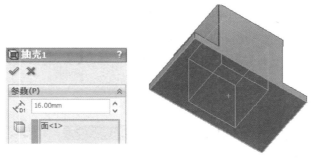

图 10-82　抽壳

① 在【方向 1】组，从【终止条件】列表中选择【给定深度】选项。

② 在【深度】文本框输入 5.00mm。

如图 10-84 所示，单击【确定】按钮 ☑。

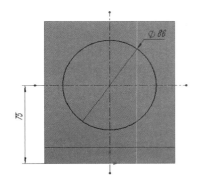

图 10-83　建立草图

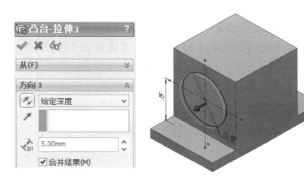

图 10-84　拉伸凸台

步骤二：打孔。

(1) 选择【插入】|【特征】|【孔】|【简单孔】命令，出现【孔】对话框。

① 在图形区中选择凸台的左端平面作为放置平面。

② 在【方向 1】组，从【终止条件】列表中选择【成形到下一面】选项。

③ 在【直径】文本框输入 48.00mm，单击【确定】按钮 ☑。

④ 在 FeatureManager 设计树中单击刚建立的孔特征，从快捷工具栏中单击【编辑草图】按钮 ✏，进入【草图】环境，设定孔的圆心位置，如图 10-85 所示，单击【结束草图】按钮 🔧，退出【草图】环境。

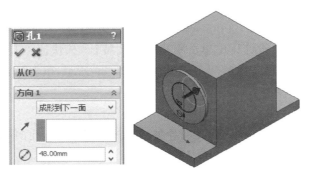

图 10-85　孔

（2）在前端面绘制草图，如图 10-86 所示。

（3）单击【特征】工具栏上的【拉伸切除】按钮，出现【切除-拉伸】属性管理器，在【终止条件】列表中选择【成形到下一面】选项，如图 10-87 所示，单击【确定】按钮。

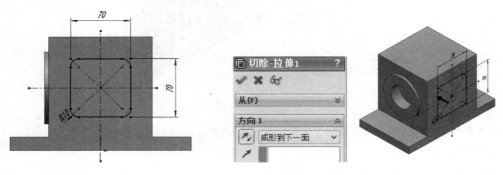

图 10-86　绘制草图　　　　　　　　　　　　　　　　图 10-87　切除

（4）单击【特征】工具栏上的【镜向】按钮，出现【镜向】属性管理器。

① 在【镜向面/基准面】组，激活【镜向面】列表，在 FeatureManager 设计树中选择【右视基准面】。

② 在【要镜向的特征】组，激活【要镜向的特征】列表框，在 FeatureManager 设计树中选择【切除-拉伸 1】。

如图 10-88 所示，单击【确定】按钮。

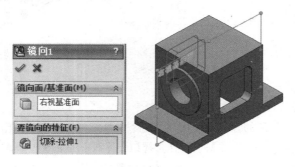

图 10-88　镜向

（5）选择【插入】|【特征】|【孔】|【简单孔】命令，出现【孔】属性管理器。

① 在图形区中选择凸台的上表面作为放置平面。

② 在【方向 1】组，从【终止条件】列表中选择【成形到下一面】选项。

③ 在【直径】文本框输入 60.00mm，单击【确定】按钮。

④ 在 FeatureManager 设计树中单击刚建立的孔特征，从快捷工具栏中单击【编辑草图】按钮，进入【草图】环境，设定孔的圆心位置，如图 10-89 所示，单击【结束草图】按钮，退出【草图】环境。

步骤三：底脚孔。

（1）单击【特征】工具栏上的【异形孔向导】按钮，出现【异形孔向导】属性管理器。

① 在【孔类型】组，单击【柱形沉头孔】按钮。

② 在【标准】列表中选择 Gb 选项。

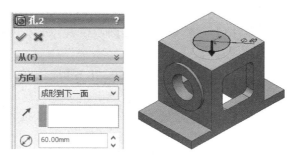

图 10-89 打孔

③ 在【类型】列表中选择【六角头螺栓 C 级 GB/T5780-20】选项。

④ 在【孔规格】组,在【大小】列表中选择 M8 选项。

⑤ 在【配合】列表中选择【正常】选项。

⑥ 单击选中【显示自定义大小】复选按钮。

- 在【通孔直径】文本框输入 9.000mm。

- 在【柱形沉头孔直径】文本框输入 18.000mm。

- 在【柱形沉头孔深度】文本框输入 3.000mm。

⑦ 打开【位置】选项卡,在支座底面设定孔的圆心位置,单击【确定】按钮☑。

如图 10-90 所示,单击【确定】按钮☑。

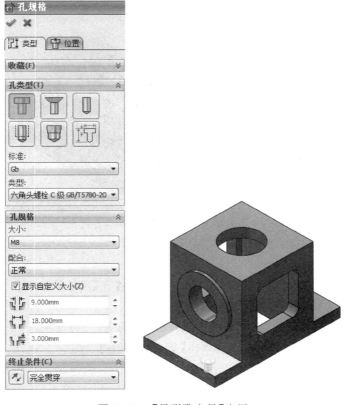

图 10-90 【异形孔向导】应用

⑧ 在 FeatureManager 设计树中展开刚建立的孔特征,选中"草图 8",从快捷工具栏中单击【编辑草图】按钮 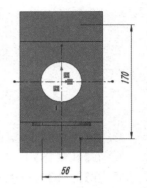,进入【草图】环境,设定孔的圆心位置,如图 10-91 所示,单击【结束草图】按钮 ,退出【草图】环境。

(2) 单击【特征】工具栏上的【线性阵列】按钮 ,出现【线性阵列】属性管理器。

① 在【方向 1】组,激活【阵列方向＜边线 1＞】列表,在图形区选择水平边线为方向 1。

② 在【间距】文本框输入 56.00mm。

③ 在【实例】文本框输入 2。

④ 在【方向 2】组,激活【阵列方向＜边线 2＞】列表,在图形区选择竖直边线为方向 2。

⑤ 在【间距】文本框输入 170.00mm。

⑥ 在【实例】文本框输入 2。

图 10-91　孔定位

⑦ 在【要阵列的特征】组,激活【要阵列的特征】列表,在 FeatureManager 设计树中选择【M8 六角螺栓的柱形沉头孔】。

如图 10-92 所示,单击【确定】按钮 。

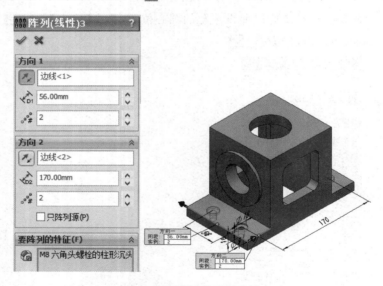

图 10-92　线性阵列沉头孔

步骤四:左连接孔。

(1) 选择【插入】|【特征】|【孔】|【简单孔】命令,出现【孔】属性管理器。

① 在图形区中选择凸台的左端平面作为放置平面。

② 在【方向 1】组,从【终止条件】列表中选择【成形到下一面】选项。

③ 在【直径】文本框输入 10.00mm,单击【确定】按钮 。

④ 在 FeatureManager 设计树中单击刚建立的孔特征,从快捷工具栏中单击【编辑草图】按钮 ,进入【草图】环境,设定孔的圆心位置,如图 10-93 所示,单击【结束草图】按钮 ,退出【草图】环境。

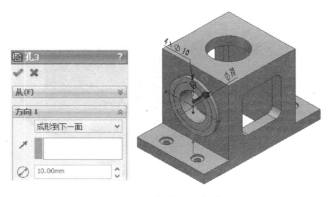

图 10-93  绘制圆心点草图

（2）单击【特征】工具栏上的【圆周阵列】按钮 ，出现【圆周阵列】属性管理器。

① 在【参数】组，激活【阵列轴】列表，在图形区选择左端外圆。

② 在【实例】文本框输入 4。

③ 选中【等间距】复选框。

④ 在【要阵列的特征】组，激活【要阵列的特征】列表，在 FeatureManager 设计树中选择【孔 3】。如图 10-94 所示，单击【确定】按钮。

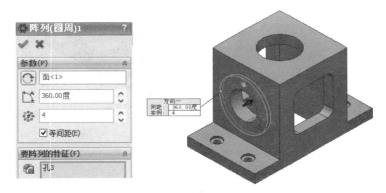

图 10-94  圆周阵列

步骤五：上连接孔。

（1）选择【插入】|【特征】|【孔】|【简单孔】命令，出现【孔】对话框。

① 在图形区中选择凸台的上表面作为放置平面。

② 在【方向 1】组，从【终止条件】列表中选择【成形到下一面】选项。

③ 在【直径】文本框输入 10.00mm，单击【确定】按钮 。

④ 在 FeatureManager 设计树中单击刚建立的孔特征，从快捷工具栏中单击【编辑草图】按钮 ，进入【草图】环境，设定孔的圆心位置，如图 10-95 所示，单击【结束草图】按钮 ，退出【草图】环境。

（2）单击【特征】工具栏上的【圆周阵列】按钮 ，出现【圆周阵列】属性管理器。

① 在【参数】组，激活【阵列轴】列表，在图形区选择左端外圆。

② 在【实例】文本框输入 8。

③ 选中【等间距】复选框。

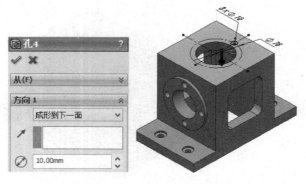

图 10-95　绘制圆心点草图

④ 在【要阵列的特征】组，激活【要阵列的特征】列表，在 FeatureManager 设计树中选择【孔 4】。

如图 10-96 所示，单击【确定】按钮。

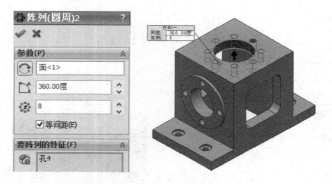

图 10-96　圆周阵列

步骤六：存盘。

选择【文件】|【保存】命令，保存文件。

# 10.7　实训七　系列零件设计

## 10.7.1　实训目的

建立凸缘模柄零件库，如图 10-97 所示。

凸缘模柄规格尺寸见表 10-1。

表 10-1　凸缘模柄规格尺寸　　　　　　　　　　　　　　　单位：mm

| *d* | *D* | *H* | *h* | *d1* | *D1* | *d3* | *d2* | *h1* |
|---|---|---|---|---|---|---|---|---|
| 30 | 75 | 64 | 16 | 11 | 52 | 9 | 15 | 9 |
| 40 | 85 | 78 | 18 | 13 | 62 | 11 | 18 | 11 |
| 50 | 100 | | | 17 | 72 | | | |
| 60 | 115 | 90 | 20 | | 87 | 13.5 | 22 | 13 |
| 76 | 136 | 98 | 22 | 21 | 102 | | | |

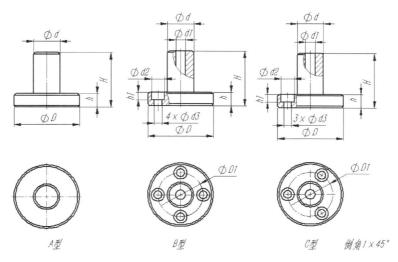

图 10-97 凸缘模柄

## 10.7.2 实训步骤

操作步骤如下。

步骤一：新建文件，创建毛坯。

（1）新建文件"凸缘模柄.sldprt"。

（2）在上视基准面绘制草图，如图 10-98 所示。

（3）单击【特征】工具栏上的【拉伸凸台/基体】按钮 ，出现【凸台-拉伸】属性管理器。

① 在【方向 1】组，从【终止条件】列表中选择【给定深度】选项。

② 在【深度】文本框输入 16.00mm。

如图 10-99 所示，单击【确定】按钮 。

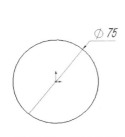

图 10-98 绘制草图

图 10-99 拉伸凸台

（4）在底面绘制草图，如图 10-100 所示。

（5）单击【特征】工具栏上的【拉伸凸台/基体】按钮 ，出现【凸台-拉伸】属性管理器。

① 在【方向 1】组，从【终止条件】列表中选择【给定深度】选项。

② 在【深度】文本框输入 64.00mm。

如图 10-101 所示，单击【确定】按钮 。

（6）在顶面绘制草图，如图 10-102 所示。

（7）单击【特征】工具栏上的【拉伸切除】按钮 ，出现【凸台-拉伸】属性管理器。在【方向

1】组,从【终止条件】列表中选择【完全贯穿】选项,如图 10-103 所示,单击【确定】按钮✓

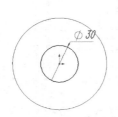

图 10-100　绘制草图

图 10-101　拉伸凸台

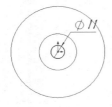

图 10-102　绘制草图

图 10-103　切除拉伸

（8）单击【特征】工具栏上的【异形孔向导】按钮 🛠，出现【异形孔向导】属性管理器,打开【类型】选项卡。

① 在【孔类型】组,单击【柱形沉头孔】按钮。

② 在【标准】列表中选择 Gb 选项。

③ 在【类型】列表中选择【内六角圆柱头螺钉 C 级 GB/T 70.1】选项。

④ 在【孔规格】组,在【大小】列表中选择 M8 选项。

⑤ 在【配合】列表中选择【正常】选项。

⑥ 在【终止条件】列表中选择【完全贯穿】选项,如图 10-104 所示。

⑦ 打开【位置】选项卡,在支座底面设定孔的圆心位置,单击【确定】按钮✓。

⑧ 在 FeatureManager 设计树中展开刚建立的孔特征,选中"草图 5",从快捷工具栏中单击【编辑草图】按钮 ✏，进入【草图】环境,设定孔的圆心位置,如图 10-105 所示,单击【结束草图】按钮 ↩，退出【草图】环境。

（9）单击【特征】工具栏上的【圆周阵列】按钮 🎡，出现【圆周阵列】属性管理器。

① 在【参数】组,激活【阵列轴】列表,在图形区选择外圆面。

② 在【实例】文本框输入 3。

③ 选中【等间距】复选框。

④ 在【要阵列的特征】组,激活【要阵列的特征】列表,在

图 10-104　异形孔向导

FeatureManager 设计树中选择【内六角圆柱体螺钉孔】。

如图 10-106 所示，单击【确定】按钮 。

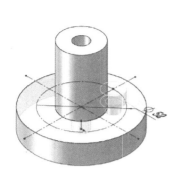

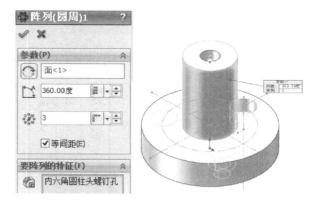

图 10-105   打沉头孔        图 10-106   打阵列沉头孔

(10) 单击【特征】工具栏上的【倒角】按钮 ，出现【倒角】属性管理器。

① 激活【边线、面或顶点】列表框，在图形区中选择实体的边线。

② 单击选中【角度距离】单选按钮。

③ 在【距离】文本框输入 2.00mm。

④ 在【角度】文本框输入 45.00 度。

如图 10-107 所示，单击【确定】按钮 。

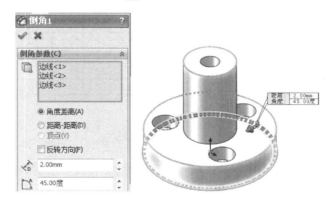

图 10-107   倒角

步骤二：修改尺寸名称。

按依照表格 10-2 修改以下尺寸。

表 10-2   修改尺寸名称

| 原草图尺寸名称 | D1@草图 2 | D1@草图 1 | D1@凸台-拉伸 1 | D1@凸台-拉伸 2 | D1@草图 3 | D1@草图 5 | 柱坑直径@草图 4 | 直径@草图 4 | 柱坑深度@草图 4 | D1@阵列（圆周）1 |
|---|---|---|---|---|---|---|---|---|---|---|
| 修改后尺寸名称 | D@草图 2 | d@草图 1 | h@凸台-拉伸 1 | H@凸台-拉伸 2 | d1@草图 3 | D1@草图 5 | d3@草图 4 | d2@草图 4 | h1@草图 4 | n@阵列（圆周）1 |

步骤三：新建系列零件设计表。

打开 Microsoft Excel 软件，新建一个 Excel 文件，另存为"凸缘模柄.xlsx"文件。将表 10-1 内容输入凸缘模柄.xlsx，如图 10-108 所示。

| | A 规格 | B D@草图2 | C d@草图1 | D H@凸台-拉伸1 | E h@凸台-拉伸2 | F d1@草图3 | G D1@草图5 | H d3@草图4 | I d2@草图4 | J h1@草图4 | K n@阵列(圆周)1 | L $状态@切除-拉伸1 | M $状态@内六角圆柱头螺钉 | N $状态@阵列(圆周)1 |
|---|---|---|---|---|---|---|---|---|---|---|---|---|---|---|
| 1 | | | | | | | | | | | | | | |
| 2 | 30A型 | 30 | 75 | 16 | 64 | 11 | 52 | 9 | 15 | 9 | 4 | s | s | s |
| 3 | 30B型 | 30 | 75 | 16 | 64 | 11 | 52 | 9 | 15 | 9 | 4 | u | u | u |
| 4 | 30C型 | 30 | 75 | 16 | 64 | 11 | 52 | 9 | 15 | 9 | 3 | u | u | u |
| 5 | 40A型 | 40 | 85 | 18 | 78 | 13 | 62 | 11 | 18 | 11 | 4 | s | s | s |
| 6 | 40B型 | 40 | 85 | 18 | 78 | 13 | 62 | 11 | 18 | 11 | 4 | | | |
| 7 | 40C型 | 40 | 85 | 18 | 78 | 13 | 62 | 11 | 18 | 11 | 4 | | | |
| 8 | 50A型 | 50 | 100 | 18 | 78 | 17 | 72 | 11 | 18 | 11 | 4 | | | |
| 9 | 50B型 | 50 | 100 | 18 | 78 | 17 | 72 | 11 | 18 | 11 | 4 | | | |
| 10 | 50C型 | 50 | 100 | 18 | 78 | 17 | 72 | 11 | 18 | 11 | 4 | | | |
| 11 | 60A型 | 60 | 115 | 20 | 90 | 17 | 87 | 13.5 | 22 | 13 | 4 | | | |
| 12 | 60B型 | 60 | 115 | 20 | 90 | 17 | 87 | 13.5 | 22 | 13 | 4 | | | |
| 13 | 60C型 | 60 | 115 | 20 | 90 | 17 | 87 | 13.5 | 22 | 13 | 3 | | | |
| 14 | 76A型 | 76 | 136 | 22 | 98 | 21 | 102 | 13.5 | 22 | 13 | 4 | s | s | s |
| 15 | 76B型 | 76 | 136 | 22 | 98 | 21 | 102 | 13.5 | 22 | 13 | 4 | u | u | u |
| 16 | 76C型 | 76 | 136 | 22 | 98 | 21 | 102 | 13.5 | 22 | 13 | 3 | u | u | u |
| 17 | | | | | | | | | | | | | | |

图 10-108　内容

步骤四：插入系列零件设计表。

（1）选择【插入】|【表格】|【设计表】命令，出现【系列零件设计表】属性管理器。

① 在【源】组，单击【来自文件】单选按钮。

② 单击【浏览】按钮，出现【打开】对话框。选择"凸缘模柄.xls"文件，单击【打开】按钮，单击【确定】按钮✅，如图 10-109 所示。

③ 在绘图区出现 Excel 工作表，在 Excel 表以外的区域，单击鼠标，退出 Excel 编辑，系统提示生成的系列零件的数量和名称，单击【确定】按钮，完成操作。

（2）显示配置。

打开【配置管理器】，进入配置管理状态，分别双击各配置，观察模型变化，如图 10-110 所示。

步骤五：保存。

选择【文件】|【保存】命令，保存文件。

图 10-109　【系列零件设计表】
属性管理器

(a) A型      (b) B型      (c) C型

图 10-110　模型变化情况

# 10.8　实训八　轴套类零件设计

## 10.8.1　实训目的

铣刀头轴如图 10-111 所示。

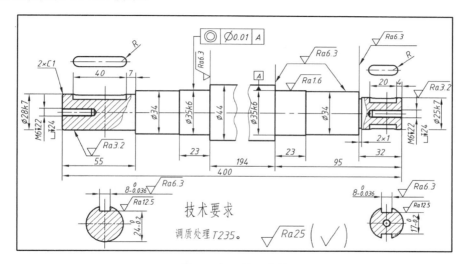

图 10-111　铣刀头轴

## 10.8.2　实训步骤

### 1. 建模理念

（1）铣刀头轴径向尺寸和基准，如图 10-112 所示。

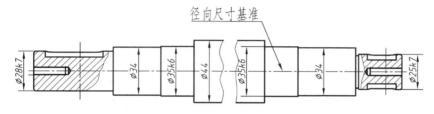

径向尺寸基准

图 10-112　铣刀头轴径向尺寸和基准

（2）铣刀头轴轴向主要尺寸和基准，如图 10-113 所示。

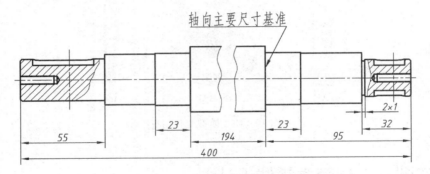

图 10-113　铣刀头轴轴向尺寸和基准

（3）倒角 1×45°。

建模步骤见图 10-114。

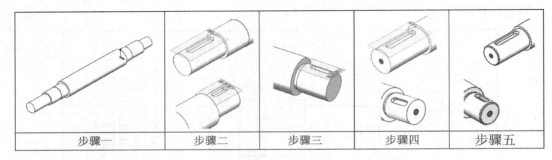

图 10-114　建模步骤

**2. 操作步骤**

步骤一：新建文件，创建毛坯。

（1）新建文件"轴.sldprt"。

（2）在前视基准面绘制草图，如图 10-115 所示。

（3）单击【特征】工具栏上的【拉伸凸台/基体】按钮，出现【凸台-拉伸】属性管理器。

① 在【方向1】组，从【终止条件】列表中选择【给定距离】选项。

② 在【深度】文本框输入 194.00mm。

如图 10-116 所示，单击【确定】按钮。

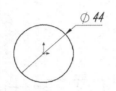

图 10-115　绘制草图

图 10-116　创建轴毛坯

（4）分别选择端面绘制草图，拉伸出各段轴，如图 10-117 所示。

步骤二：创建键槽。

（1）单击【参考几何体】工具栏上的【基准面】按钮，出现【基准面】属性管理器。

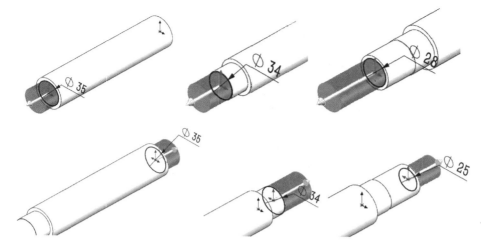

图 10-117　创建各段轴

① 在【第一参考】组,激活【第一参考】,在图形区选择圆柱表面。

② 在【第二参考】组,激活【第二参考】,在图形区选择右视基准面。

如图 10-118 所示,单击【确定】按钮，建立基准面 1。

(2) 选择所建基准面,绘制草图,如图 10-119 所示。

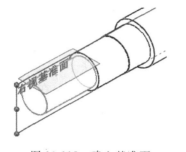

图 10-118　建立基准面

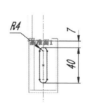

图 10-119　绘制草图

(3) 单击【特征】工具栏上的【拉伸切除】按钮 ，出现【切除-拉伸】属性管理器。

① 在【方向 1】组,从【终止条件】列表中选择【给定深度】选项。

② 在【深度】文本框输入 4.00mm。

如图 10-120 所示,单击【确定】按钮。

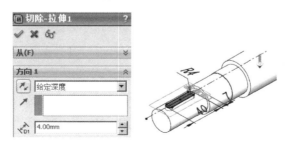

图 10-120　创建键槽

（4）按同样的方法创建另一键槽，如图 10-121 所示。

步骤三：创建退刀槽。

（1）右视基准面，绘制草图，如图 10-122 所示。

（2）单击【特征】工具栏上的【旋转凸台/基体】按钮 🔩，出现【切除-旋转】属性管理器。

① 在【旋转轴】组，激活【旋转轴】列表，在图形区选择【直线 5】。

② 在【方向 1】组，从【终止条件】列表中选择【给定深度】选项。

③ 在【角度】文本框输入 360.00 度。

如图 10-123 所示，单击【确定】按钮 ✅，完成操作。

图 10-121　创建另一键槽

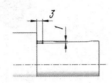
图 10-122　绘制草图

图 10-123　建立退刀槽

步骤四：创建螺纹孔。

（1）单击【特征】工具栏上的【异形孔向导】按钮 📷，出现【异形孔向导】属性管理器，打开【类型】选项卡。

① 在【孔类型】组，单击【直螺纹孔】按钮。

② 在【标准】列表中选择 Gb 选项。

③ 在【类型】列表中选择【底部螺纹孔】选项。

④ 在【孔规格】组，在【大小】列表中选择 M6 选项。

⑤ 在【终止条件】组，从【终止条件】列表中选择【给定深度】选项，在【深度】文本框输入 24.00mm。

⑥ 打开【位置】选项卡，在轴端确定孔位置，单击【确定】按钮 ✅，完成操作，如图 10-124 所示。

（2）按同样的方法创建另一端螺纹孔，如图 10-125 所示。

图 10-124　创建螺纹孔

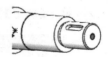
图 10-125　创建螺纹孔

步骤五：创建倒角。

单击【特征】工具栏上的【倒角】按钮 📐，出现【倒角】属性管理器。

① 激活【边线、面或顶点】列表，在图形区中选择实体的边线。

② 单击选中【角度距离】单选按钮。

③ 在【距离】文本框输入 1.00mm。

④ 在【角度】文本框输入 45.00 度。

如图 10-126 所示,单击【确定】按钮✅,生成倒角。

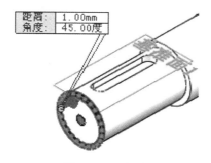

图 10-126 倒角

步骤六:存盘。

选择【文件】|【保存】命令,保存文件。

# 10.9 实训九 盘类零件设计

## 10.9.1 实训目的

铣刀头上的端盖如图 10-127 所示。

## 10.9.2 实训步骤

### 1. 建模理念

端盖轴向尺寸及基准和径向尺寸及基准,如图 10-128 所示。

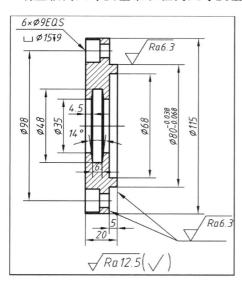

图 10-127 端盖

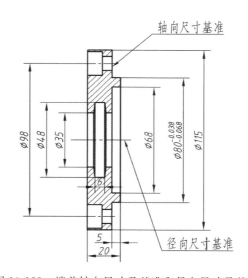

图 10-128 端盖轴向尺寸及基准和径向尺寸及基准

建模步骤见图 10-129。

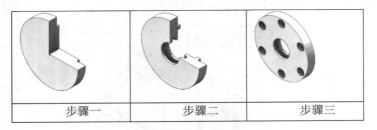

| 步骤一 | 步骤二 | 步骤三 |

图 10-129　建模步骤

**2. 操作步骤**

步骤一：新建文件，创建毛坯。

(1) 新建文件"端盖"。

(2) 在前视基准面绘制草图，如图 10-130 所示。

(3) 单击【特征】工具栏上的【拉伸凸台/基体】按钮 ，出现【凸台-拉伸】属性管理器。

① 在【方向 1】组，从【终止条件】列表中选择【给定深度】选项。

② 在【深度】文本框输入 15.00mm。

如图 10-131 所示，单击【确定】按钮 。

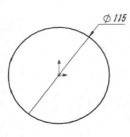

图 10-130　草图

图 10-131　建立基体

(4) 在右表面绘制草图，如图 10-132 所示。

(5) 单击【特征】工具栏上的【拉伸凸台/基体】按钮 ，出现【凸台-拉伸】属性管理器。

① 在【方向 1】组，从【终止条件】列表中选择【给定深度】选项。

② 在【深度】文本框输入 5.00mm。

如图 10-133 所示，单击【确定】按钮 。

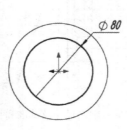

图 10-132　绘制草图

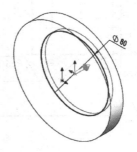

图 10-133　建立凸台

步骤二：打密封孔。

（1）单击【特征】工具栏上的【异形孔向导】按钮，出现【异形孔向导】属性管理器，打开【类型】选项卡。

① 在【孔类型】组，单击【柱形沉头孔】按钮。

② 在【标准】列表中选择 Gb 选项。

③ 在【类型】列表中选择【内六角圆柱头螺钉】选项。

④ 在【孔规格】组，在【大小】列表中选择 M36 选项。

⑤ 单击选中【显示自定义大小】复选按钮，在【通孔直径】文本框输入 35.00mm，在【柱形沉头孔直径】文本框输入 68.00mm，在【柱形沉头孔深度】文本框输入 5.00mm。

⑥ 在【终止条件】组，从【终止条件】列表中选择【完全贯穿】选项。

⑦ 打开【位置】选项卡，在轴端确定孔位置，单击【确定】按钮，完成操作，如图 10-134 所示。

（2）单击【参考几何体】工具栏上的【基准面】按钮，出现【基准面】属性管理器。

① 在【第一参考】组，激活【第一参考】，在图形区选择左端面。

② 在【第二参考】组，激活【第二参考】，在图形区选择沉孔面。

如图 10-135 所示，单击【确定】按钮，建立基准面。

（3）选择右视基准面，绘制草图，如图 10-136 所示。

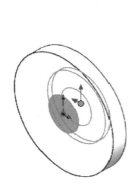

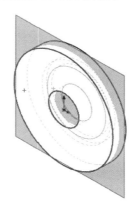

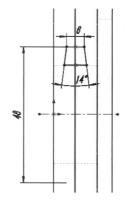

图 10-134　打孔　　　　　　　图 10-135　建立基准面　　　　　图 10-136　绘制草图

（4）单击【特征】工具栏上的【旋转凸台/基体】按钮，出现【切除-旋转】属性管理器。

① 在【旋转轴】组，激活【旋转轴】列表，在图形区选择【直线 7】。

② 在【方向 1】组，从【终止条件】列表中选择【给定深度】选项。

③ 在【角度】文本框输入 360.00 度。

如图 10-137 所示，单击【确定】按钮，完成操作。

步骤三：创建螺栓孔。

（1）单击【特征】工具栏上的【异形孔向导】按钮，出现【异形孔向导】属性管理器，打开【类型】选项卡。

① 在【孔类型】组，单击【柱形沉头孔】按钮。

② 在【标准】列表中选择 Gb 选项。

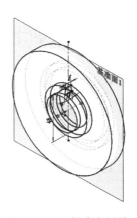

图 10-137　创建密封槽

③ 在【类型】列表中选择【内六角圆柱头螺钉】选项。

④ 在【孔规格】组,在【大小】列表中选择 M8 选项。

⑤ 单击选中【显示自定义大小】复选按钮,在【通孔直径】文本框输入 9.00mm,在【柱形沉头孔直径】文本框输入 15.00mm,在【柱形沉头孔深度】文本框输入 9.00mm。

⑥ 在【终止条件】组,从【终止条件】列表中选择【完全贯穿】选项。

⑦ 打开【位置】选项卡,在端盖确定孔位置,单击【确定】按钮☑,完成操作,如图 10-138 所示。

⑧ 编辑草图,定位螺栓孔,如图 10-139 所示。

(2) 单击【特征】工具栏上的【圆周阵列】按钮 🔷,出现【圆周阵列】属性管理器。

① 在【参数】组,激活【阵列轴】列表,在图形区选择外圆面作阵列轴。

② 在【实例】文本框输入 6。

③ 单击选中【等间距】复选框。

④ 在【要阵列的特征】组,激活【要阵列的特征】列表,在 FeatureManager 设计树中选择创建的螺栓孔。

如图 10-140 所示,单击【确定】按钮。

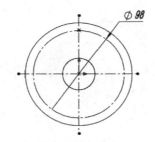
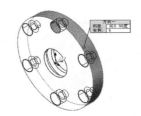

图 10-138　创建螺栓孔　　　图 10-139　编辑草图,定位螺栓孔　　　图 10-140　圆周阵列螺栓孔

步骤四:存盘。

选择【文件】|【保存】命令,保存文件。

# 10.10　实训十　叉架类零件设计

## 10.10.1　实训目的

支架如图 10-141 所示,它由空心半圆柱带凸耳的安装部分、T 形连接板和支承轴的空心圆柱等构成。

## 10.10.2　实训步骤

### 1. 建模理念
支架长度尺寸及基准、宽度尺寸及基准和高度尺寸及基准,如图 10-142 所示。

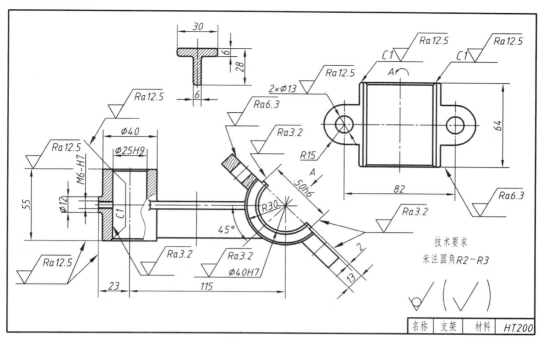

图 10-141 叉架

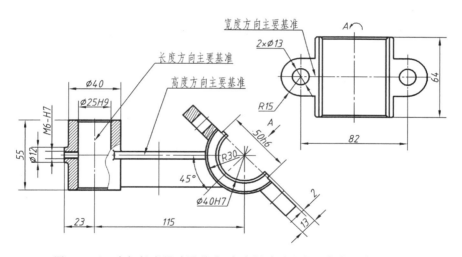

图 10-142 支架长度尺寸及基准、宽度尺寸及基准和高度尺寸及基准

支架建模步骤见图 10-143。

图 10-143 支架类建模步骤

**2. 操作步骤**

步骤一：新建文件，创建毛坯。

(1) 新建文件"叉架. sldprt"。

(2) 在前视基准面绘制草图，如图 10-144 所示。

(3) 单击【特征】工具栏上的【拉伸凸台/基体】按钮，出现【凸台-拉伸】属性管理器。

① 在【方向 1】组，从【终止条件】列表中选择【两侧对称】选项。

② 在【深度】文本框输入 55.00mm。

如图 10-145 所示，单击【确定】按钮 ☑。

(4) 在前视基准面绘制草图，如图 10-146 所示。

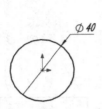
图 10-144　绘制草图

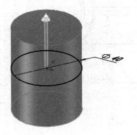
图 10-145　创建 A

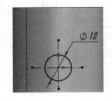
图 10-146　绘制草图

(5) 单击【特征】工具栏上的【拉伸凸台/基体】按钮，出现【凸台-拉伸】属性管理器。

① 在【方向 1】组，从【终止条件】列表中选择【给定深度】选项。

② 在【深度】文本框输入 23.00mm。

如图 10-147 所示，单击【确定】按钮 ☑。

步骤二：创建轴毛坯 B。

(1) 单击【参考几何体】工具栏上的【基准面】按钮，出现【基准面】属性管理器。

① 在【第一参考】组，激活【第一参考】，在图形区选择前视基准面。

② 在【偏移距离】文本框输入 115.00mm。

如图 10-148 所示，单击【确定】按钮 ☑，建立基准面 1。

(2) 单击【参考几何体】工具栏上的【基准轴】按钮，出现【基准轴】属性管理器。

① 单击【两平面】。

② 选择基准面 1 和上视基准面。

如图 10-149 所示，建立基准轴 1。

图 10-147　创建 A

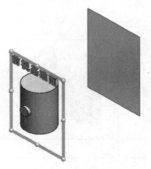
图 10-148　建立基准面 1

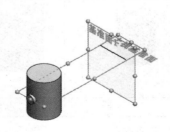
图 10-149　建立基准轴

（3）在右视基准面绘制草图，如图 10-150 所示。

（4）单击【特征】工具栏上的【拉伸凸台/基体】按钮，出现【凸台-拉伸】属性管理器。

① 在【方向 1】组，从【终止条件】列表中选择【两侧对称】选项。

② 在【深度】文本框输入 64.00mm。

如图 10-151 所示，单击【确定】按钮。

（5）在上表面绘制草图，如图 10-152 所示。

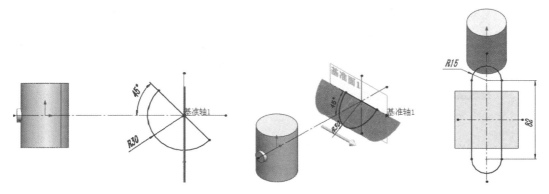

图 10-150　绘制草图　　　　　　图 10-151　拉伸凸台　　　　　　图 10-152　绘制草图

（6）单击【特征】工具栏上的【拉伸凸台/基体】按钮，出现【凸台-拉伸】属性管理器。

① 在【方向 1】组，从【终止条件】列表中选择【给定深度】选项。

② 在【深度】文本框输入 11.00mm。

如图 10-153 所示，单击【确定】按钮。

（7）在上表面绘制草图，如图 10-154 所示。

（8）单击【特征】工具栏上的【拉伸切除】按钮，出现【切除-拉伸】属性管理器。

① 在【方向 1】组，从【终止条件】列表中选择【给定深度】选项。

② 在【深度】文本框输入 5.00mm。

如图 10-155 所示，单击【确定】按钮。

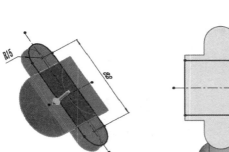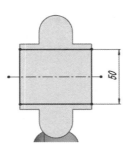

图 10-153　拉伸凸台　　　　　　图 10-154　绘制草图　　　　　　图 10-155　拉伸切除

步骤三：链接。

（1）在前视基准面绘制草图，如图 10-156 所示。

（2）单击【特征】工具栏上的【拉伸凸台/基体】按钮，出现【凸台-拉伸】属性管理器。

① 在【方向 1】组,从【终止条件】列表中选择【成形到实体】选项,在图形区选择凸台-拉伸 6。

② 在【特征范围】组,单击选中【所有实体】单选按钮。

如图 10-157 所示,单击【确定】按钮☑。

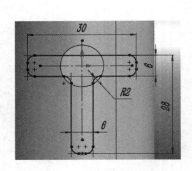

图 10-156　绘制草图

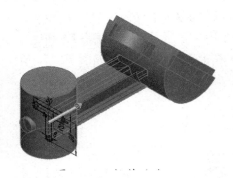

图 10-157　拉伸凸台

步骤四:打孔。

(1) 选择【插入】|【特征】|【孔】|【简单孔】命令,出现【孔】属性管理器。

① 在图形区中选择凸台的顶端平面作为放置平面。

② 在【方向 1】组,从【终止条件】列表中选择【完全贯穿】选项。

③ 在【直径】文本框输入 25.00mm,单击【确定】按钮☑。

④ 在 FeatureManager 设计树中单击刚建立的孔特征,从快捷工具栏中单击【编辑草图】按钮🖉,进入【草图】环境,设定孔的圆心位置,如图 10-158 所示,单击【结束草图】按钮⤴,退出【草图】环境。

(2) 单击【特征】工具栏上的【异形孔向导】按钮🖨,出现【异形孔向导】属性管理器,打开【类型】选项卡。

① 在【孔类型】组,单击【直螺纹孔】按钮。

② 在【标准】列表中选择 Gb 选项。

③ 在【类型】列表中选择【底部螺纹孔】选项。

④ 在【孔规格】组,从【大小】列表中选择 M6 选项。

⑤ 在【终止条件】组,从【终止条件】列表中选择【成形到下一面】选项。

⑥ 打开【位置】选项卡,确定孔位置,单击【确定】按钮☑,完成操作,如图 10-159 所示。

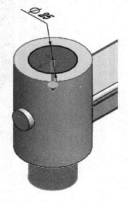

图 10-158　打孔 1

图 10-159　打孔 2

（3）选择【插入】|【特征】|【孔】|【简单孔】命令，出现【孔】属性管理器。

① 在图形区中选择凸台的右端平面作为放置平面。

② 在【方向1】组，从【终止条件】列表中选择【完全贯穿】选项。

③ 在【直径】文本框输入 40.00mm，单击【确定】按钮 ✅。

④ 在 FeatureManager 设计树中单击刚建立的孔特征，从快捷工具栏中单击【编辑草图】按钮 ✍，进入【草图】环境，设定孔的圆心位置，如图 10-160 所示，单击【结束草图】按钮 ↪，退出【草图】环境。

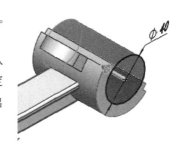

图 10-160　打孔 3

步骤五：存盘。

选择【文件】|【保存】命令，保存文件。

# 10.11　实训十一　盖类零件设计

## 10.11.1　实训目的

蜗杆减速器的箱盖如图 10-161 所示。

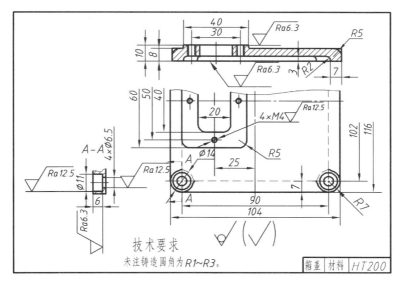

图 10-161　端盖

## 10.11.2　实训步骤

### 1．建模理念

盖轴向尺寸及基准和径向尺寸及基准，如图 10-162 所示。

盖建模步骤见图 10-163。

### 2．操作步骤

步骤一：新建文件，创建毛坯。

（1）新建文件"端盖"。

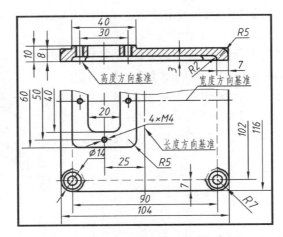

图 10-162　盖轴向尺寸及基准和径向尺寸及基准

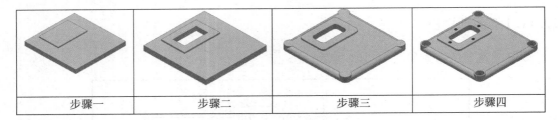

| 步骤一 | 步骤二 | 步骤三 | 步骤四 |

图 10-163　盘盖类建模步骤

（2）在上视基准面绘制草图，如图 10-164 所示。

（3）单击【特征】工具栏上的【拉伸凸台/基体】按钮 ，出现【凸台-拉伸】属性管理器。

① 在【方向 1】组，从【终止条件】列表中选择【给定深度】选项。

② 在【深度】文本框输入 8.00mm。

如图 10-165 所示，单击【确定】按钮 。

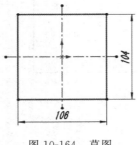

图 10-164　草图

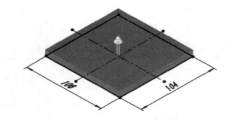

图 10-165　建立基体

（4）单击【参考几何体】工具栏上的【基准面】按钮 ，出现【基准面】属性管理器。

① 在【第一参考】组，激活【第一参考】，在图形区右视基准面。

② 在【偏移距离】文本框输入 25.00mm。

如图 10-166 所示，单击【确定】按钮 ，建立基准面。

（5）在上表面绘制草图，如图 10-167 所示。

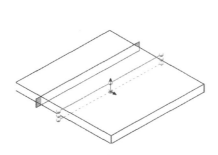

图 10-166　建立基准面

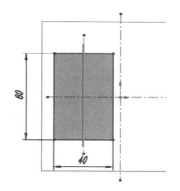

图 10-167　绘制草图

（6）单击【特征】工具栏上的【拉伸凸台/基体】按钮 ，出现【凸台-拉伸】属性管理器。

① 在【方向 1】组，从【终止条件】列表中选择【给定深度】选项。

② 在【深度】文本框输入 2.00mm。

如图 10-168 所示，单击【确定】按钮 。

（7）在上表面绘制草图，如图 10-169 所示。

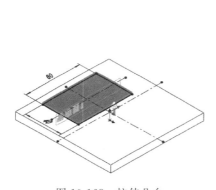

图 10-168　拉伸凸台

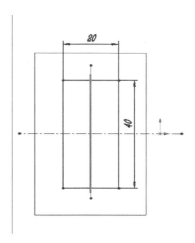

图 10-169　绘制草图

步骤二：打孔。

（1）单击【特征】工具栏上的【拉伸切除】按钮 ，出现【切除-拉伸】属性管理器。在【方向 1】组，从【终止条件】列表中选择【完全贯穿】选项，如图 10-170 所示，单击【确定】按钮 。

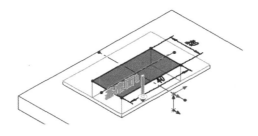

图 10-170　切除拉伸

（2）在底面绘制草图，如图 10-171 所示。

（3）单击【特征】工具栏上的【拉伸切除】按钮 ，出现【切除-拉伸】属性管理器。

① 在【方向 1】组，从【终止条件】列表中选择【给定深度】选项。

② 在【深度】文本框输入 3.00mm。

如图 10-172 所示，单击【确定】按钮 。

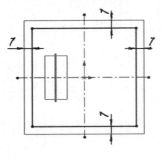

图 10-171　绘制草图

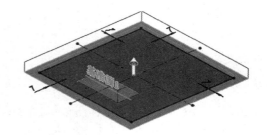

图 10-172　切除拉伸

（4）单击【特征】工具栏上的【圆角】按钮 ，出现【圆角】属性管理器。

① 在【圆角类型】组，单击选中【等半径】单选按钮。

② 在【圆角项目】组，在【半径】文本框输入 7.00mm。

③ 激活【边线、面、特征和环】列表，在图形区选择需要的圆角边线。

如图 10-173 所示，单击【确定】按钮 ，生成圆角。

（5）单击【特征】工具栏上的【圆角】按钮 ，出现【圆角】属性管理器。

① 在【圆角类型】组，单击选中【等半径】单选按钮。

② 在【圆角项目】组，在【半径】文本框输入 5.00mm。

③ 激活【边线、面、特征和环】列表，在图形区选择需要的圆角边线。

如图 10-174 所示，单击【确定】按钮 ，生成圆角。

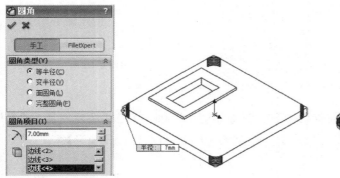

图 10-173　倒圆角

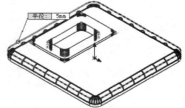

图 10-174　倒圆角

步骤三：建立凸台。

（1）在底面绘制草图，如图 10-175 所示。

（2）单击【特征】工具栏上的【拉伸凸台/基体】按钮 ，出现【凸台-拉伸】属性管理器。在【方向 1】组，从【终止条件】列表中选择【成形到一面】选项，在图形区选择上表面，如图 10-176

所示,单击【确定】按钮✅。

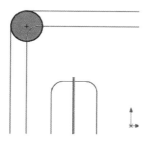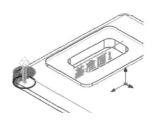

图 10-175　绘制草图　　　　　　　图 10-176　拉伸凸台

（3）单击【特征】工具栏上的【线性阵列】按钮，出现【线性阵列】属性管理器。

① 在【方向 1】组,激活【阵列方向＜边线 1＞】列表,在图形区选择水平边线为方向 1。

② 在【间距】文本框输入 92.00mm。

③ 在【实例】文本框输入 2。

④ 在【方向 2】组,激活【阵列方向＜边线 2＞】列表,在图形区选择竖直边线为方向 1。

⑤ 在【间距】文本框输入 90.00mm。

⑥ 在【实例】文本框输入 2。

⑦ 在【要阵列的特征】组,激活【要阵列的特征】列表,在 FeatureManager 设计树中选择【凸台-拉伸 3】。

如图 10-177 所示,单击【确定】按钮✅。

步骤四：打孔。

（1）单击【特征】工具栏上的【异形孔向导】按钮,出现【异形孔向导】属性管理器,打开【类型】选项卡。

① 在【孔类型】组,单击【柱形沉头孔】按钮。

② 在【标准】列表中选择 Gb 选项。

③ 在【类型】列表中选择【内六角圆柱头螺钉】选项。

④ 在【孔规格】组,从【大小】列表中选择 M6 选项。

⑤ 在【终止条件】组,从【终止条件】列表中选择【完全贯穿】选项。

⑥ 打开【位置】选项卡,确定孔位置,单击【确定】按钮✅,完成操作,如图 10-178 所示。

图 10-177　阵列凸台　　　　　　　图 10-178　打孔

（2）单击【特征】工具栏上的【线性阵列】按钮,出现【线性阵列】属性管理器。

① 在【方向 1】组,激活【阵列方向＜边线 1＞】列表,在图形区选择水平边线为方向 1。

② 在【间距】文本框输入 92.00mm。

③ 在【实例】文本框输入 2。

④ 在【方向 2】组,激活【阵列方向<边线 2>】列表,在图形区选择竖直边线为方向 1。

⑤ 在【间距】文本框输入 90.00mm。

⑥ 在【实例】文本框输入 2。

⑦ 在【要阵列的特征】组,激活【要阵列的特征】列表,在 FeatureManager 设计树中选择【打孔尺寸根据内六角圆柱头螺钉的类型 1】。

如图 10-179 所示,单击【确定】按钮 ✅。

(3) 单击【特征】工具栏上的【异形孔向导】按钮 📷,出现【异形孔向导】属性管理器,打开【类型】选项卡。

① 在【孔类型】组,单击【直螺纹孔】按钮。

② 在【标准】列表中选择 Gb 选项。

③ 在【类型】列表中选择【底部螺纹孔】选项。

④ 在【孔规格】组,从【大小】列表中选择 M4 选项。

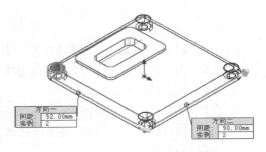

图 10-179　阵列孔打孔

⑤ 在【终止条件】组,从【终止条件】列表中选择【完全贯穿】选项。

⑥ 打开【位置】选项卡,确定孔位置,单击【确定】按钮 ✅,完成操作,如图 10-180 所示。

⑦ 在 FeatureManager 设计树中展开刚建立的孔特征,选中"草图 9",从快捷工具栏中单击【编辑草图】按钮 🖉,进入【草图】环境,设定孔的圆心位置,如图 10-181 所示,单击【结束草图】按钮 🖴,退出【草图】环境。

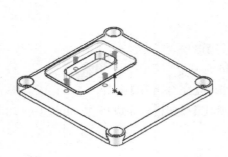

图 10-180　打螺纹孔

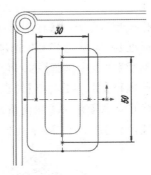

图 10-181　编辑孔位置

步骤五:存盘。

选择【文件】|【保存】命令,保存文件。

# 10.12　实训十二　盘类零件设计

## 10.12.1　实训目的

铣刀头座体图 10-182 所示,座体大致由安装底板、连接板和支承轴孔组成。

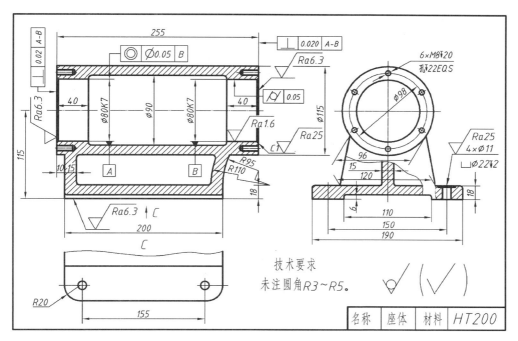

图 10-182　铣刀头座体

## 10.12.2　实训步骤

### 1. 建模理念

铣刀头座体长度尺寸及基准、宽度尺寸及基准和高度尺寸及基准，如图 10-183 所示。

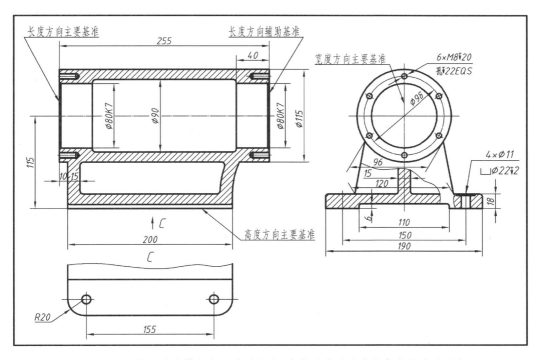

图 10-183　铣刀头座体长度尺寸及基准、宽度尺寸及基准和高度尺寸及基准

建模步骤见图 10-184。

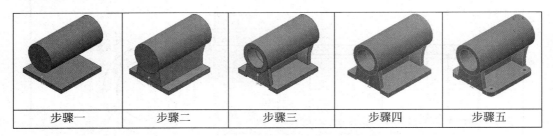

| 步骤一 | 步骤二 | 步骤三 | 步骤四 | 步骤五 |

图 10-184　建模步骤

**2. 操作步骤**

步骤一：新建文件，创建毛坯。

（1）新建文件"支座"。

（2）在上视基准面绘制草图，如图 10-185 所示。

（3）单击【特征】工具栏上的【拉伸凸台/基体】按钮 🗔，出现【凸台-拉伸】属性管理器。

① 在【方向 1】组，从【终止条件】列表中选择【给定深度】选项。

② 在【深度】文本框输入 18.00mm。

如图 10-186 所示，单击【确定】按钮☑。

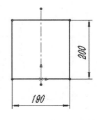

图 10-185　草图

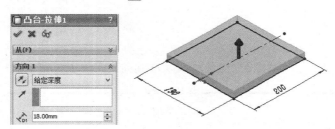

图 10-186　建立基体

（4）单击【参考几何体】工具栏上的【基准面】按钮 🗔，出现【基准面】属性管理器。

① 在【第一参考】组，激活【第一参考】，在图形区选择上视基准面。

② 在【偏移距离】文本框输入 115.00mm。

如图 10-187 所示，单击【确定】按钮 ✓，建立基准面 1。

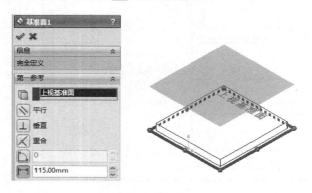

图 10-187　建立基准面 1

（5）单击【参考几何体】工具栏上的【基准面】按钮 ，出现【基准面】属性管理器。

① 在【第一参考】组，激活【第一参考】，在图形区选择前端面。

② 在【偏移距离】文本框输入 10.00mm。

如图 10-188 所示，单击【确定】按钮 ✔，建立基准面 1。

（6）在基准面 2 上绘制草图，如图 10-189 所示。

（7）单击【特征】工具栏上的【拉伸凸台/基体】按钮 ，出现【凸台-拉伸】属性管理器。

① 在【方向 1】组，从【终止条件】列表中选择【给定深度】选项。

② 在【深度】文本框输入 225.00mm。

如图 10-190 所示，单击【确定】按钮。

图 10-188　建立基准面 2

图 10-189　绘制草图

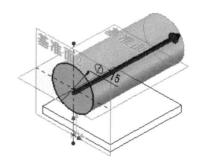
图 10-190　拉伸凸台

步骤二：创建连接筋板。

（1）在右视基准面上绘制草图，如图 10-191 所示。

（2）单击【特征】工具栏上的【拉伸凸台/基体】按钮 ，出现【凸台-拉伸】属性管理器。

① 在【方向 1】组，从【终止条件】列表中选择【两侧对称】选项。

② 在【深度】文本框输入 190.00mm。

③ 取消选中【合并结果】复选框。

如图 10-192 所示，单击【确定】按钮。

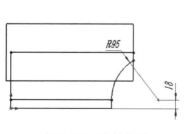
图 10-191　绘制草图

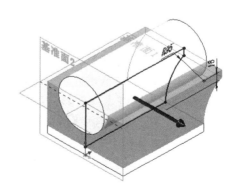
图 10-192　拉伸凸台

（3）在前端面上绘制草图，如图 10-193 所示。

（4）单击【特征】工具栏上的【拉伸凸台/基体】按钮 ，出现【凸台-拉伸】属性管理器。

① 在【方向 1】组，从【终止条件】列表中选择【给定深度】选项。

② 在【深度】文本框输入 255.00mm。

③ 取消选中【合并结果】复选框。

如图 10-194 所示，单击【确定】按钮 。

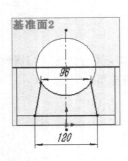

图 10-193　绘制草图

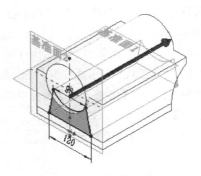

图 10-194　拉伸凸台

(5) 选择【插入】|【特征】|【组合】命令，出现【组合】属性管理器。

① 在【操作类型】组，单击【共同】单选按钮。

② 在【要组合的实体】组，激活【实体】列表，在图形区选择凸台-拉伸 4 和拉伸-拉伸 3。如图 10-195 所示，单击【确定】按钮 。

(6) 在右表面绘制草图，如图 10-196 所示。

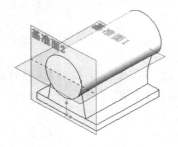

图 10-195　组合

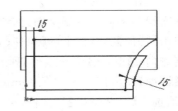

图 10-196　绘制草图

(7) 单击【特征】工具栏上的【拉伸切除】按钮 ，出现【切除-拉伸】属性管理器。

① 在【从】组，从【开始条件】列表中选择【等距】选项。

② 在【等距值深度】文本框输入 7.50mm。

③ 在【方向 1】组，从【终止条件】列表中选择【完全贯穿】选项。

④ 在【特征范围】组，单击选中【所选实体】单选按钮。

⑤ 激活【受影响的实体】列表，在 FeatureManager 设计树中选择【组合 1】。

如图 10-197 所示，单击【确定】按钮 。

(8) 按同样的方法完成另一边，如图 10-198 所示。

(9) 选择【插入】|【特征】|【组合】命令，出现【组合】属性管理器。

① 在【操作类型】组，单击【添加】单选按钮。

② 在【要组合的实体】组，激活【实体】列表，在图形区选择切除-拉伸 3、凸台-拉伸 1 和拉伸-拉伸 2。

如图 10-199 所示，单击【确定】按钮 。

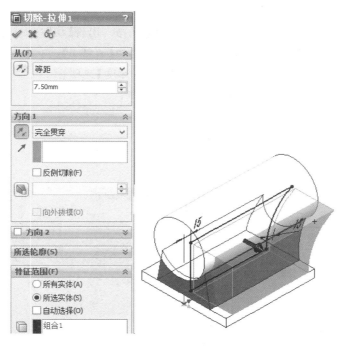

图 10-197　切除

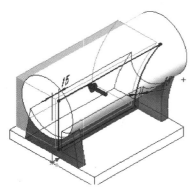

图 10-198　切除

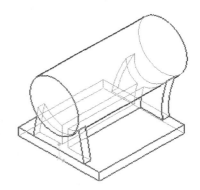

图 10-199　组合

步骤三：打轴承孔。

（1）选择【插入】|【特征】|【孔】|【简单孔】命令，出现【孔】属性管理器。

① 在图形区中选择凸台的顶端平面作为放置平面。

② 在【方向 1】组，从【终止条件】列表中选择【完全贯穿】选项。

③ 在【直径】文本框输入 80.00mm，单击【确定】按钮☑。

④ 在 FeatureManager 设计树中单击刚建立的孔特征，从快捷工具栏中单击【编辑草图】按钮，进入【草图】环境，设定孔的圆心位置，如图 10-200 所示，单击【结束草图】按钮，退出【草图】环境。

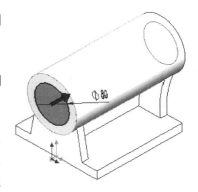

图 10-200　打孔

（2）在右视基准面上绘制草图，如图 10-201 所示。

（3）单击【特征】工具栏上的【旋转凸台/基体】按钮 ，出现【切除-旋转】属性管理器。

① 在【旋转轴】组，激活【旋转轴】列表，在图形区选择【直线 6】。

② 在【方向 1】组，从【终止条件】列表中选择【给定深度】选项。

③ 在【角度】文本框输入 360.00 度。

如图 10-202 所示，单击【确定】按钮 ，完成操作。

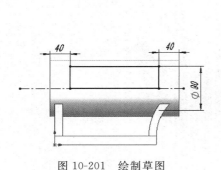

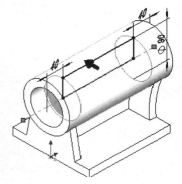

图 10-201　绘制草图　　　　　　　　　　　　图 10-202　切除

（4）在前端面上绘制草图，如图 10-203 所示。

（5）单击【特征】工具栏上的【拉伸切除】按钮 ，出现【切除-拉伸】属性管理器。在【方向 1】组，从【终止条件】列表中选择【完全贯穿】选项，如图 10-204 所示，单击【确定】按钮 。

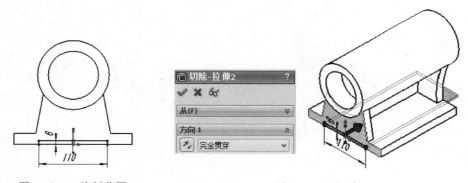

图 10-203　绘制草图　　　　　　　　　　　　图 10-204　切除

**步骤四：打安装孔。**

（1）单击【特征】工具栏上的【异形孔向导】按钮 ，出现【异形孔向导】属性管理器，打开【类型】选项卡。

① 在【孔类型】组，单击【直螺纹孔】按钮。

② 在【标准】列表中选择 Gb 选项。

③ 在【类型】列表中选择【底部螺纹孔】选项。

④ 在【孔规格】组，从【大小】列表中选择 M8 选项。

⑤ 打开【位置】选项卡，在端面设定孔的圆心位置，如图 10-205 所示。

⑥ 在 FeatureManager 设计树中展开刚建立的孔特征，选中"草图 10"，从快捷工具栏中单

击【编辑草图】按钮，进入【草图】环境,设定孔的圆心位置,如图 10-206 所示,单击【结束草图】按钮，退出【草图】环境。

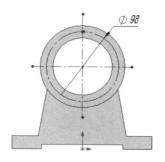

图 10-205　打孔 　　　　　　　　　图 10-206　编辑孔位置

（2）单击【特征】工具栏上的【圆周阵列】按钮，出现【圆周阵列】属性管理器。

① 在【参数】组,激活【阵列轴】列表,在图形区选择外圆面。

② 在【实例】文本框输入 6。

③ 选中【等间距】复选框。

④ 在【要阵列的特征】组,激活【要阵列的特征】列表,在 FeatureManager 设计树中选择【M8 螺纹孔 1】。

如图 10-207 所示,单击【确定】按钮。

（3）单击【参考几何体】工具栏上的【基准面】按钮，出现【基准面】属性管理器。

① 在【第一参考】组,激活【第一参考】,在图形区选择一个面。

② 在【第二参考】组,激活【第二参考】,在图形区选择一个面。

如图 10-208 所示,单击【确定】按钮，建立基准面 3。

（4）单击【特征】工具栏上的【镜向】按钮，出现【镜向】属性管理器。

① 在【镜向面/基准面】组,激活【镜向面】列表,在 FeatureManager 设计树中选择【基准面 3】。

② 在【要镜向的特征】组,激活【要镜向的特征】列表,在 FeatureManager 设计树中选择【线性(圆周)1 和 M8 螺纹孔 1】,如图 10-209 所示,单击【确定】按钮。

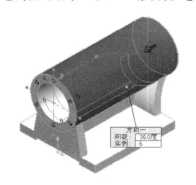

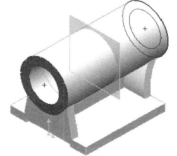

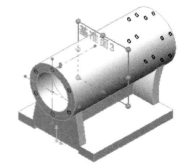

图 10-207　圆柱阵列 　　　　图 10-208　建立基准面 　　　　图 10-209　镜像安装孔

步骤五：打底脚孔。

（1）单击【参考几何体】工具栏上的【基准面】按钮，出现【基准面】属性管理器。

① 在【第一参考】组,激活【第一参考】,在图形区选择一个面。

② 在【第二参考】组，激活【第二参考】，在图形区选择一个面。

如图 10-210 所示，单击【确定】按钮 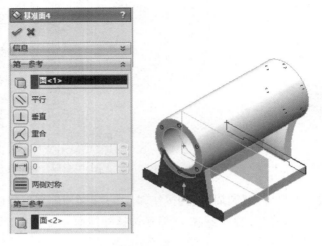，建立基准面 4。

图 10-210　建立基准面

（2）单击【特征】工具栏上的【异形孔向导】按钮 ，出现【异形孔向导】属性管理器，打开【类型】选项卡。

① 在【孔类型】组，单击【柱形沉头孔】按钮。

② 在【标准】列表中选择 Gb 选项。

③ 在【类型】列表中选择【六角头螺栓 C 级 GB/T 5780】选项。

④ 在【孔规格】组，从【大小】列表中选择 M10 选项。

⑤ 在【配合】列表中选择【正常】选项。

⑥ 在【终止条件】组，从【终止条件】列表中选择【完全贯穿】选项。

⑦ 打开【位置】选项卡，在支座底面设定孔的圆心位置，如图 10-211 所示。

⑧ 在 FeatureManager 设计树中展开刚建立的孔特征，选中"草图 12"，从快捷工具栏中单击【编辑草图】按钮 ，进入【草图】环境，设定孔的圆心位置，如图 10-212 所示，单击【结束草图】按钮 ，退出【草图】环境。

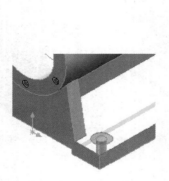

图 10-211　打地脚孔

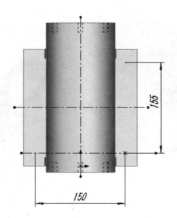

图 10-212　编辑地脚孔位置

（3）单击【特征】工具栏上的【线性阵列】按钮，出现【线性阵列】属性管理器。

① 在【方向 1】组，激活【阵列方向＜边线 1＞】列表，在图形区选择水平边线为方向 1。

② 在【间距】文本框输入 155.00mm。

③ 在【实例】文本框输入 2。

④ 在【方向 2】组，激活【阵列方向＜边线 2＞】列表，在图形区选择竖直边线为方向 1。

⑤ 在【间距】文本框输入 150.00mm。

⑥ 在【实例】文本框输入 2。

⑦ 在【要阵列的特征】组，激活【要阵列的特征】列表，在 FeatureManager 设计树中选择【打孔尺寸根据六角头螺栓 C 级的类型 1】。

如图 10-213 所示，单击【确定】按钮。

（4）单击【特征】工具栏上的【圆角】按钮，出现【圆角】属性管理器。

① 在【圆角类型】组，单击选中【等半径】单选按钮。

② 在【圆角项目】组，在【半径】文本框输入 20.0mm。

③ 激活【边线、面、特征和环】列表，在图形区选择需要的圆角边线。

如图 10-214 所示，单击【确定】按钮，生成圆角。

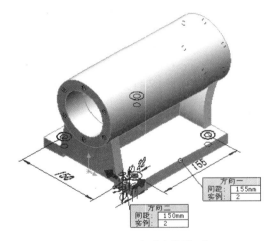

图 10-213　阵列地脚孔面

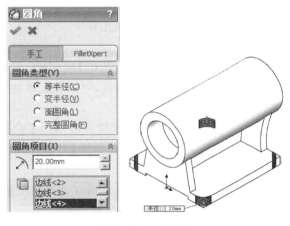

图 10-214　倒圆角

步骤六：存盘。

选择【文件】|【保存】命令，保存文件。

# 10.13　实训十三　装配建模

## 10.13.1　实训目的

建立一个轮架的装配体，熟悉创建自底向上的装配的一般过程。首先创建两个子装配体，然后通过主装配体将所有子装配体和零件装配起来，进行干涉检查，添加配置，生成爆炸视图。

利用装配模板建立一新装配，添加组件，建立约束，如图 10-215 所示。

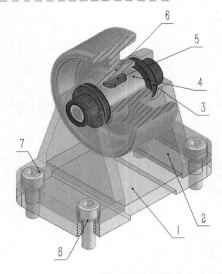

图 10-215　从底向上设计装配组件

| 序号 | 零件名 | 数量 |
|---|---|---|
| 1 | 底板 | 1 |
| 2 | 支架 | 2 |
| 3 | 轴承 | 2 |
| 4 | 轴 | 1 |
| 5 | 键 | 1 |
| 6 | 轮子 | 1 |
| 7 | GB_FASTENER_SCREWS_HSHCS M10X30-N | 4 |
| 8 | GB_FASTENER_WASHER_TFW 6 | 4 |

## 10.13.2　实训步骤

操作步骤如下。

步骤一：创建第一个子装配体。

（1）新建文件。

单击【标准】工具栏上的【新建】按钮，出现【新建 SolidWorks 文件】对话框，选择 gb_assembly 图标，单击【确定】按钮，进入装配体窗口。

（2）选择插入零部件。

① 出现【插入零部件】属性管理器，选中【生成新装配体时开始指令】和【图形预览】复选框。

② 单击【浏览】按钮，出现【打开】对话框，选择要插入的零件"支架"，单击【打开】按钮。

（3）确定插入零件在装配体中的位置。

① 将鼠标移至绘图区时，此时在图形区中的鼠标指针变成 形状，将鼠标移动到原点附近，在图形区域中单击鼠标放置零部件。

② 基体零件的原点与装配体原点重合，在 FeatureManager 设计树中的"支架"之前标识"固定"，说明该零件是装配体中的固定零件，如图 10-216 所示。

（4）插入"轴承"。

单击【装配体】工具栏上的【插入零部件】按钮，出现【插入零部件】属性管理器。选择"轴承"，放置在适当位置，如图 10-217 所示。

图 10-216　插入固定零件

图 10-217　支架子装配体

（5）添加配合。

单击【装配体】工具栏上的【配合】按钮 ◎，出现【配合】属性管理器。

① 在【配合选择】组，激活【要配合的实体】列表，在图形区选择"支架"轴承孔和"轴承"表面。

② 在【标准配合】组，单击【同轴心】按钮 ◎ 。

如图 10-218 所示，单击【确定】按钮 ✓，添加同轴心配合。

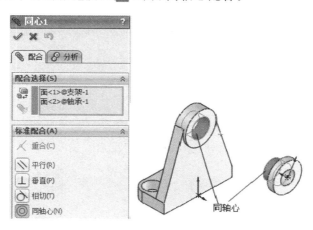

图 10-218　同轴心配合

③ 在【配合选择】组，激活【要配合的实体】列表，在图形区选择"支架"前端面和"轴承"前端面。

④ 在【标准配合】组，单击【重合】按钮 ✗ 。

如图 10-219 所示，单击【确定】按钮 ✓，添加重合配合。

⑤ 单击【确定】按钮 ✓，完成配合，如图 10-220 所示。

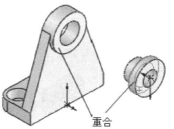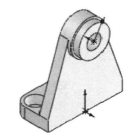

图 10-219　重合配合　　　　　　　　图 10-220　完成配合支架子装配体

（6）保存子装配。

单击【标准】工具栏上的【保存】按钮 🖫，保存为"支架部件"。

步骤二：创建第二个子装配体。

（1）新建文件。

① 新建装配体。

② 插入固定零件"轴"。

③ 插入其他零件"键"和"轮子"，如图 10-221 所示。

（2）添加配合——轴和键。

单击【装配体】工具栏上的【配合】按钮 ◎，出现【配合】属性管理器。

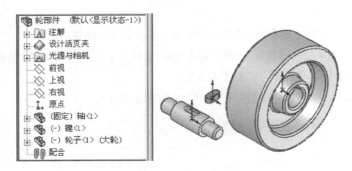

图 10-221　轮子装配体

① 在【配合选择】组，激活【要配合的实体】列表，在图形区选择"轴"键槽底面和"键"底面。

② 在【标准配合】组，单击【重合】按钮 ⋏ 。

如图 10-222 所示，单击【确定】按钮 ✅ ，添加重合配合。

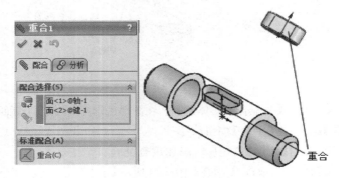

图 10-222　添加重合配合

③ 在【配合选择】组，激活【要配合的实体】列表，在图形区选择"轴"键槽端面和"键"端面。

④ 在【标准配合】组，单击【重合】按钮 ⋏ 。

如图 10-223 所示，单击【确定】按钮 ✅ ，添加重合配合。

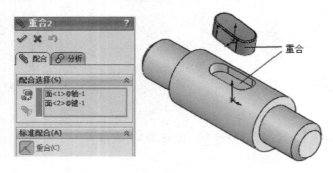

图 10-223　重合配合

（3）添加配合——轴和轮。

① 在【配合选择】组，激活【要配合的实体】列表，在图形区选择"轮"轴孔面和"轴"面。

② 在【标准配合】组，单击【同轴心】按钮 ◎ 。

如图 10-224 所示，单击【确定】按钮 ✅ ，添加同轴心配合。

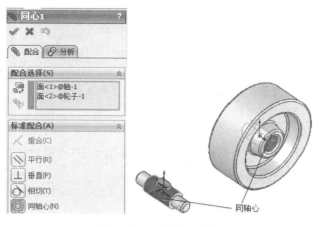

图 10-224　同轴心配合

③ 在【配合选择】组,激活【要配合的实体】列表,在图形区选择"轮"键槽端面和"键"端面。

④ 在【标准配合】组,单击【重合】按钮 ⟨。

如图 10-225 所示,单击【确定】按钮 ☑,添加重合配合。

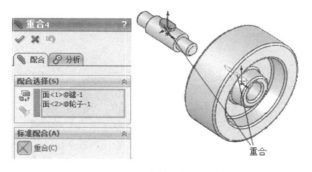

图 10-225　添加重合配合

⑤ 在【配合选择】组,激活【要配合的实体】列表,在 FeatureManager 设计树中选择"轮"的右视基准面和"轴"的右视基准面。

⑥ 在【标准配合】组,单击【重合】按钮 ⟨。

如图 10-226 所示,单击【确定】按钮 ☑,添加重合配合。

⑦ 单击【确定】按钮 ☑,完成配合,如图 10-227 所示。

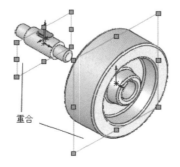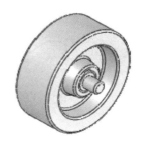

图 10-226　重合配合　　　　　　　　　图 10-227　完成配合轮部件

（4）操作完成，保存文件。

单击【标准】工具栏上的【保存】按钮 ，保存为"轮部件"。

步骤三：干涉检查。

（1）静态干涉检查。

选择【工具】|【干涉检查】命令 ，出现【干涉检查】属性管理器。

① 在【非干涉零件】组，单击【隐藏】单选按钮。

② 单击【计算】按钮。

结果如图 10-228 所示，分析为键槽和键不匹配发生干涉，需修改键槽或修改键。

图 10-228　干涉检查

（2）在装配体中修改零件。

① 在 FeatureManager 设计树中右击【轴】，从快捷菜单中选择【编辑零件】命令，此时，"轴"进入编辑状态，如图 10-229 所示。

② 在 FeatureManager 设计树中右击【轴】的【切除-拉伸 1】特征，从快捷菜单中选择【编辑草图】命令，在草图绘制环境中，将键槽宽改为 $R5$mm，如图 10-230 所示。单击【标准】工具栏上的【重建模型】按钮 ，重新建模。

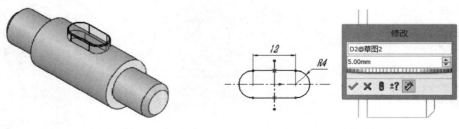

图 10-229　编辑"轴"　　　　　　　　　　图 10-230　修改尺寸

③ 单击【装配体】工具栏上的【编辑零部件】按钮，结束零部件编辑。

④ 选择【工具】|【干涉检查】命令，出现【干涉检查】属性管理器，单击【计算】按钮，结果无干涉，如图 10-231 所示。

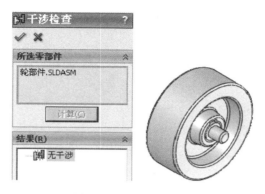

图 10-231 检查无干涉

（3）操作完成，保存文件。

单击【标准】工具栏上的【保存】按钮。

步骤四：创建主装配体。

（1）新建文件。

① 新建装配体。

② 插入固定零件"底板"。

③ 插入其他零件"支架部件"和"轮部件"，如图 10-232 所示。

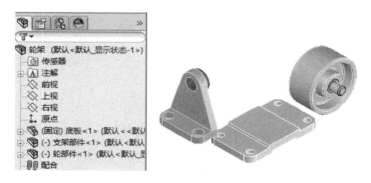

图 10-232 轮子装配体

（2）装配支架。

单击【装配体】工具栏上的【配合】按钮，出现【配合】属性管理器。

① 在【配合选择】组，激活【要配合的实体】列表，在图形区选择"支架部件"底面和"底板"面。

② 在【标准配合】组，单击【重合】按钮。

如图 10-233 所示，单击【确定】按钮，添加重合配合。

③ 在【配合选择】组，激活【要配合的实体】列表，在图形区选择"支架部件"前端面和"底板"侧面。

④ 在【标准配合】组，单击【重合】按钮。

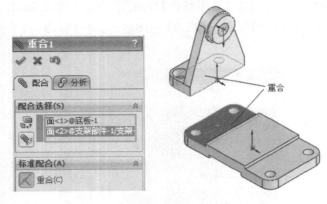

图 10-233　添加重合配合

如图 10-234 所示，单击【确定】按钮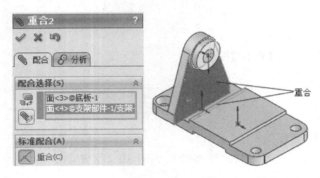，添加重合配合。

图 10-234　重合配合

⑤ 在【配合选择】组，激活【要配合的实体】列表，在 FeatureManager 设计树中选择【支架部件】的右视基准面和【底座】的右视基准面。

⑥ 在【标准配合】组，单击【重合】按钮 ✕。

如图 10-235 所示，单击【确定】按钮 ✓，添加重合配合。

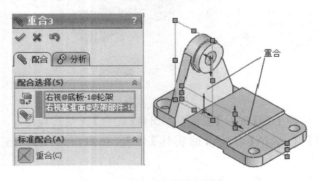

图 10-235　添加重合配合

⑦ 单击【确定】按钮 ✓，完成配合。

（3）镜向支架。

选择【插入】|【镜向零部件】命令，出现【镜向零部件】属性管理器。

① 在【选择】组,激活【镜向基准面】列表,选择前视基准面。

② 在【要镜向的零部件】组,激活【要镜向的零部件】列表,选择【支架部件】,其零件名将出现在该列表框中。

③ 单击【向下】按钮 ⊙ ,进入下一步状态,预览。

如图 10-236 所示,单击【确定】按钮 ✓ ,完成零部件的镜向。

图 10-236　零部件的镜向

(4) 装配轮部件。

单击【装配体】工具栏上的【配合】按钮 ◎ ,出现【配合】属性管理器。

① 在【配合选择】组,激活【要配合的实体】列表,在图形区选择"轴"表面和"轴承"内面。

② 在【标准配合】组,单击【同轴心】按钮 ◎ 。

如图 10-237 所示,单击【确定】按钮 ✓ ,添加同轴心配合。

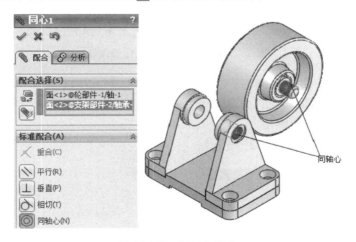

图 10-237　同轴心配合

③ 在【配合选择】组,激活【要配合的实体】列表,在 FeatureManager 设计树中选择【轮部件】的右视基准面和【底座】的右视基准面。

④ 在【标准配合】组,单击【重合】按钮 ✗ 。

如图 10-238 所示,单击【确定】按钮 ✓ ,添加重合配合。

⑤ 单击【确定】按钮 ✓ ,完成配合,如图 10-239 所示。

步骤五:添加智能扣件。

如果装配体中含有特定规格的孔、孔系列或孔阵列,利用智能扣件可以自动添加紧固件

（螺栓和螺钉）。智能扣件使用 SolidWorks Toolbox 标准件库，此库中包含大量 ANSI Inch、ANSI Metric 和 ISO 等多种标准件。用户还可以向 Toolbox 数据库添加自定义的设计，作为标准件利用智能扣件来使用。

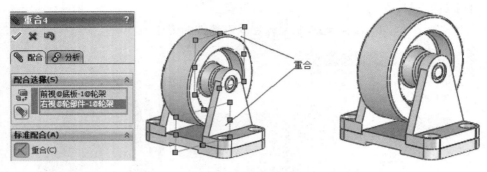

图 10-238　重合配合　　　　　　　图 10-239　完成配合轮部件

单击【装配体】工具栏上的【智能扣件】按钮，出现【智能扣件】属性管理器。

① 选择"底座"安装底孔，单击【添加】按钮，自动完成紧固件安装，如图 10-240 所示。

图 10-240　【智能扣件】属性管理器

② 在【结果】列表中出现"组 1（内六角圆柱头螺钉 GB/T 70.1-2000）"。

③ 在【系列零部件】组，单击【添加到顶层叠】，出现【零件】列表，选择 Washer with cone face GB 850-1988，自动添加螺垫。

如图 10-241 所示，单击【确定】按钮。

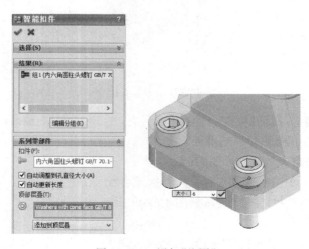

图 10-241　添加"垫圈"

步骤六：阵列零件。

选择【插入】|【零部件阵列】|【线性阵列】命令，出现【线性阵列】属性管理器。

① 在【方向 1】组，激活【阵列方向】列表，在图形区选择水平边线为方向 1 的参考方向。

② 在【间距】文本框输入 58.00mm，在【实例】文本框输入 2。

③ 在【方向 1】组，激活【阵列方向】列表，在图形区选择垂直边线为方向 2 的参考方向。

④ 在【间距】文本框输入 112.00mm，在【实例】文本框输入 2。

⑤ 在【要阵列的零部件】组，激活【要阵列的零部件】列表，在 FeatureManager 设计树中选择【内六角螺栓】和【垫圈】。

如图 10-242 所示，单击【确定】按钮 ✓ 。

图 10-242 阵列零件

步骤七：装配体剖切显示。

在装配体中建立的切除或孔特征仅存在于装配体中，与零件模型本身无关。在应用中，可以利用装配体的孔特征来实现实际装配中的"配合打孔"，或者利用拉伸的切除特征建立装配模型的剖切视图。

（1）绘制剖切界限。

选择侧面为基准，绘制草图，如图 10-243 所示。

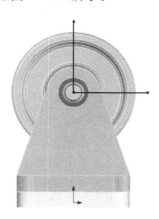

图 10-243 绘制剖切界限

（2）剖切。

单击【特征】工具栏上的【拉伸切除】按钮，出现【切除-拉伸】属性管理器。

① 在【方向 1】组，从【终止条件】列表中选择【完全贯穿】选项。

② 在【特征范围】组，单击【所选零部件】单选按钮。

③ 激活【影响到的零部件】列表，在 FeatureManager 设计树中选择"支架部件"、"镜向支架部件"、"轮部件"。

如图 10-244 所示，单击【确定】按钮，完成剖切。

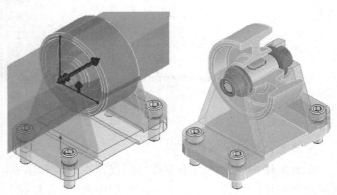

图 10-244　剖切

（3）压缩剖切。

在 FeatureManager 设计树中右击【切除-拉伸 1】特征，在出现的快捷菜单中选择【压缩】命令，压缩剖切特征。

步骤八：装配体爆炸视图。

出于制造目的，经常需要分离装配体中的零部件，以形象地分析它们之间的相互关系。装配体的爆炸视图可以分离其中的零部件以便查看这个装配体。

（1）生成装配体爆炸视图。

单击【装配体】工具栏上的【爆炸视图】按钮，出现【爆炸】属性管理器。

① 在【设定】组，激活【爆炸步骤的零部件】列表，在图形区全选"轮架"模型。

② 激活【爆炸方向】列表，单击底面，确定爆炸方向。

③ 在【爆炸距离】文本框输入 20.00mm。

④ 在【选项】组，选中【拖动后自动调整零部件间距】复选框。

单击【应用】按钮,如图 10-245 所示,完成自动爆炸。

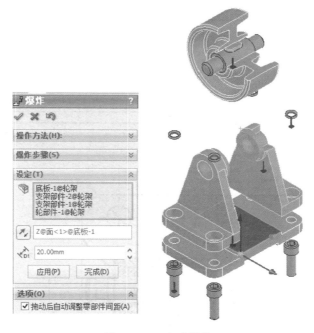

图 10-245　自动爆炸

(2) 在图形区域选取"轮子",将指针移动到操纵杆蓝色箭头的头部,指针形状变为 ✥ 形状,然后以拖曳方式对零部件进行定位,如图 10-246 所示,单击【确定】按钮 ✅,完成操作。

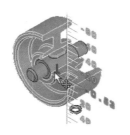

图 10-246　调整爆炸视图

(3) 爆炸视图的显示开关。

爆炸视图建立后,爆炸步骤列表显示在配置管理器中指定的配置下。

① 单击 ConfigurationManage 按钮 🔲,展开指定的配置选项,右击【爆炸视图 1】,从快捷菜单中选择【编辑特征】命令,可以编辑爆炸设计中的各个参数,以满足需求。

② 在右击打开的快捷菜单中选择【删除】命令,可以删除爆炸视图。

③ 在右击打开的快捷菜单中选择【解除爆炸】命令,则在图形区域中装配体不显示爆炸视图。

④ 在右击打开的快捷菜单中选择【爆炸】命令,可重新显示装配的爆炸视图。

步骤九:存盘。

选择【文件】|【保存】命令,保存文件。

## 10.14　实训十四　构建工程图

### 10.14.1　实训目的

（1）绘制计数器装配工程图，如图 10-247 所示。

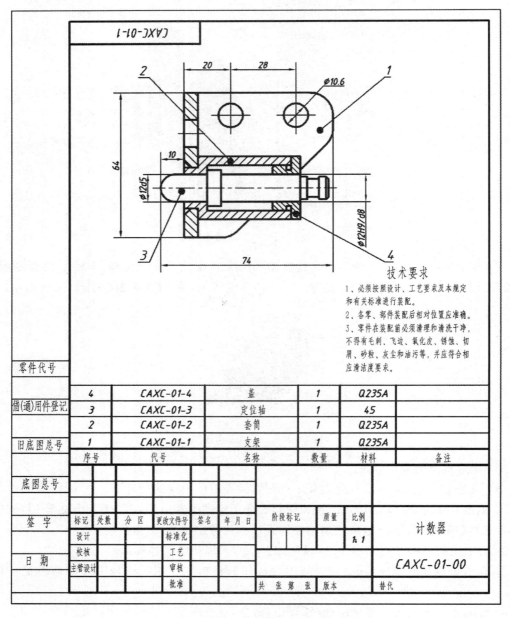

图 10-247　计数器装配工程图

（2）绘制支架零件工程图，如图 10-248 所示。

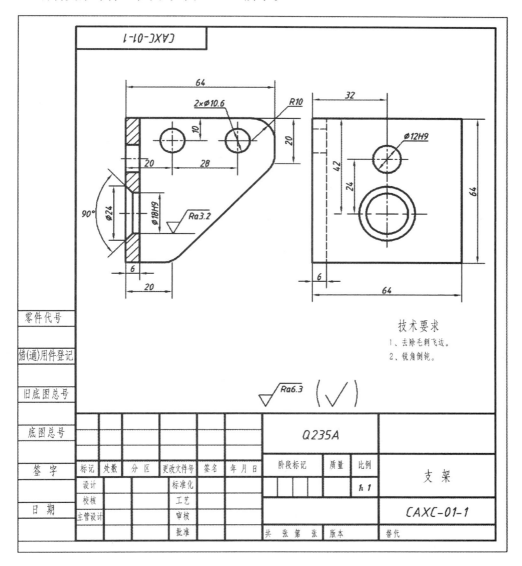

图 10-248　支架工程图

## 10.14.2　实训步骤

**1. 操作步骤**

步骤一：建立装配工程图。

（1）新建工程图。

单击【标准】工具栏上的【新建】按钮，出现【新建 SolidWorks 文件】对话框，选择 gb_a4p 图标，单击【确定】按钮。

（2）添加基本视图。

单击【视图布局】工具栏上的【模型视图】按钮，出现【模型视图】属性管理器。

① 在【要插入的零件/装配体】组，单击【浏览】按钮，出现【打开】对话框，选择【要插入的零

件/装配体】为【计数器】。

② 在【方向】组,单击【右视】按钮 回。

③ 在【比例】组,单击选中【使用自定义比例】单选按钮。

④ 在【比例】文本框输入线性比 1：1。

⑤ 在图纸区域左上角指定一点,添加【主视图】。

如图 10-249 所示,单击【确定】按钮 ☑。

（3）确定视图表达方案——剖切主视图,如图 10-250 所示。

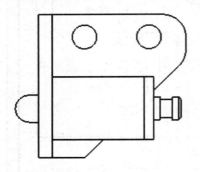

图 10-249　添加基本视图

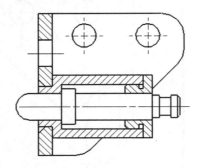

图 10-250　确定视图表达方案——剖切主视图

（4）标注尺寸。

标注性能尺寸、装配尺寸、安装尺寸、外形尺寸和其他重要尺寸,如图 10-251 所示。

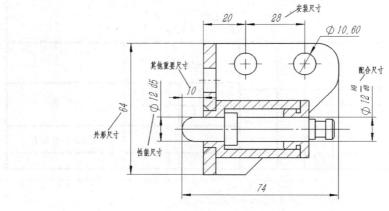

图 10-251　标注尺寸

（5）填写技术要求。

填写技术要求,如图 10-252 所示。

（6）填写明细栏和零件序号。

① 设置零件序号,如图 10-253 所示。

② 填写明细栏及标题栏,如图 10-254 所示。

**2. 建立零件工程图**

（1）单击右下角的【添加图纸】按钮 ，出现【图纸格式/大小】对话框,单击选中【标准图纸大小】单选按钮,选择 A4（GB）模板,如图 10-255 所示,单击【确定】按钮。

技术要求

1.必须按照设计、工艺要求及本规定和有关标准进行装配。
2.各零、部件装配后相对位置应准确。
3.零件在装配前必须清理和清洗干净，不得有毛刺、飞边、氧化皮、锈蚀、切削、沙粒、灰尘和油污，并应符合相应清洁度要求。

图 10-252　技术要求

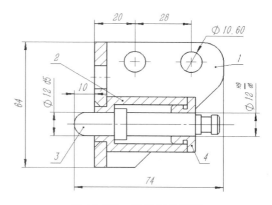

图 10-253　设置零件序号

| 4 | CAXC-01-4 | 盖 | 1 | Q235A | |
| 3 | CAXC-01-3 | 定位轴 | 1 | 45 | |
| 2 | CAXC-01-2 | 套筒 | 1 | Q235A | |
| 1 | CAXC-01-1 | 支架 | 1 | Q235A | |
| 序号 | 代号 | 名称 | 数量 | 材料 | 备注 |

| 标记 | 处数 | 分区 | 更改文件号 | 签名 | 年 月 日 | 阶段标记 | | 质量 | 比例 | 计数器 |
|---|---|---|---|---|---|---|---|---|---|---|
| 设计 | 魏峥 | | 标准化 | | | | | 0.062 | 1:2 | |
| 校核 | | | 工艺 | | | | | | | CAXC-01 |
| 主管设计 | | | 审核 | | | | | | | |
| | | | 批准 | | | 共1张 第1张 | 版本 | | 替代 | |

图 10-254　明细栏及标题栏

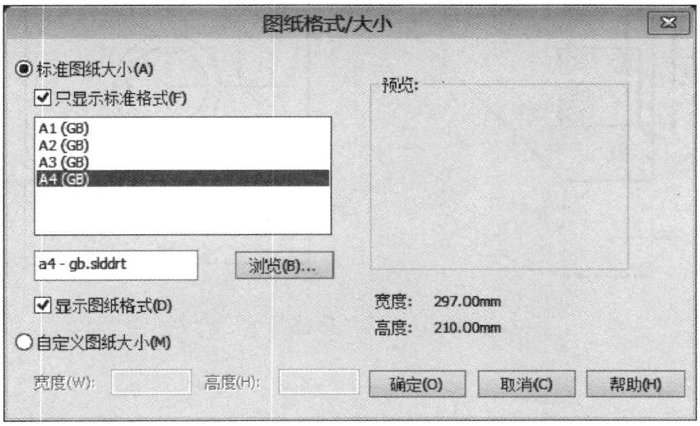

**图纸格式/大小**

◉ 标准图纸大小(A)

☑ 只显示标准格式(F)

A1 (GB)
A2 (GB)
A3 (GB)
A4 (GB)

a4 - gb.slddrt　　　[浏览(B)...]

☑ 显示图纸格式(D)

○ 自定义图纸大小(M)

宽度(W):　　　高度(H):

预览:

宽度:　297.00mm
高度:　210.00mm

[确定(O)]　[取消(C)]　[帮助(H)]

图 10-255　新建图纸页

（2）添加基本视图。

单击【视图布局】工具条上的【模型视图】按钮，出现【模型视图】属性管理器。

① 在【要插入的零件/装配体】组，单击【浏览】按钮，出现【打开】对话框，选择【要插入的零件/装配体】为1。

② 在【方向】组，单击【右视】按钮。

③ 在【比例】组，单击选中【使用自定义比例】单选按钮。

④ 在【比例】文本框输入线性比1：1。

⑤ 在图纸区域左上角指定一点，添加【主视图】。

⑥ 向右拖动鼠标，指定一点，添加【左视图】。

如图 10-256 所示，单击【确定】按钮。

（3）确定视图表达方案。

确定视图表达方案，如图 10-257 所示。

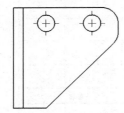 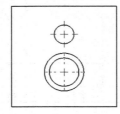 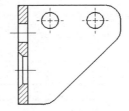 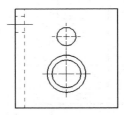

图 10-256　新建基本视图　　　　　　　图 10-257　确定视图表达方案

（4）标注尺寸。

标注尺寸，如图 10-258 所示。

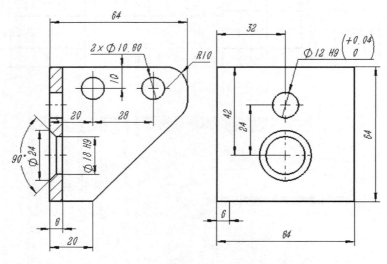

图 10-258　标注尺寸

（5）填写技术要求。

填写技术要求，如图 10-259 所示。

（6）填写标题栏。

填写标题栏，如图 10-260 所示。

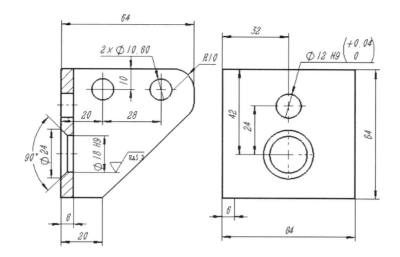

技术要求

1. 去毛刺飞边
2. 锐角倒钝

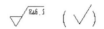 ( √ )

图 10-259 填写技术要求

| 标记 | 处数 | 分区 | 更改文件号 | 签名 | 年 月 日 | | | 阶段标记 | | 质量 | 比例 | | |
|---|---|---|---|---|---|---|---|---|---|---|---|---|---|
| | | | | | | | Q235A | | | | | | |
| | | | | | | | | | | | | | |
| | | | | | | | 阶 段 标 记 | | 质量 | 比例 | | 支架 |
| 设计 | | | 标准化 | | | | | | 0.037 | 1:2 | | |
| 校核 | | | 工艺 | | | | | | | | | CAXC-01-1 |
| 主管设计 | | | 审核 | | | | | | | | | |
| | | | 批准 | | | | 共1张 | 第1张 | 版本 | | 替代 | |

图 10-260 填写标题栏

# 第11章

# 实训练习题库

## 11.1 实训要求

（1）根据每一题库给定的装配示意图、零件简图以及工作原理，建立装配模型，选择合适的表达方法，生成装配图工程图。

（2）根据每一题库给定的零件立体图，建立零件模型，选择合适的表达方法，绘制标准零件工程图。

## 11.2 题库一 整体式油环润滑滑动轴承设计

（1）整体式油环润滑滑动轴承工作原理。

整体式油环润滑滑动轴承是用来支撑轴运转工作的，它适用于安装在垂直的基面上，轴承座中间铸有环形凹槽，以便储油，当轴做旋转运动时，油环随之转动，即将润滑油带到轴上，使轴润滑。

为了减少轴与轴承座间的摩擦和节约原材料，在轴承座内装有上、下轴衬，用紧固螺钉固定。用过一段时间后，拧下螺塞，将污油泄掉。

（2）整体式油环润滑滑动轴承简图如图 11-1 所示。

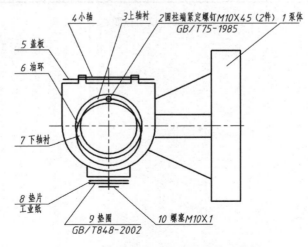

图 11-1 整体式油环润滑滑动轴承简图

（3）主要零件的简图如图 11-2 所示。

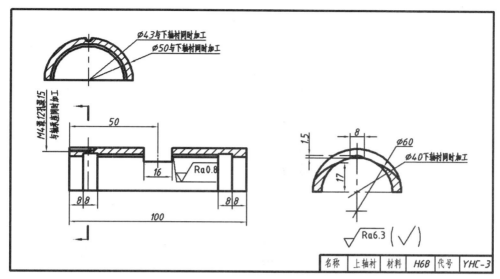

(a)

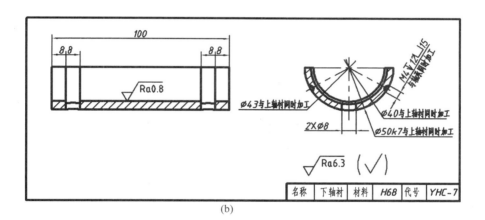

(b)

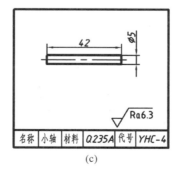

(c)

图 11-2 主要零件的简图

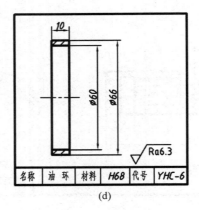

(d)

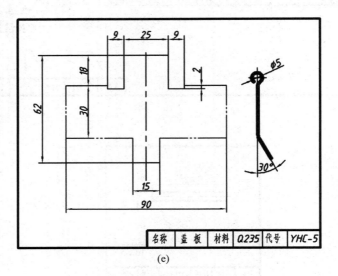

(e)

图 11-2 （续）

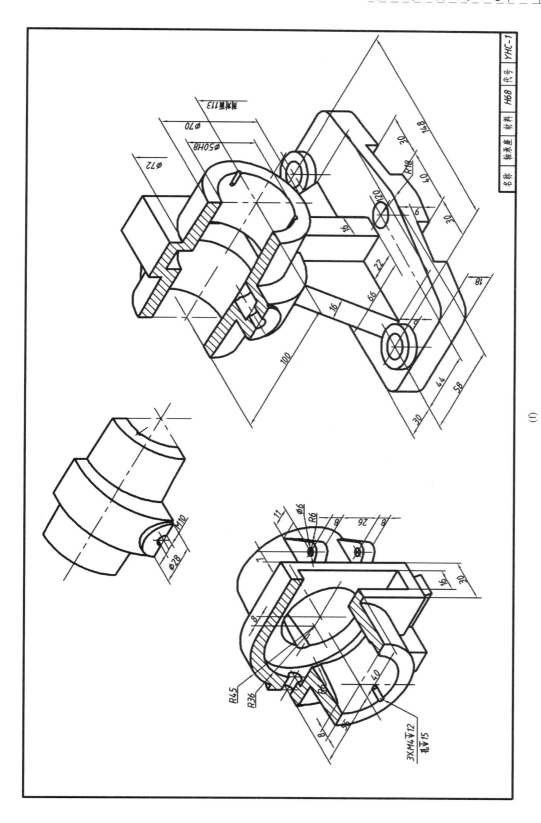

图 11-2（续）

(f)

## 11.3 题库二 剖分式油环润滑滑动轴承设计

（1）剖分式油环润滑滑动轴承工作原理。

剖分式油环润滑滑动轴承用来支承轴在上下瓦中旋转，轴瓦中油环随轴旋转，逐将底座油池带至轴上部，流入轴瓦的油槽进行润滑，轴承盖上方有注油口，润滑油经此孔流入油池。轴承盖与底座用螺栓连接，为了防止螺母松脱而采用双螺母锁紧。

（2）剖分式油环润滑滑动轴承简图如图 11-3 所示。

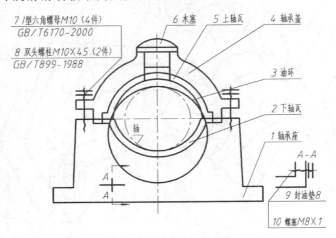

图 11-3　剖分式油环润滑滑动轴承简图

（3）主要零件的简图如图 11-4 所示。

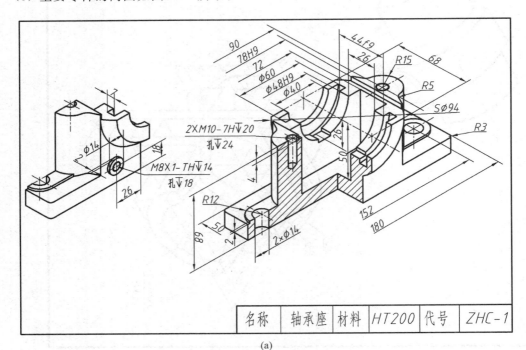

(a)

图 11-4　主要零件的简图

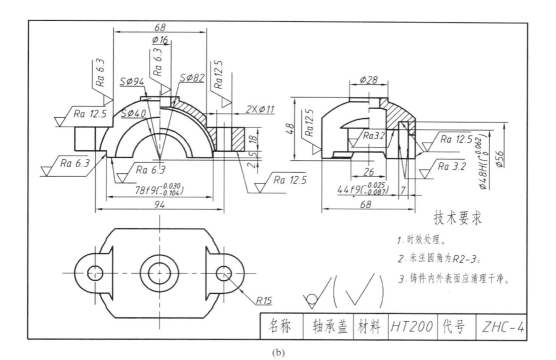

(b)

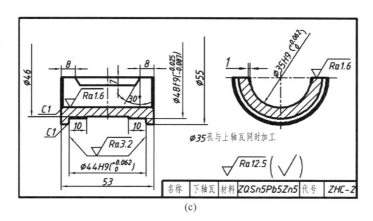

(c)

图 11-4 （续）

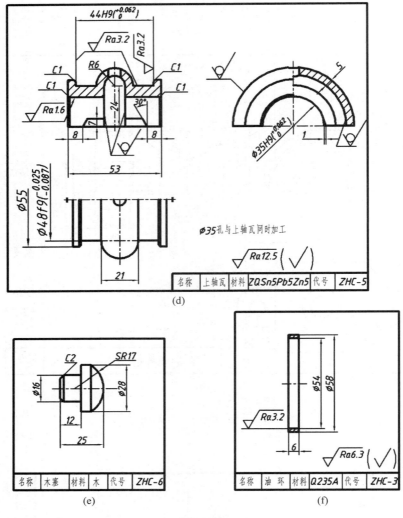

图 11-4　（续）

## 11.4　题库三　回油阀设计

（1）回油阀工作原理。

回油阀是装在柴油发动机供油管路中的一个部件，用以使剩余的柴油回到油箱中。

简图上用箭头表示了油的流动方向，在正常工作时，柴油从阀体 1 右端孔流入，从下端孔流出；当主油路获得过量的油，并且超过允许的压力时，阀门 2 即被压抬起，过量的油就从阀体 1 和阀门 2 开启后的缝隙中流出，从左端管道流回油箱（如虚线所示）。

阀门 2 的启闭由弹簧 5 控制，弹簧压力的大小由螺杆 8 调节。阀帽 7 用以保护螺杆免受损伤或触动。

阀门 2 中的螺孔是在研磨阀门接触面时，连接带动阀门转动的支承杆和装卸阀门用的。阀门 2 下部有两个横向小孔，其作用一是快速溢油，以减少阀门运动时的背压力，二是当拆卸阀门时,先用一小棒插入横向小孔中不让阀门转动,然后就能在阀门中旋入支承杆,起卸出阀门。

　　阀门 1 中装配阀门的孔 $\phi30H7$,采用了 4 个凹槽的结构,可减少加工面及减少阀门运动时的摩擦力,它和阀门 2 的配合为 $\phi34\dfrac{H7}{g6}$。

（2）回油阀简图如图 11-5 所示。

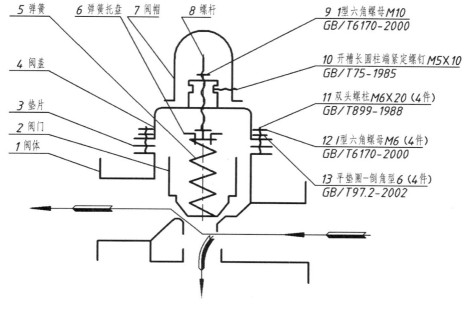

图 11-5　回油阀简图

（3）主要零件的简图如图 11-6 所示。

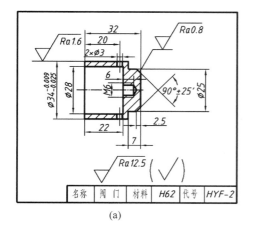

(a)

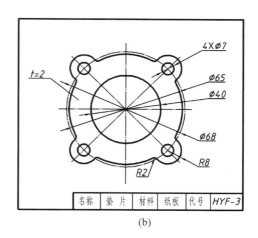

(b)

图 11-6　主要零件的简图

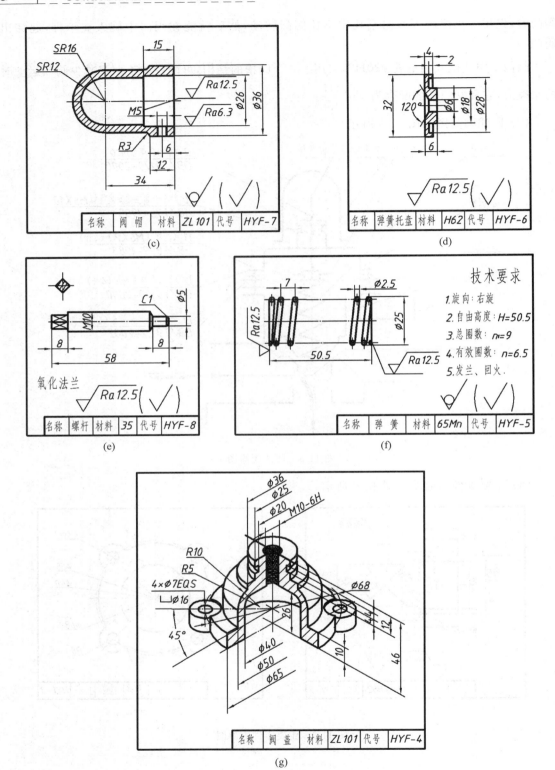

图 11-6　（续）

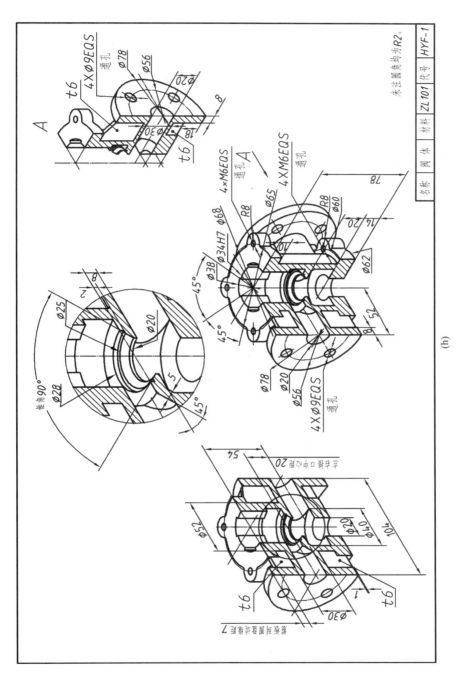

图 11-6（续）

(h)

## 11.5　题库四　安全阀设计

（1）安全阀工作原理。

本阀是由下阀体 7、阀瓣 8、隔板 5、上阀体 3 和弹簧 4 等主要零件组成的。

通常阀瓣 8 受弹簧 4 的压力，将阀体下口封闭，当下部进油口压力升高足以克服弹簧的压力时，阀瓣 8 升高，打开封口使液体进入阀体向左出口。调节螺钉 14 下部带小圆柱头伸入座垫 13 的小孔内。转动调节螺钉 14 则钉头即可下降或上升，移动座垫 13 为弹簧增压或减压，以达到调节安全压力的目的。螺母 1 是锁紧螺母，调节螺钉 14 与上阀体 3 有螺纹连接，在调到适当位置后用螺母锁紧。

（2）安全阀简图如图 11-7 所示。

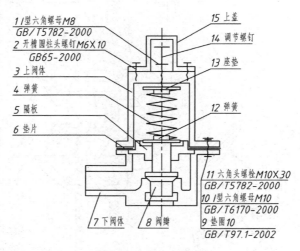

图 11-7　安全阀简图

（3）主要零件的简图如图 11-8 所示。

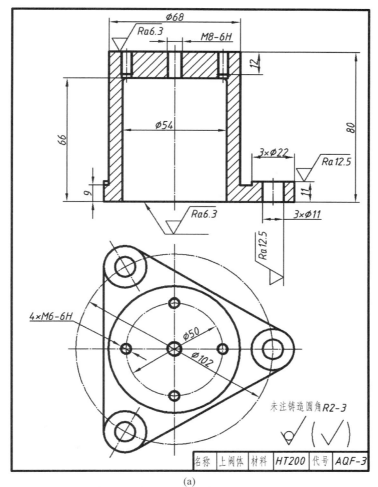

(a)

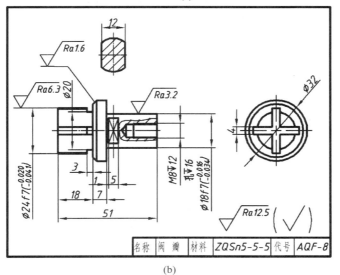

(b)

图 11-8　主要零件的简图

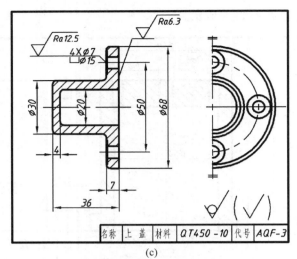

(c)

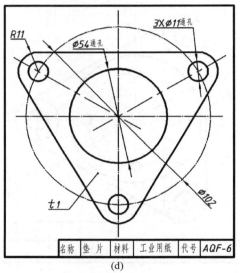

(d)

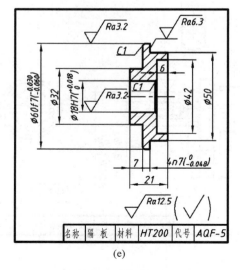

(e)

图 11-8 （续）

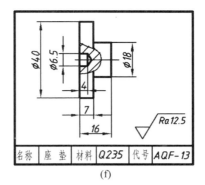

(f)

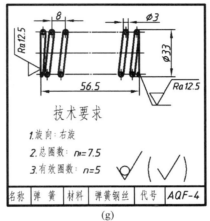

(g)

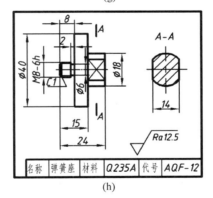

(h)

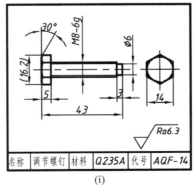

(i)

图 11-8 （续）

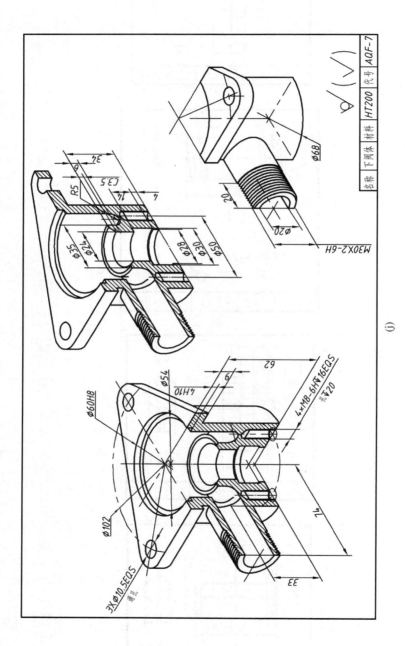

图 11-8 （续）

(j)

# 11.6　题库五　安全旁路阀设计

（1）安全旁路阀工作原理。

安全旁路阀在正常工作中,阀门 12 在弹簧 2 的压力下关闭。工作介质（气体或液体）从壳体 1 右部管道进入,由下孔流到工作部件,当管路中由于某种原因压力增高超过弹簧的压力时,顶开阀门 12,工作介质从左部管逆流至其他容器中,保证了管路的安全。当压力下降后,弹簧 2 又将阀门关闭。

弹簧 2 压力的大小由扳手 9 调节,螺母 10 防止螺杆 11 松动。阀门上两个小圆孔的作用是使进入阀门内腔的工作介质流出或流入。

（2）安全旁路阀简图如图 11-9 所示。

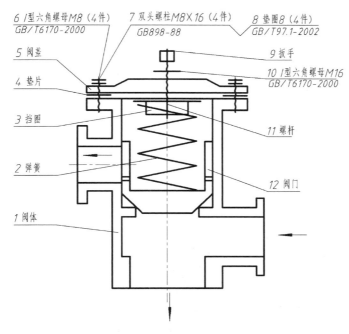

图 11-9　安全旁路阀简图

(3) 主要零件的简图如图 11-10 所示。

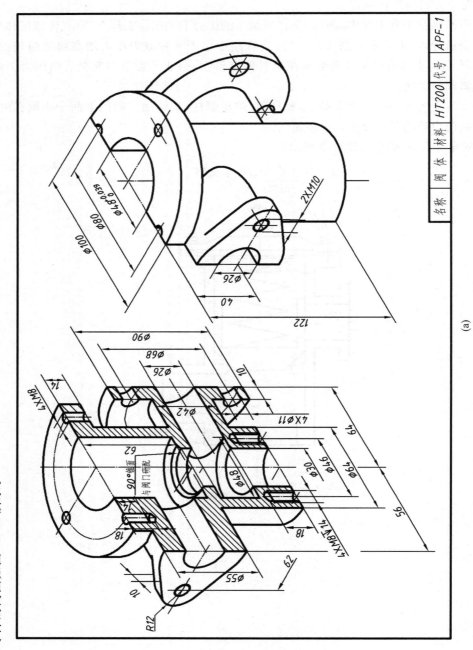

图 11-10  主要零件的简图

(a)

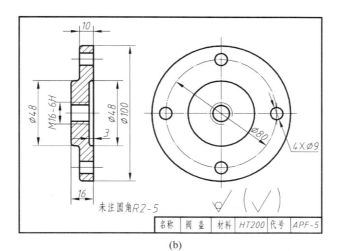

未注圆角R2-5

| 名称 | 阀盖 | 材料 | HT200 | 代号 | APF-5 |

(b)

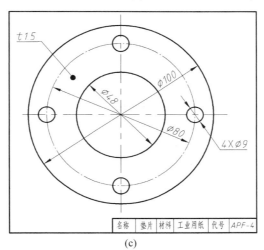

| 名称 | 垫片 | 材料 | 工业用纸 | 代号 | APF-4 |

(c)

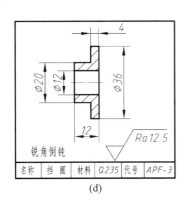

锐角倒钝

| 名称 | 挡圈 | 材料 | Q235 | 代号 | APF-3 |

(d)

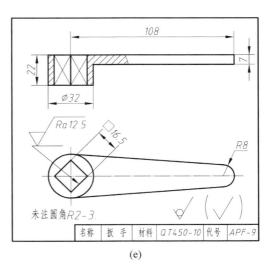

未注圆角R2-3

| 名称 | 扳手 | 材料 | QT450-10 | 代号 | APF-9 |

(e)

图 11-10  （续）

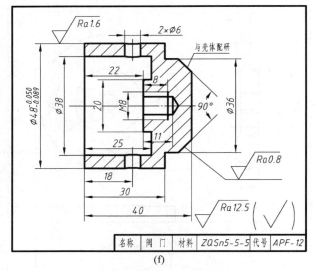

(f)

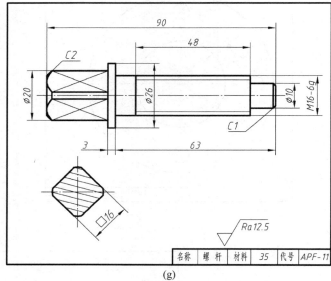

(g)

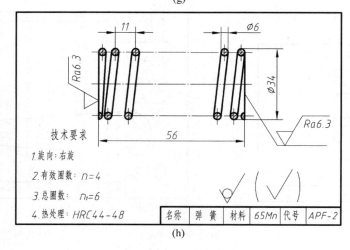

(h)

图 11-10　(续)

## 11.7  题库六  机床尾架设计

（1）机床尾架工作原理。

转动手轮 11，带动螺杆 7 旋转，因螺杆不能轴向移动，又由于导键 4 的作用，心轴 6 只能沿轴向移动，并同时带动顶尖 5 移动到不同位置来顶紧工作，反转手轮 13，可以将顶尖 5 推出拆下。

机床尾架体 3 可以沿机床导轨纵向移动，当需要固定在某个位置时，搬动手柄 15，通过偏心轴 16，拉杆即将尾架体固紧在导轨上。尾架体 3 可以在托板 2 上沿坑 28H8 里做横向移动，是通过同时移动两个螺栓 18，带动两个特殊螺母 17 实现的。

（2）机床尾架简图如图 11-11 所示。

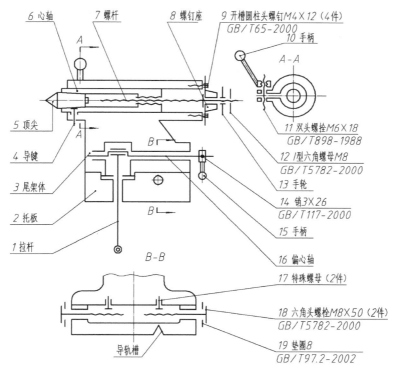

图 11-11  机床尾架简图

（3）主要零件的简图如图 11-12 所示。

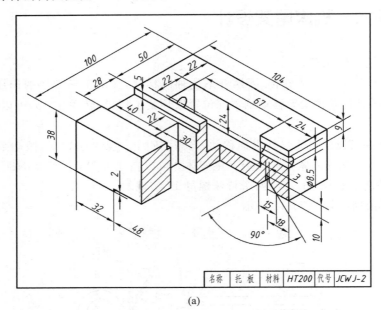

(a)

(b)

图 11-12　主要零件的简图

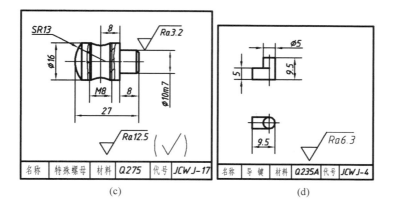

(c)　　　　　　　　　　(d)

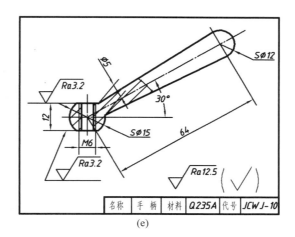

(e)

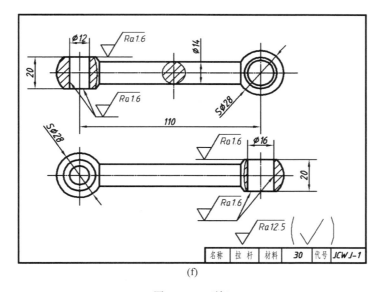

(f)

图 11-12 （续）

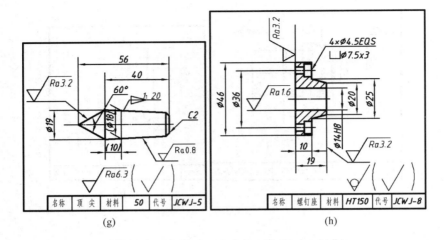

(g)　　　　　　　　　　　(h)

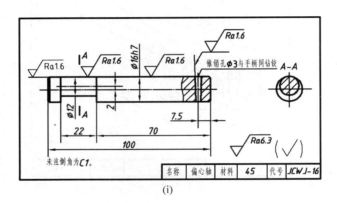

(i)

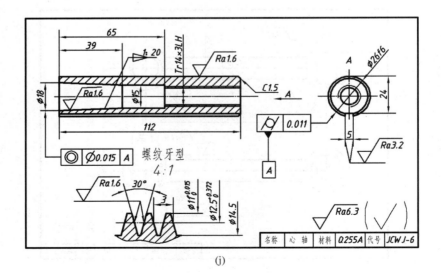

(j)

图 11-12 （续）

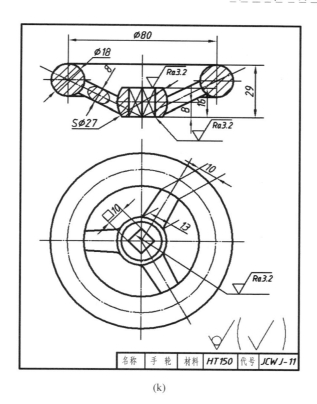

(k)

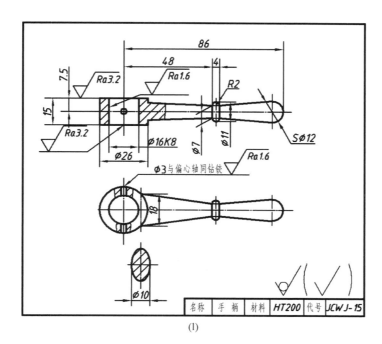

(l)

图 11-12　（续）

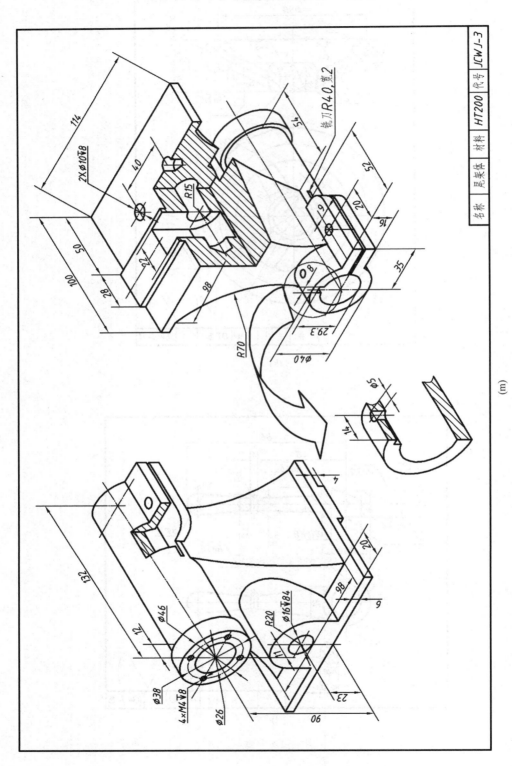

图 11-12 （续）

(m)

# 11.8　题库七　风扇驱动装置设计

（1）风扇驱动装置工作原理。

风扇驱动装置是柴油机上后置的驱动装置。机壳底面的 4 个螺孔是为安装发动机用的。

动力从发动机前段的齿轮箱通过输出长轴与后端该总成的联轴器连接传动。该总成左端的三角皮带轮通过三角胶带带动风扇皮带轮使风扇转动。

（2）风扇驱动装置简图如图 11-13 所示。

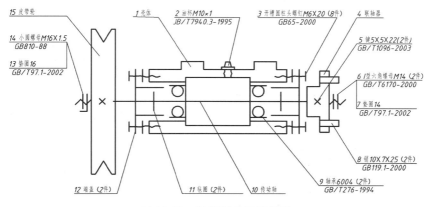

图 11-13　风扇驱动装置简图

（3）主要零件的简图如图 11-14 所示。

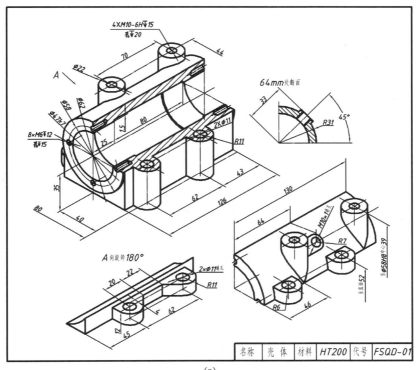

(a)

图 11-14　主要零件的简图

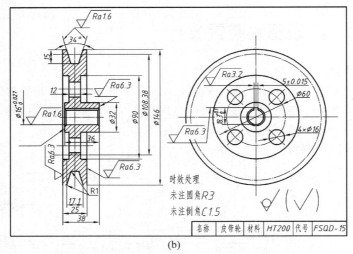

(b)

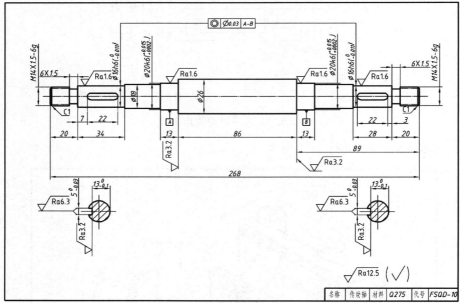

(c)

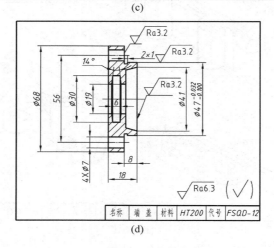

(d)

图 11-14 （续）

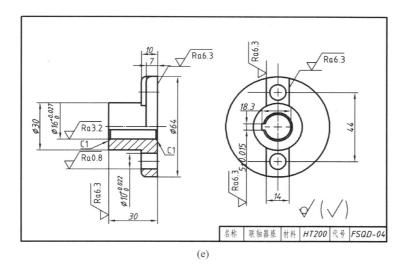

(e)

图 11-14 （续）

## 11.9 题库八 锥齿轮启闭器设计

（1）锥齿轮启闭器工作原理。

锥齿轮启闭器用于开闭水渠闸门。机架 1 下面有 6 个螺栓孔,用螺栓可将启闭器安装在阀墩上面的梁上。水渠阀门（图中未画出）与丝杠 8 下端相接,摇动手柄 15,使齿轮转动,通过平键 7 使螺母 13 旋转,螺母 13 的台肩卡在托架 11 和止推轴承 2 之间,因而不能上下移动,只能使丝杠带动阀门上下移动,达到开闭阀门之目的。

（2）锥齿轮启闭器简图如图 11-15 所示。

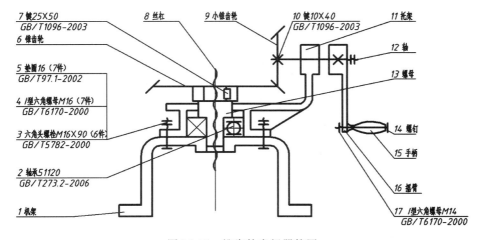

图 11-15 锥齿轮启闭器简图

（3）主要零件的简图如图 11-16 所示。

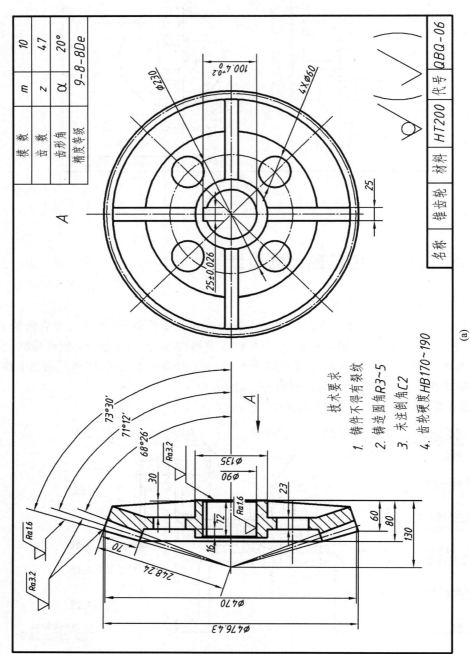

技术要求
1. 铸件不得有裂纹
2. 铸造圆角R3~5
3. 未注倒角C2
4. 齿轮硬度HB170~190

| 模　数 | m | 10 |
| 齿　数 | z | 47 |
| 齿形角 | α | 20° |
| 精度等级 | 9-8-8De | |

| 名称 | 锥齿轮 | 材料 | HT200 | 代号 | QBQ-06 |

图 11-16　主要零件的简图

(a)

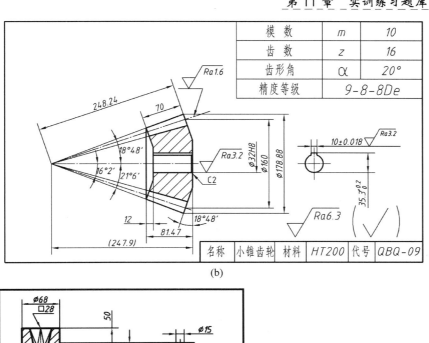

| 模 数 | m | 10 |
|---|---|---|
| 齿 数 | z | 16 |
| 齿形角 | α | 20° |
| 精度等级 | | 9-8-8De |

(b)

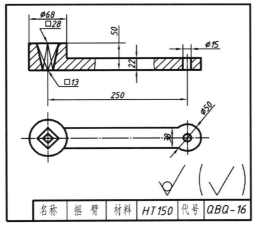

(c)

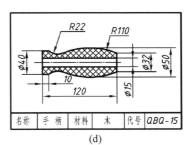

(d)

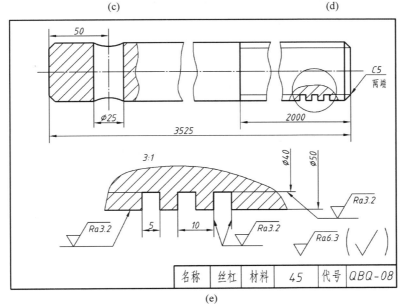

(e)

图 11-16 （续）

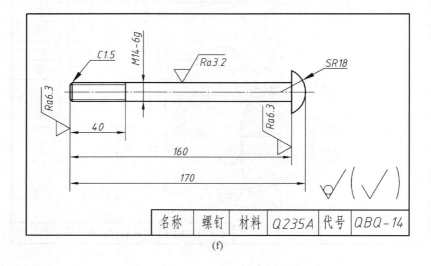

(f)

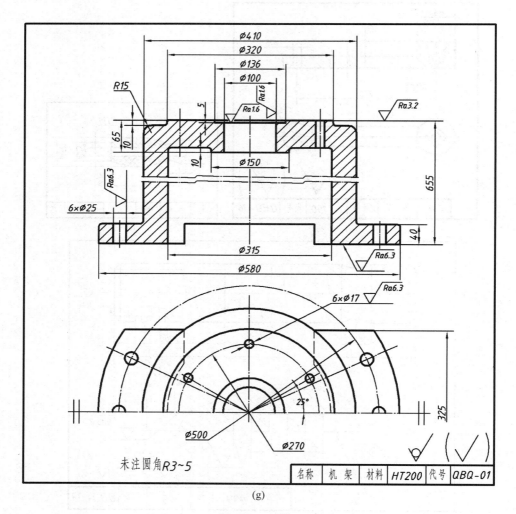

未注圆角R3~5

(g)

图 11-16 （续）

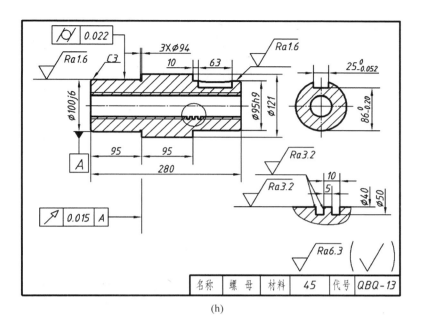

(h)

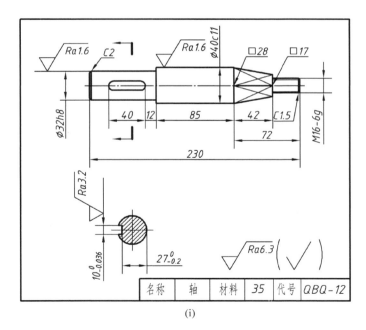

(i)

图 11-16 （续）

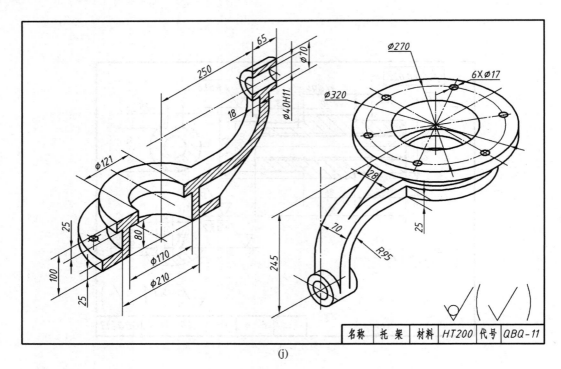

(j)

图 11-16 （续）

# 参 考 文 献

[1]  （美）DS SolidWorks 公司.SolidWorks 零件与装配体教程(2013 版)[M].北京：机械工业出版社,2013.

[2]  （美）DS SolidWorks 公司.SolidWorks 工程图教程(2013 版)[M].北京：机械工业出版社,2013.

[3]  （美）DS SolidWorks 公司.SolidWorks 高级零件教程(2013 版)[M].北京：机械工业出版社,2013.

[4]  魏峥,王一惠,宋晓明.SolidWorks 2008 基准教程与上机指导[M].北京：清华大学出版社,2008.

[5]  何煜琛,陈涉,陆利锋.SolidWorks 2005 中文版基础及应用教程[M].北京：电子工业出版社,2005.

# 图 书 资 源 支 持

感谢您一直以来对清华版图书的支持和爱护。为了配合本书的使用,本书提供配套的资源,有需求的读者请扫描下方的"书圈"微信公众号二维码,在图书专区下载,也可以拨打电话或发送电子邮件咨询。

如果您在使用本书的过程中遇到了什么问题,或者有相关图书出版计划,也请您发邮件告诉我们,以便我们更好地为您服务。

**我们的联系方式:**

地　　址:北京海淀区双清路学研大厦 A 座 707

邮　　编:100084

电　　话:010－62770175－4604

资源下载:http://www.tup.com.cn

电子邮件:weijj@tup.tsinghua.edu.cn

QQ:883604(请写明您的单位和姓名)

用微信扫一扫右边的二维码,即可关注清华大学出版社公众号"书圈"。

资源下载、样书申请

书圈